轻与重
FESTINA LENTE

姜丹丹 主编

造物的文法

[美] 乔治·斯坦纳 著　段小莉 于凤保 译

George Steiner

Grammars of Creation

华东师范大学出版社 ｜ 上海

华东师范大学出版社六点分社　策划

主 编 的 话

1

时下距京师同文馆设立推动西学东渐之兴起已有一百五十载。百余年来，尤其是近三十年，西学移译林林总总，汗牛充栋，累积了一代又一代中国学人从西方寻找出路的理想，以至当下中国人提出问题、关注问题、思考问题的进路和理路深受各种各样的西学所规定，而由此引发的新问题也往往被归咎于西方的影响。处在21世纪中西文化交流的新情境里，如何在译介西学时作出新的选择，又如何以新的思想姿态回应，成为我们必须重新思考的一个严峻问题。

<h1 style="text-align:center">2</h1>

　　自晚清以来，中国一代又一代知识分子一直面临着现代性的冲击所带来的种种尖锐的提问：传统是否构成现代化进程的障碍？在中西古今的碰撞与磨合中，重构中华文化的身份与主体性如何得以实现？"五四"新文化运动带来的"中西、古今"的对立倾向能否彻底扭转？在历经沧桑之后，当下的中国经济崛起，如何重新激发中华文化生生不息的活力？在对现代性的批判与反思中，当代西方文明形态的理想模式一再经历祛魅，西方对中国的意义已然发生结构性的改变。但问题是：以何种态度应答这一改变？

　　中华文化的复兴，召唤对新时代所提出的精神挑战的深刻自觉，与此同时，也需要在更广阔、更细致的层面上展开文化的互动，在更深入、更充盈的跨文化思考中重建经典，既包括对古典的历史文化资源的梳理与考察，也包含对已成为古典的"现代经典"的体认与奠定。

面对种种历史危机与社会转型，欧洲学人选择一次又一次地重新解读欧洲的经典，既谦卑地尊重历史文化的真理内涵，又有抱负地重新连结文明的精神巨链，从当代问题出发，进行批判性重建。这种重新出发和叩问的勇气，值得借鉴。

3

一只螃蟹，一只蝴蝶，铸型了古罗马皇帝奥古斯都的一枚金币图案，象征一个明君应具备的双重品质，演绎了奥古斯都的座右铭："FESTINA LENTE"（慢慢地，快进）。我们化用为"轻与重"文丛的图标，旨在传递这种悠远的隐喻：轻与重，或曰：快与慢。

轻，则快，隐喻思想灵动自由；重，则慢，象征诗意栖息大地。蝴蝶之轻灵，宛如对思想芬芳的追逐，朝圣"空气的神灵"；螃蟹之沉稳，恰似对文化土壤的立足，依托"土地的重量"。

在文艺复兴时期的人文主义那里，这种悖论演绎出一种智慧：审慎的精神与平衡的探求。思想的表达和传播，快者，易乱；慢者，易坠。故既要审慎，又求平衡。在此，可这样领会：该快时当快，坚守一种持续不断的开拓与创造；该慢时宜慢，保有一份不可或缺的耐心沉潜与深耕。用不逃避重负的态度面向传统耕耘与劳作，期待思想的轻盈转化与超越。

4

"轻与重"文丛，特别注重选择在欧洲（德法尤甚）与主流思想形态相平行的一种称作 essai（随笔）的文本。Essai 的词源有"平衡"（exagium）的涵义，也与考量、检验（examen）的精细联结在一起，且隐含"尝试"的意味。

这种文本孕育出的思想表达形态，承袭了从蒙田、帕斯卡尔到卢梭、尼采的传统，在 20 世纪，经过从本雅明到阿多诺，从柏格森到萨特、罗兰·巴特、福柯等诸位思想大师的传承，发展为一种富有活力的知性实践，形成一种求索和传达真理的风格。Essai，远不只是一种书写的风格，也成为一种思考与存在的方式。既体现思索个体的主体性与节奏，又承载历史文化的积淀与转化，融思辨与感触、考证与诠释为一炉。

选择这样的文本，意在不渲染一种思潮、不言说一套学说或理论，而是传达西方学人如何在错综复杂的问题场域提问和解析，进而透彻理解西方学人对自身历史文化的自觉，对自身文明既自信又质疑、既肯定又批判的根本所在，而这恰恰是汉语学界还需要深思的。

提供这样的思想文化资源，旨在分享西方学者深入认知与解读欧洲经典的各种方式与问题意识，引领中国读者进一步思索传统与现代、古典文化与当代处境的复杂关系，进而为汉语学界重返中国经典研究、回应西方的经典重建做好更坚实的准备，为文化之间的平等对话创造可能性的条件。

是为序。

姜丹丹（Dandan Jiang）

何乏笔（Fabian Heubel）

2012 年 7 月

致　　谢

感谢那些选举者,是他们使我有幸受邀参加 1990 年吉福德演讲。在这劳累但有收获的几周里,格拉斯哥大学始终热情好客。亚历山大·布罗迪(Alexander Brodie)教授温和却又不乏讽刺意味的证词和评论被证明是无价之宝。如果没有已故的罗伯特·卡罗尔(Robert Carroll)教授的慷慨和友谊,这些演讲可能永远不会被改编成这本书。

本书的材料直接源自我在日内瓦大学主持的比较文学和诗学博士研讨会。与会者中的许多人每年都来参加研讨,他们的声音贯穿于本书的整个论述。正因为这样,学生们也成了我的朋友和同事。这一点对阿米纳达夫·戴克曼(Aminadav Dyckman)来说尤其如此,他的学术顾虑、语言范围和批评的敏锐性在很大程度上给后期的研讨奠定了基调。本书献给他和"那张桌子四周的每一个人"。

也衷心感谢费伯出版社(Faber and Faber)的罗杰·卡泽雷

（Roger Cazelet）和耶鲁大学出版社的玛格丽特·奥策尔（Margaret Otzel），感谢他们的编辑。

乔治·斯坦纳

2000 年 4 月于剑桥

目 录

第一章
太初造物

造物的时间性

太初不再（We have no more beginnings）。指称开始的拉丁语单词"*Incipit*"曾经荣光万丈，而如今它也只能通过寄身在冷僻之词"创始"（inception）中苟延残喘。中世纪的抄写员常常用一个醒目的大写字母标记新章节的起始行。手稿的配图师们也往往在金色或胭脂色的旋风中手绘一些带有纹章的野兽、晨曦中的飞龙以及歌唱者和先知。在起初（the initial）这个词表示太初（beginning）和首要（primacy）的地方，它扮演着开场小号的功能。然而，这也绝非不言而喻地在向人们宣告柏拉图的格言，即原初之物在所有自然物和人造物中都是最美善的。如今，在西方文化中，我们在这个词中观察和体味晨光的无声和柔美时，所引发的反应和感知体验却可能是午后或黄昏时的情景。据此,我们可以推知,我的整个论证在被克尔凯郭尔称作"消极的创伤"(the wounds of negativity)面前就显得不堪一击了。

在西方文化中,人们一直对日落有先在的终结感,并对之产生迷恋。无论是在罗马帝国秩序遭受严重危机时,还是在公元1世纪前的末日恐慌期,抑或在接连而至的黑死病和三十年战争中,哲学、艺术和历史都极富情感地见证和报道了"西方花园的关闭时刻"。凄凉的衰变、凋零的暮秋和即将熄灭的烛光等种种变化往往都与人们对物理性的破败不堪和道德的沦丧等方面的关注密切相关。甚至有道德家们在蒙田之前就曾指出,即便是新生儿,也已经到了足以老死的年龄了。不管是在最自信的形而上的建构中,还是在最积极阳光的艺术作品中,都或明或暗地存在着一种死的象征和操劳,为的就是阻止致命性的时间和信息熵渗入每一种个体生命形式之中。哲学的论述和艺术的产生正是从这种角力的较量中得到了其信息张力,亦即使逻辑和美成为各种形式模式的绵延不绝的张力。即便在那些被我们认为乐观主义精神过于保守的社会中,"神灵已死"的呼声也不绝于耳。

然而,我认为,在20世纪末的精神环境中存在着一种根深蒂固的疲倦。内隐在我们心里的计时法,亦即在极大程度上决定了我们人类意识的时间之约,以反映其本质和机理的本体论方式指向了傍晚。因此,我们要么已是晚来者,要么感觉自己将会成为一个迟到者。当碗碟正在被人清理时,空中传来了告别语,"时间到了,女士们先生们,时间到了"。因为与发达经济体中个人寿命和预期都在不断增加的事实背道而驰,所以这样的担忧也确实更加令人信服。然而,夕阳斜影渐渐长,光阴似箭暗自伤。我们似乎像向日植物一样向大地和夜晚弯下了腰。

人类对阐释和因果关系的渴望可谓本性使然。我们确实想知道如下这些问题,如为什么以及有什么样的可靠假说能使我们从迷乱而丰富的表达和终极意义中将某一现象学阐明为某种感知体验之结构。这些问题值得认真地探究吗?抑或它们只会引来更多空洞的流言蜚语而已?对此,我并不确定。

我们所知的历史表明,非人道主义是长久存在的。换言之,纯然正义和仁爱的社会或乌托邦并不存在。我们当前对街头暴力、所谓第三世界国家的饥荒以及倒退到野蛮的种族冲突和大流行疾病发生的可能性的警惕,必须被放在一个非常特殊的背景下予以看待。大致从滑铁卢时期到 1915—1916 年西线大屠杀时期,欧洲资产阶级经历了一段与历史休战的特权期。正因为对国内以及国外殖民统治下的工业劳动力的剥削,欧洲人见证了一个充满进步、自由分配和理性希望的世纪。这一特殊历史时期的余晖无疑是被理想化了的。其中,我们注意到了我们不断将 1914 年 8 月之前的年份与一个"漫长的夏天"进行比较。值得注意的是,我们也恰恰在此时刻遭遇了我们当下的不安。

然而,考虑到人们会有选择性地怀旧和幻想,真相依然存在:对于整个欧洲和俄罗斯来说,本世纪如同身处地狱。据历史学家估计,从 1914 年 8 月到巴尔干半岛的"种族清洗"期间,因战争、饥饿、驱逐、政治谋杀和疾病而死的男人、女人和儿童人数超过 7000 万。在此以前，人类也遭受过可怕的瘟疫、饥荒和屠杀。人性在 20 世纪的崩溃有其特殊的谜因。它不是来自遥远草原上的骑士，也不是来自城门边的野蛮人。在或基督教式或启蒙性的文明、教育、科学进步和人性化部署的建构下，人类社会形成了各种高地，而国家社会主义、法西斯主义等正是在那其中的某些特定环境、场所、行政性社会工具中产生的。我不想以某种有损人格的方式卷入有关国王独特性的争论。[在古希腊，"大屠杀"是对宗教性殉道的一种颇具技术性的高贵称呼，而不是用来形容受控制的精神错乱和"来自黑暗的风"。]但是，纳粹对欧洲犹太人的灭绝看起来确实是一个"奇点"（singularity）——与其说在规模上，不如说在动机上。这里有一类人都被宣告为有罪，甚至连他们中的婴儿也不例外。然而，他们的罪过就是生存，即对生命的索求。

在另一种意义上，欧洲和斯拉夫文明遭受的灾难是特别的。它破坏了以前的进步文明。甚至像伏尔泰这样的启蒙主义讽刺家也曾自信地预言，司法上的酷刑将在欧洲永久废除。在他们看来，全面恢复审查制度、焚烧书籍，尤其是销毁异教徒和异己者的文献资料，是不可想象的。19 世纪的自由主义和科学实证主义都本然地认为，教育、科技知识及其生产以及自由旅行和社区间的联系等方面的普及，都必定会稳步提升其文明程度和政治兼容性，以及人们在私人和公共事务中的道德水平。那些关于理性希望的公理都被证明是错误的。这不仅是因为教育已经

4

显示出它无法使感性和认知抵抗致命的非理性；更令人不安的是，有证据表明，精雕细琢的知性、艺术技巧和鉴赏能力、科学的卓越性将会积极地与极权主义的种种要求合作，抑或竭尽所能地对周围的残忍保持冷漠。华丽的音乐会、大型博物馆的展览、学术书籍的出版，以及对科学和人文的学术研究之追求，统统在死亡集中营附近蓬勃发展。技术官僚的独创性将在非人的召唤下发挥作用或保持中立。保护集中营中歌德所钟爱的小树林，是我们这个时代的象征。

我们还没有开始评估自 1914 年以来的种种事件对作为一个自称为智人之物种的人类所造成的损害。我们还没有开始认识到时间和空间的共存。然而，这种共存却被全球大众媒体图文描述的即时性，以及西方的奢侈、饥饿、贫困、婴儿死亡率等当前状况所加剧，而约有五分之三的人类现在正承受着这种越发严重的共存。人类正在持续不断地疯狂浪费剩下的自然资源以及动物和植物。珠穆朗玛峰的南坡已经变成了一个垃圾场。奥斯威辛集中营过去 40 年之后，无辜百姓惨遭杀戮的现象却依然存在。新的武器很快从我们的工厂开始流向战场。需要再次强调的是，暴力、压迫、经济奴役和社会非理性在历史上都是地方性的，或是部落性的，或是都市性的。但是，大屠杀的规模、可获得的财富和实际损失之间的疯狂对比以及热核武器和细菌武器具有毁灭人类及其环境的现实可能性，都在这个世纪给绝望赋予了新的理由。这明显提高了进化逆转以及系统性兽化的可能性。正是由于这一点，卡夫卡的《变形记》成为现代性的关键寓言;同样,我们撇开盎格鲁-撒克逊人的实用主义不谈,上述这一点也使加缪的名言变得可信,即"唯一严肃的哲学问题是自杀"。

我想简单地思考一下这种黑暗状态对语法的影响。在这里,我把语法理解为感知、反思和体验的明晰组织,亦即当意识与自身和他者交流时的神经结构。人类的直觉也几乎都是推测,而我的直觉告诉我,将来时态进入人类语言相对较晚。它可能直到最后一个冰河时代的末期才得以发展。随着食物的储存、工具的制造和保存以及动物繁殖和农业的逐渐发展,"未来"才开始慢慢出现。在某种元或前语言寄存器中,动物似乎知道现在性,而动物也像人们所认为的那样是人类进行记忆的某种手段。作为在某人葬礼后的第二天或一百万年后的星际空间中讨论可能发生的事情的一种能力,将来时态似乎只有智人才会使用。虚拟语气和反事实语气的使用也是如此,它们本身与将来时可以说是同源的。就我们的想象能力而言,只有人类可以通过"如果"之类的从句来改变自己的世界。例如,他可以说出这样的从句:"如果凯撒那天没有去国会大厦。"在我看来,一种由动词性的未来时、虚拟语气和假设性表述建构的"语法学"是不可思议的和形式上不可通约的语言表达。它们已被证明是人类生存所不可缺少的工具;同时,它们也是"语言动物"的进化所不可缺少的推手。就像我们在过去和现在所面临的情形一样,它们是由流言蜚语和个人死亡的不可理解性所引起的。事实上,人类对"存在"(to be)这个动词的将来时态的使用都是对死亡的否定,不管其力度是多么的有限。当你每一次使用"如果"

之类的句子时,这都表明你在拒绝残酷的必然性和事实的专制。"应该""将要"和"如果"都是围绕着一个隐藏的潜在中心或核心,并在其语义力的复杂疆域中不断盘旋,进而使它们自身成了通向希望的密码。

希望和恐惧是被句法赋予了力量的最高虚构情态。就像它们不可能与语法分开一样,希望和恐惧彼此间也不可分割。希望蕴含着人们对无法实现之事的恐惧。同时,恐惧中有一种希望的芥菜种子,亦即战胜困难的预兆。然而,我们当今的希望所面临的境况是有问题的。除了在微不足道的和极其短暂的层面上,希望一般是一种先验性的推理。它由神学-形而上学的假设所担保。在严格意义上,这个词意味着可能不合理的投资和购买,亦如交易所所说的"期货"。"希望"是一种言语行为,是内在的或外在的交流,它所"假定"的那个倾听者可能就是你自己。在这种行为中,祈祷就是一个典型的例子。神学的基础是在"希望"中向其神圣听众讲述所愿之物、远期风险和未来祈愿,进而获得其支持和理解。形而上学式的一再保险是世界上某种理性建构体制的保障。笛卡尔必定要赌的一种假设是,我们的感官和智力不是恶毒骗子的玩具。然而,更重要的是,押注的对象是分配公正的道德。在完全不合理的秩序中,或在武断的和荒谬的伦理中,希望是毫无意义的。希望构建了人类的心理和行为,所以希望只有在奖惩由运气决定的情况下才会发挥微不足道的作用。因此,赌徒对轮盘赌的希望正是这种空白的秩序。

在西方历史和个人意识中,人们直接诉诸超自然力量的干预,但对希望这一行动所赋予的正式宗教信仰几乎一直在减弱。因此,它或多或少地已退化为肤浅的仪式和毫无生气的修辞手法。但是,人们仍然会不假思索地将希望寄托于上帝身上。希望的哲学大厦是笛卡尔式的理性大厦。在这里,神学就像沙漏里的沙子一样,极其巧妙地流入形而上学和科学的大厦里。这是莱布尼茨的乐观主义,其最杰出的代表便是康德所言的道德。从 17 世纪早期到孔德的实证主义,世界改良论和进步说的共同脉动一起推动了哲学伦理事业。其中,不仅涌现出了对希望持异议者,也有像帕斯卡和克尔凯郭尔那样让人绝望的梦想家。但是,他们只是在边缘地带说话。盛行的精神运动不仅使希望成为政治、社会和科学行动的动力,而且使其成为一种合理的情绪。欧洲大陆上所发生的革命以及社会正义和物质福利的不断改善,都是人们对未来寄予希望的各种结晶。显然,对未来的期望正是对明天的合理建议。

　　从摩西和先知时代的犹太教发展出了两个主要的教派分支或"异教"。第一个分支教派是基督教,它承诺天国的降临、对冤枉之灾的补偿和末世审判以及借助圣子表明圣父的永恒之爱。动词的将来时几乎存在于耶稣所说的每句话中。对他的追随者来说,耶稣就是活生生的希望。第二个分支教派的信众主要是犹太人中的理论家和早期支持者。就其思想的本质而言,它是乌托邦社会主义,最突出的存在形式就是马克思主义。在这里,对超验性存在的种种主张是极为普遍的,公义、平等、和平和繁荣的王国都被宣称为现世性的存在。以希伯来先知阿摩司（A-mos）的口吻，社会主义的理想主义和马列主义者的共产主义大声疾呼，对自私的财富、社会性的压迫和无数普通民众因冷血和贪婪而深受其害的生活进行诅咒。沙漠正向城市步步逼近。耶稣在各各他遭受苦难之后，到来的应是"以爱换爱，以正义换取正义"。

20 世纪对希望的神学、哲学和政治性物质保障产生了怀疑。它质疑将来时态的合理性和可信性，也使弗兰兹·卡夫卡的那句"希望无限多，我却无一个"变得可以理解。

事实上，"上帝之死"这句流行语早在尼采之先就已存在。更重要的是，我不能赋予这句话任何可证性的意义。因此，"上帝之死"并非是一个恰当或中肯的表达。决定我们当前形势的是更多的内隐性因素。我称之为"弥赛亚的消逝"。在西方宗教体系中，无论是个性化的还是隐喻性的指涉，救世主都象征着革新、历史短暂性的终结和后世荣耀时代的到来。希望的未来时态一次又一次地寻找这个事件的日期，或是 1000 年，或是 1666年，抑或是被当今千年至福派教徒深信为弥赛亚将要来临的千禧年。从字面上讲，希望是永恒的。西方的信仰是救赎性的叙事。然而，在种种世俗生活中，弥赛亚也同样起着重要作用。就无政府主义者和马克思主义者对未来的想象而言，它将会表现为"国家政体的消亡"。在弥赛亚的背后，隐藏的是康德关于普世和平的思想，以及黑格尔有关历史终结的观点。矛盾的是，弥赛亚可以独立于上帝的任何假设。也就是说，弥赛亚代表了人类对完美性的迷恋,以及对某个更高级和更具持久性的理性和正义之态的追求。再者,尽管这两者始终辩证地相互关联在一起,但在先验的和内在的指称层面上,我们正经历某种根本性的认知位移。除了原教旨主义者,如今还有谁在等待弥赛亚的降临呢? 除了无政府社会主义之外,还有谁在等待历史的真正重生?

弥赛亚重要性的不断消减也不可避免地影响了将来时态。作为弥赛亚的重要阐释性概念,逻各斯(Logos)或如今被称作"语法学"(grammatology)的某种内涵(逻各斯存在于这个词之中)都是与之密切相关的。就前苏格拉底学派和圣约翰而言,"太初"中的"道"(Word)构成了一种可生成的、动态的永恒,用"即将"(shall)和"将要"(will)以某种近乎于物质性的感知体验表征当下将要发生的事情,构成一种陈述语气的表达方式,进而使时间可以向前跳跃。种种情态下的将来时就是救世主弥赛亚的习语表达。没了使人振奋的期待,等候弥赛亚的伟大命令和上述种种语法时态就会呜呼哀哉。因此,"寿命"不再是弥赛亚乌托邦式的预测,而是某种精算统计。这种对个体和集体潜意识中意义和交流的萌芽以及对有声语言的表达手段的种种影响力是逐渐形成的。日常话语中完全缺乏具体真相的各种形象,比如"日出",就像屋里的鬼魂一样持续存在。除了诗歌大师和擅长思辨性思想的人,语言都是保守的;对于即时萌发的直觉而言,语言更是不透明的。因此,在快速发展的科学中,人类需要数学和具有逻辑形式的各种编码。但是,就像地球深处几乎难以察觉的各种构造运动切断并重塑了大陆一样，弥赛亚重要性的消减所散发出的力量将会形成明显的外在表现。虚无主义的语法似乎就在地平线上闪烁。诗人把它说得很简洁。若是我没有误读的话，我们拥有的就是艾米莉·狄金森那句"大脑的那一个个漫长夜晚"。

回溯太初

告别演说总是向后回首。在我们这个走向讲述故事的新整合和新方法的时代，自然科学和人文科学呈现出一种螺旋运动。这就是尼采的"永恒回归"和叶芝（William Butler Yeats）的"大漩涡"所提到的那些意象。无论是方法论也好，还是它所涵盖的具体领域也罢，知识正在技术性地向前跃进。但是，当人们寻找知识的源头时，便会识别并把握它来自何处。在这个走向"太初"的运动中，不同的科学和不同系统性探究的知识体系，都惊人地彼此靠拢。

宇宙学和天体物理学正试图提出宇宙诞生的各种模型。在建构模型时，科学家们一般不是以机械的实证主义，而是以某种景观浏览的视角和推测性的飞行方式接近古代或"原始"的创造神话。目前，"连续创造"论和物质的起源来自星际间的"暗物质"或虚无这两种假说是不受欢迎的。人们一般认为，大约在150亿年前，某种"大爆炸"造就了我们的宇宙。背景辐射和挤压成新星系的"团块"被认为是行走在太初之上的幽灵。一个不折不扣的悖论是，射电天文学和观察"宇宙边缘"星云的视野越广，我们就越深地坠入时间的深渊，因而也更深地进入大爆炸开始时的原始过去。确实，开始这个概念是一个关键性问题。显然，连续创造说的各种模型不存在这个问题。为了举证永恒，他们列举了中世纪的炼金术士和自动机制造者所梦想的一种永动机。在"大爆炸"和"穿过"黑洞进入镜像宇宙的物理学中，时间概念是奥古斯丁式的。虽然在数学上其推算是严格的，但其衍生的相似之处却是那些最荒诞的寓言和超现实主义。我们当今的东方三博士告诉我们，探究"大爆炸"发生之前的那最初几纳秒是什么，严格意义上来说，既是荒谬的，也是没有任何意义的。世间万物全无，而虚无（nothingness）却不包括时间性。正如圣奥古斯丁所教导的那样，时间和某种存在的形成在最本质上是一个东西。动词的现在时"to be"和第一个"is"是创造而来的，并由存在的事实所创造。虽然"陌生感"和"奇点"等表征生存状态的词语，就像触及宇宙学的物理学一样探索性地触及了形而上学或诗学，但在最初的时间粒子仍然能够逃脱我们的计算时，20 世纪晚期的科学现在距离宇宙的诞生"不到三秒钟"。这样的创世故事可以说是前所未有的。

在这个创世故事中，有机生命的进化姗姗来迟。在这里，人类洞察力的能量也向宇宙起源问题的纵深推进。关于可自我复制性的分子结构的起源和进化等问题涉及了古生物学、生物化学、物理化学和遗传学。越来越基本的生命形式和越发接近无机物的临界点，正渐渐被人类发现或模仿。对 DNA 的研究（在今天的科学和感知系统中,双螺旋本身就是螺旋模式的图标)把我们带回到了有序生命力的开端,也使我们回溯到发育的可能性编码的起始状态。这种词源学意义上的"回归"或还原也给我们带来了一种可能性,即能够自我繁殖的遗传物质会在实验室中被创造出来。可见,亚当的行为或傀儡的产生都是合理的和可信的。在此研究中,我将要回溯到的不仅是一个新的篇章,而且也是语言在造物语法上的变化。

在天体物理学中对零点(point zero)的追求,在分子生物学中对有机生命的最终基础的追寻,在人类心灵的研究中也有其对应的东西。弗洛伊德自己偏爱与考古学进行比较,进而对连续的意识层次进行有条理的挖掘。在荣格的课程中,深度心理学寻求更深入的研究。其意象可能就像是对海底的那些海沟进行探查,并对通往至深之处的洞穴进行探索,考察狂暴的火山热在那里产生的厌氧生命形式和原始有机形态。我们觉得,第一人称单数和自我(the ego)的组织构成的史前历史,一定是漫长而矛盾的。正如我们现在所知道的,自闭症和精神分裂症很可能是这种不确定进化留下的某些痕迹。然而,就像宇宙学中的辐射背景一样,它们也同样是一个复杂开始过程的标志。神话充满了指向个体自我对自身的长期不透明性的相关主题;同时,这些神话主题也反映了"我"和"他者"之间所划定的界线的脆弱和恐怖。在持续推进的相互作用中,神经生理学、遗传学、神经化学、人工智能和心理学,分析学和临床学等方面的研究,正逐渐向人类心智存在的最早情态进发。人类的潜意识,乃至我们能够想象到的无意识的外围区域,正在被纳入我们的观察之中。在瓦格纳(Wagner)的《指环》(Ring)中,那段人尽皆知的初始和弦完美地模仿了那种从混乱中升起的感觉。《指环》在听众心灵中引发了共鸣,不单单是使人有容光焕发之美感,同时也有不祥不吉之隐忧,使人不禁要问:当我们在深海中爬梳时,我们在捕捞什么怪物呢?

寻觅人类意识的恢复,就是探索语言的诞生。尽管神学神秘主义范式在 18 世纪末仍在哈曼和赫尔德的学术思想中发挥作用,但在其退隐之后,关于语言起源的整个话题都变得可疑起来。比较文字学和现代语言学的兴起,把寻找"第一语言"看作是或多或少的愚蠢行为。对"亚当的言语"进行的种种思考,以及试图发现与社会隔绝的孩子会使用什么样的语言的各种努力,都是对异于常态的怪人进行的某种追求。在过去的二十年里,情况发生了巨大的变化。人类学和民族语言学都主张,不仅可能存在少数几个语言节点(language-nodes),即所有后来的语言都是从这些语言节点派生出来的,而且也可能存在某种被实证主义语言学和文化史视为幻想而予以拒绝的原始言语(Ur-Sprache)。作为无法翻译的德语前缀,"Ur"暗示着无限的回顾和绝对的"第一"或"太初"的所在,它也因此正成为我们新手册中的代码字母。

就像在螺旋楼梯上一样,堕入过去与爬升的知识令人不安地相遇在暧昧的亲密中。古老的宗教神话形象重新出现,几乎毫无隐藏。在 1844 年的手稿中,马克思推断出了社会起源中某些引发阶级敌对、社会剥削和金钱关系的灾难性事件。在弗洛伊德关于人类心理结构的传说中，家庭和社会关系源于父亲被他儿子们的部落所杀害的原始行为。作为神话大师和一个隐藏着次要故事和推断性故事的讲述者，弗洛伊德将会万古流芳。尽管列维-斯特劳斯在弗雷泽的继承人中算不上谨遵师命之人，但他却是弗雷泽的嫡传弟子。在列维-斯特劳斯的人类学中，他认为，火的驯化使人"越界"进入文化中；因此，火使人类与自然隔绝，迫使其走向历史的孤独。显然，这些解释是从原罪说中借用来的，即人类从天真优雅的境界堕落到悲剧性认知或历史的境界。当我们在找寻我们的宇宙、器官、精神身份和社会背景以及我们的语言和历史时间性等存在已然"失落的"开始时，这场"茫茫黑夜漫游"（借自当代文学中某一部经典作品的标题）并不是一个中性的探索。正如黑格尔的经典教导一样，这一表达讲述了日落（sundown）。它预示着人类对某种原始错误的直觉。正如我试图指出的那样，这体现了我们正在经历的许多危机或革命中最根深蒂固的某些东西，即未来时态所指涉的内涵。无论是从柏拉图到列宁，还是从先知到莱布尼茨，西方文化遗产中所设想的乌托邦、救世主、实证主义、改良主义的"未来"可能不再适用于我们的语法。我们现在回眸一看，它们就像复活节岛的石头人面像一样让人难以忘怀，也是记忆中我们最初的那段旅程的纪念碑。我们还记得当时的那些所谓未来。

因此，从某种意义上说，本书是对失去的种种未来的某种缅怀，也是对它们如何变得"丰富而奇怪"予以理解的一种尝试(尽管这里的"丰富"可能还存在疑问)。换句话来说,在西方文化和学界对起源如此着迷的时候,我想对"创造"(creation)这个词和概念的起源进行一番思考。"创造"在神学、哲学、艺术、音乐和文学中都是根本性的存在。我的探讨是建立在如下假设之上,即像《创世记》或柏拉图的《蒂迈欧篇》中那些关于世界起源的宗教和神话故事使我们可以理解哲学愿景和诗学的明晰生成过程,"创造"一词的语义场在其中也是最活跃的和最令人生疑的。宇宙起源的故事是如何与那些讲述诗歌、艺术品或音乐诞生的故事联系起来的? 在哪些方面,神学的、形而上学的和美学的概念是彼此相似的或是相互不同的? 为什么印欧语系的语言允许人们说出"上帝创造了(created)宇宙",而对"上帝发明了(invented)宇宙"这句话却畏惧不前了呢?"创造"和"发明"之间错综复杂的区别和重叠很少被探究。即使解构主义和"后现代"理论颠覆了"造物主"的概念,弥赛亚重要性的消减是否也动摇了哲学和诗歌中有关"创造"的概念? 或者,更彻底地说,如果神学的可能性在更大意义上被扔进了垃圾桶(塞缪尔·贝克特[Samuel Beckett]的《终局》[*Endgame*]就是对这个问题的精准讽喻),那么,在我们称之为"艺术"或者我们信以为"哲学"的那些极富表达性和执行能力的形式中,创造这个概念有什么意义呢?

瓦尔特·本雅明(Walter Benjamin)梦想着出版一本全是语录的书。然而,我却看不出这有什么必要的创意。我认为,并列编排在一起的引语就有了新的意义,它们也因此进入相互辩论之中。让我引用一些旅途上那些石堆纪念碑上的碑文吧。问题的关键是一个与前苏格拉底思想一样古老的问题，但莱布尼茨给出了一个经典表述方式，即"为什么存在的不是虚无(nothing)呢?"在《逻辑学》(*Science of Logic*)中，黑格尔对"开始"进行的反思是不可或缺的。他唤起了一种典型的"面对开始时的现代不适感(*Verlegenheit*)"。几乎令人不安的是，黑格尔将"创造起初的终极权力"独独给了上帝。黑格尔的分析过程也常常与《奥德赛》中的故事情节类似，他知道，每次去探索某个源头的旅程也都是一次归途。只要有可能，我希望"造物者"会为自己说话。保罗·策兰(Paul Celan)在1962年的一封信中曾说，"我从来没有发明的能力"。罗曼·雅各布森(Roman Jakobson)曾有一句格言，"每一件严肃的艺术作品都讲述其自身创作的起源"，这句话对这种含蓄语义的分界有何启示? 很多时候，我必须关注的材料是令人生畏的，因为它蔑视寄生性的评论或解释。马丁·海德格尔(Martin Heidegger)曾说，"面对正在开始(*Gestalt alles Anfänglichen*)的一切存在所带来的隐秘恐惧(*geheime Furchtbarkeit*)时，我们应当谦卑虚己"。无疑，海德格尔的警告是贴切的。尽管这一忠告是海德格尔在1941年说的，但它具有一种特殊的力量。叔本华曾断言"如果宇宙灭亡，音乐将永存"，这究竟是什么意思呢? 我认为至关重要的一个共通点就蕴含在其中。在《但丁传》(*Life of Dante*)中，薄伽丘曾说，"我断言神学和诗歌几乎可以说是同一件事; 事实上，我想进一步说，神学只不过是一首关于上帝的诗"(*che la teologia niuna altra cosa è*

17

che una poesia di Dio）。对此，我想补充一点，哲学的论述是一种思想的音乐。

创造太初的叙事性

"创造"（creation）周围的语义磁场是异常带电的和多相复杂的。任何宗教都有关于创世的神话。宗教可以被定义为对"为什么存在的不是虚无"这个问题的一种叙事性回答，亦即以一种结构化了的叙述方式来表明上述问题无法回避的动词"存在"（to be）之本身的矛盾性存在。关于连续创造和未分化的永恒性存在，我们并没有叙事性的故事。从严格意义上讲，我们没有什么故事可讲。正是某个"奇点"或时间之开端的假说使得创造的概念成为必要。这是人类心灵固有的假设吗？难道没有缘起的存在，我们在直觉的即时性层面上就无法想象和理解那些实质性的意义吗？认识论和心灵哲学一直把这个作为一个核心症结。托马斯和笛卡尔所坚守的信仰认为，我们可以用无限的单纯概念来证明上帝的存在。然而，这些意识的经典模式却很巧妙地坚信，只要我们在有限的能力范围内能够进行推理，无限的有限性就是真实的。由于我们虚弱的或堕落的本性，我们只能在一个没有起点的数学平面上对事物进行概念化的建构。有讽刺意味的是，像斯蒂芬·霍金（Stephen Hawking）那样的宇宙学家也在不断援引不存在的"上帝之心"（mind of God），某种存在于我们意识和语言之根基上的东西使我们不断在问："大爆炸前一小时的情况如何？"在这些"不合理的"或幼稚的问题中，儿童和创造的语法紧密地交织在一起，展现了太初的创造令人信服的玄想。在第一次**要有[光]**（*fiat*）的设想中，计算机的算法可以设计出这样的种种情景，即宇宙是一个可逆的或一个"未开始"的时间性存在。在自然状态下，在自然语言中，人类的智力及其心理矩阵也许能够达到前意识的最深层次，所以将能提出那种根本性的问题。孩子努力去揭开关于生成的事实或神话。

我们的神话和隐喻表征没有一个是不关乎天神创世的。正如我们将要看到的，那些神秘的和颠覆性的思想实验在神学上有时会归因于上帝对创造的后悔，进而从创造中退出，抑或走向毁灭人类的冲动。显然，这就是许多大洪水或宇宙之火的传说赖以存在的深层次背景。但是，我们对神的定义并非是逻辑上的，而是一再与创造力的属性保持一致性。许多神学家和形而上学者甚至认为，上帝和创世行为之间的绝对对等是辨明上帝自由受限的唯一契机。上帝不得不创造。按照上帝的自身定义，他应是勒内·夏尔（René Char）所说的那位伟大初创者（le Grand Commenceur）。按照黑格尔的说法就是，一个没有生养之力的上帝便是一个不会否定之否定的存在，他将比某个邪恶的荒谬更糟糕。也就是说，他将是最后的地狱，亦即毫无意义的、荒谬的和逻辑上无法分解的流言蜚语。（卡夫卡从骨子里就觉得，太初之力在创世的工作完成后显出的"疲乏"是另一回事。）

在康德之前,神学和哲学话语之间的界限是不固定的。[①]显然,这两种奢侈的人类事业有着相同的根源。人类相信,源自观察、科学和理性分析等可以进行组合和排序的所有感官经验数据并不是故事的全部内涵。或者,用维特根斯坦的格言来说,世界的事实不是,也永远不会是"事物的尽头"。人们怀疑,即使在科学和技术统治的时代,绝大多数人类仍以直觉为核心坚持认为,上述信念是我们文化的开创者和生产者。从字面上来说,它激活了我们脆弱的身份结构;从其他方面来说,那便是我们人类的兽性本质。是不是有比直觉更深层的东西?这一猜想是如此奇怪地抵制了伪造之功,所以某种遥不可及的"差异性"使我们人类的基本存在始终无法实现。我们人类是充满了极度渴望的生物。我们一心想回家,回到一个我们从来不知道的地方。为此,先验直觉的"非理性"便美化了理性。升腾的意志不是建立在任何"因为它在那里"之上,而是建立在"因为它不在那里"之上。这个实用主义的否定可以从多个角度予以阐释。正如我们所见,"因为它仍不在那里"是弥赛亚和乌托邦式的假设。对于人类生存状况的宗教、历史和社会心理学模型而言,"因为它不再存在"确实是一个公理。这个否定中充满了有关时间和历史意义的不同抑或彼此对立的寓言。然而,它无法抑制我们的不安,更不用说终结我们心中的惶恐了。与智人相比,我们是不

---

① 康德的划分可能只在胡塞尔之前盛行。想想 20 世纪 90 年代中期最显著的两种哲学:海德格尔的本体论根植于对神学的不断"抵制",而列维纳斯融合了这两种话语模式。

断探寻的**奎尔人**(*homo quaerens*)。在我们人类的信念和雄辩的或未成形的、玄学式的神秘中,抑或直接像小孩们的哭闹中,那里聚集了语言和形象的边界。它表明"他者"就"在那里"。似乎只有音乐跨越了这些边界吗?对此,拉丁语副词"除此以外"(*a-liter*)和"依据其他来源"(*aliunde*)对我们的理解是有帮助的。正如我们将在《圣经》以及哲学家、诗人和画家们的作品中所见到的"陌生人"形象一样,传统认知一般认为,先知和史诗歌手往往都是盲人,因为他们如此确信光就在附近。

因此,正如在神学或诗学中一样,哲学中的故事开端也是关于开始的故事。哲学从一开始就是一种本体论的叙述,即对存在如何起源的叙述。前苏格拉底时代的宇宙论是关于理性的种种寓言。让人感到震惊的是,前苏格拉底学派提出了一些有争议的物理学神话来解释现实生活中的诞生和构建,如"火"、"水"、大地的运动以及光明与黑暗间富有孕育功能的相互作用。这在 20 世纪的思想中显得如此明晰生动。然而,他们依然迷恋创造的形而上学。在描述世界的形成中,对人和人的城市进行柏拉图式的探究是有其根基的,就像《蒂迈欧篇》的开篇所写的那样。即使在亚里士多德哲学的逻辑中,他也假定有一个其本身静止不动的原动力。使存在的时钟运转起来的正是这个原动力。同样,也正是这个假设在调和奥古斯丁等基督教教派与异教之间关系时发挥了决定性的作用。康德专心思考的就是那些"起初和最后的事情"。柏格森主要关心的问题却是创造力的**冲动**(*élan*)。在或多或少有点两面派和伊索寓言式的启蒙运动自然神论中，"缔造者"往往被简化为"工程师"。坦白地说，在孔德和达尔文之后，唯物机械论的宇宙论和生物论将彻底驱除造物的幽灵。然而，我们如今看到它从这些科学本身内部重新上升。人们也会问："是什么赋予了生命以生命?"（就像霍夫曼斯塔尔[Hofmannsthal]在《提香之死》[*Death of Titian*]中所写："这样赋予生命以生命吗?"）

这也许正是像神学和哲学这样的艺术在本质上试图对之予以回答的某种尝试。

在美学语境中，"创造"不断受到宗教和哲学等邻近学科之价值的影响；抑或它们的语义场彼此重叠和介入。词源意义上的三重出处使词典显得更加复杂。在《摩西五经》中，创造（creation）、描述制陶轮上的塑造（shaping）、促成（causing to be）等词汇显然极其重要。在希腊语中，"*poieō*"及其派生词"*poiēseō*"的外延性的和内涵性的语义场异常稠密。它包含行动的即时性属性和复杂的因果关系，以及物质性的建构和诗意。拉丁语"创造"（*creatio*）一词根植于生物学和政治学，即该词语寄身在孩子的产生和治安官的任命之中。引人关注的是，在《牛津拉丁语词典》（*Oxford Latin Dictionary*）赋予 *facio* 的三十种主要语义中，那些诗意的语义与从希腊文学中借用而来的词语的含义密切相关。例如，特伦斯以告诫性的言语说，"有很多的美善之事都来自希腊和拉丁文学"（*ex Graecisbonis Latinas fecit non bonas*），西塞罗更是用颂词说道，"索福克勒斯精妙地概述了生命衰变的悲剧"（*Sophocles ad summam senectutem tragoedias fecit*）。拉丁语单词

"找"（*Invenio*）及其派生词"发明"（*inventio*）和"发明家"（*inventor*）与斯塔提乌斯（Statius）在《创作者与发明家》（*auctor et inventorque*）中用"创始者"（*inceptor*）所呈现的诗意"一唱一和"。罗马人的特点是注重物质、公民、立法、建筑的"发现"和"设计"。然而，我们所关注的是"伪装"（*fingere*）。伴着不太稳定的道德光环，这个可怕的多义动词以不起眼却又极具启发性的形式出现在英语中。创造者（*fictor*）实际上正是祭司仪式上的随从。他捏制了圣物，但他也像曾为克里特国王建造迷宫的代达罗斯（Daedalus）一样是个想象（意象）的制造者。以其自给自足的力量，希伯来语、希腊语和拉丁语立即反对并要求相互转换。就我们的西方遗产而言，有关造物的文法之争论起源于三种语言之间语义交换的强度和缺陷。

我们将会看到，诗歌和艺术的创作者以及形而上学体系的创建者，把他们的创造与神圣的先例典范联系起来，是多么自然却又多么令人不适。这种类同感的推测从肖像画家的摹本感延伸到"反创造力"（counter-creativity），再到浪漫的和现代的普罗米修斯族系中的"上帝-挑衅"。我希望一方面展示弥赛亚的黯然失色和上帝"陷入空洞的措辞"之间的关联，另一方面也想展现非具象性和偶然性艺术形式的演变。在当今意义的批判理论中，解构就是对那些经典意义模型的"颠覆"（un-building）。需要强调的是，这些经典语义模型假定存在某个先在的权力（*auctoritas*）和一个伟大的创造者。在德里达的解构思潮中，既没有"父"也没有"开始"。

在审美模式的问题上,创造的概念既是不可避免的,又是令人烦恼的。无论是柏拉图在《理想国》中对**摹仿**(*mimesis*)的严肃理解,还是某些新古典主义者和极端现实主义者在其著作中对**效仿**(*imitatio*)的严谨解读,他们都只知道"再创造"(re-creation)。请注意"再创造"这个词转向嬉闹以及对严肃活动蛮横干涉等具有的贬义内涵。艺术家"重新评估"和清点现有的文献。梅西安(Olivier Messiaen)坚持认为,创作音乐的动力只不过是鸟儿的歌唱和神赋予自然界的"噪音"的一种转录。然而,创造和起源的直接意义上的反冲力是持久强劲的。它与最早的史诗歌手和希腊抒情诗人品达(Pindar)一样古老。这面指向世界和人类意识的镜子是一面"动态的创造之镜"。创造性反射的悖论可能源于扭曲,也可能源自丰富的光学"杂质"。在生理学层面上,这样的主张是用来解释希腊裔西班牙画家埃尔·格列柯(El Greco)身上的各样"扭曲"之象。艺术可能是一种无法看到真实世界的能力,是对弗洛伊德的"现实原则"的一种逃避,有时是一种病态,有时仅仅是一种幼稚。也许艺术幻想只是通过蒙太奇和拼贴的方式,将已经存在的东西重新组合、拼接、并置在一起。比如,将人的头或躯干安置在马的身体上。有画家发明过某种新的颜色吗?即使是最无政府主义(这个词的意思是"未开始的")的 20 世纪超现实主义或抽象的人工制品,也会在时间和空间维度上从我们的感官直觉中选出形状、材料和声学元素有意地进行重新组合和无序建构。可以说,没有一种艺术形式是无中生有的。它总是紧随某个已有的存在悄然而至。现代主义可以被定义为对这种后天性的残酷事实的一种恼怒。埃兹拉·庞德（Ezra Pound）曾说，诗人和艺术家"让事物焕然一新"。就像在精神分析理论和解构游戏中一样，某个既定的世界中对"父亲"的俄狄浦斯式反叛在审美现代性中也极为重要。

音乐是个值得探讨的问题。除了像云雀的歌声和大海的雷声等低级的模仿和声绘，音乐否认相似性。它的特质是"独一无二"。旋律是"人类科学中最高的奥秘"（克洛德·列维-斯特劳斯语）的发明，如果真是这样的话，人类是以什么方式发明它的呢？但是，有些时候，创造或发明对言语行为和文学语言的影响是相当模糊的。有些诗人（如某些达达主义者和俄罗斯未来主义者）只是简单地试图创造新的语言，结果却发现想象的句法又回到了既定的模式。在某种意义上，隐喻的关联性、独特的心理洞察力和看似前所未有的情节等伟大的行为都是原创的。确实，它们也改变了过去和未来。但从根本上说，它们是创造吗？科幻小说中有一种终极计算机的概念，它将在程序中包含所有后续创造和发现的总和。这样的电脑是"上帝"的另一个名字。宇宙的创造将是真正创造力的唯一行为和绝对奇点。从上帝的角度来看，人类的创造和发现只不过是重新认识和*似曾相识*（*déjà vu*）。需要重复强调的是，只有上帝才能创造。但是，他只这么做过一次吗？卡巴拉（the Kabbalah）和当今的天体物理学相结合，一起推测出多个宇宙，它们要么按线性顺序依次出现，要么彼此并存。他是否厌倦了这个特殊的建造，以解释另一个创造或回到神秘主义者所思考的不可思议的内在统一？无论在什么地方,"创造"这个动词都会引起独特的共鸣和不安。

> 我将向您展示底层,
>
> 却无法征其意象,
>
> 我无法将它显明或说清,
>
> 只是在月亮和膀子草间编织,
>
> 一切的一切,
>
> 都超越了毁灭,
>
> 因为创造完全没有特定的形式……
>
> ——阿奇博尔德·伦道夫·安蒙斯

存在或虚无:何为太初?

"完全没有特定形式的创造":诗人的措辞让人想起了钦定本《圣经》的"无形和虚无"。对于常识和自然语言来说,无形的创造这一想法就像数学理论在黑洞内部假定的物理定律之外的特殊状态一样难以驾驭。然而,这种难以驾驭的状态似乎让人着迷。在神学、哲学、艺术和最近的科学中,作为在 16 世纪中期前已经人物化的词语,"无"和"虚无"是不会被否定的。

消极神学一直扮演着秘密分享者的角色。它致力于概念化,或者更确切地说,力图通过孜孜不倦地思考,进而揭示因上帝的回避或缺席而产生的空虚的精髓。他留下的真空,就像终极不存在的某种余波,所具有的负能量电荷在核物理中可与某些没有质量却被激发的"奇异"粒子的负能量相比。东方的冥想训练关注绝对的空虚。操练自我悬置以及心灵和精神定力的西方大师已经见证了触摸虚空以及那纯粹虚无的"白光"。在迈斯特·埃克哈特(Meister Eckhart)的消极神学中,对存在的神圣克制,以及廷代尔(Tyndale)在《腓立比书》的第 11 和 12 章的译文中所写的那句"现在更多的是在于我的缺席"是其核心。犹太神秘诠释学和深奥的传统调用了"虚无的深渊",而这正是造物主唯信仰论的居所以及他隐退之地(他的自我隐退之所?)。在犹太教中,末日后的神义论明确地唤起了神的缺席的可能性,神的缺席如此激进以至于就像引力陷入黑洞一样将生命和世界的意义"吞食",使之成了他自身。一个掠夺性的真空将使创造"虚无化"(nihilates)。

早期希腊哲学和宇宙学都厌恶虚无。前苏格拉底时期的哲学家巴门尼德(Parmenides)颂扬思想和存在的同一性,赞美理性和逻辑的如日中天,因为它们使得"让大脑放空"成为不可能。真空的惊悚感由亚里士多德物理学传给了西方科学,通过不断的比喻也传给了我们的政治和思维模式。潜隐的和神秘的传统不仅遮蔽了道统,还冲击正统,比如帕斯卡(Pascal)对"深渊"的痴迷。然而,正是通过这种潜隐的和神秘的传统,否定性和"无"的问题在柏拉图的《智术师》之后很久又重新进入哲学。黑格尔的逻辑不单单驯服了"一无所有"(das *Nichts*)和"非存在"(das *Nicht-sein*)。它指出,人类断言"无"的能力和"无"命题中明显的矛盾修饰法,对严肃的认识论以及我们从天真的经验主义束缚中解放出来是必不可少的。我们将回到黑格尔的重要发现,即"开始不是一个纯粹的虚无,而是一个'将会存在的'的非存在"。在黑格尔看来,"*开始*"(*incipit*)是"虚无"(nothing)和"存在"(being)的统一;确切地说,"*开始*"就是"存在"(is)。因此,起始(initiation)否定了一种特定的否定性,这个动作最好的翻译是法语词"*anéantir*"和"*anéantissement*"①(在这里,首字母"a"后面加连字符会有强调的意义)。就像萨特的《存在与虚无》(*L'Être et le néant*)中的景况一样,存在与虚无严格地说是不可分离的。我们经常在诗学中遇到一种黑格尔的观点,即"生成也是一个走向虚无,走向灭绝的过程"。在有关存在的辩证法中,**恩斯特恩**(*Enstehen*)和**威格恩**(*Vergehen*)是分不开的。真正的开始是"**一种无法被分析的**(*Nichtanalysierbar*)未完成的直接性"。我们必须把它理解为"**非常之空**"(*das ganz Leere*)。这个短语是极基本的,但在某些方面却是无法翻译的:它既表示"完全空无一物",也表示"这种空无一物的整体性存在"(黑格尔在虔诚神秘主义的遗产中很自在)。

然而,在扭转普通语言和理性句法的轮廓方面走得最远的是海德格尔。在对本研究起决定作用的历史语境中,以及在道德祈愿的长期泯灭和将来时态的错位时期,海德格尔创造了一个表征"无"的动词,即"*nichten*"。这个新词远远超出了"摧毁"(*Vernichten*)的意思。它预示着现存事物的毁灭。值得注意的

---

① anéantir 是动词,意为"消灭,毁灭,歼灭,灭绝",anéantissement 是 anéantir 的名词形式。——译注

是，"影子"（shadow）的概念在这里至关重要。粒子物理学将物质和与之对称的反物质之间的虚无碰撞理论化。在某种意义上，海德格尔对语言的越界也是类似的。它所探讨的正是废除"存在"（being）之本身与某个具体"存在"的特殊性之间的著名本体论区别。正如犹太神秘主义者所津津乐道的，如果"存在"要"融入"到某个最终的统一中，那么就会"什么都没有，什么都没有"。作为消极神学的继承人和尼采自相矛盾的虚无主义的诠释者，海德格尔绕着"零"（zeroness）这个漩涡不断旋转（我们的词典落后于我们的需要；然而，数学家是自由的）。

艺术的光辉在于创造和创新性。用莎士比亚的话说，他们会描绘出别样的崭新世界。如果做不到这一点，他们就会努力用他们的再创造和再呈现的表现方式塞满给定现实的每一个裂缝。然而，他们也一直深知来自非存在的挑衅。"虚无"（Nothing）和与之对应的"永无"（never）贯穿了《李尔王》（*King Lear*）。从马拉美对空白（blankness）和文本中留白空间（white spaces）的运用（马拉美间接地借鉴了黑格尔的否定直觉），我们可以合理地推断出古典美学的终结以及对丰富性的偏爱。这部戏剧对现代性的影响一直是广泛的。在音乐中出现了有效的沉默。在康定斯基（Kandinsky）之后，绘画通常以一种明确的神秘冥想的风格去寻求"绝对之光"的纯粹性。[1] 贝克特和贾科梅蒂（Giacom-

---

[1] 在《真实的临在》（*Real Presences*，1989）一书中，我就曾试图展示这种冲动的力量。

etti）这两位艺术大师接近零度（zero-point）的创作，把物质变成了阴影（比如，贾科梅蒂将火柴男人或女人放在有灯光的表面上），语言从清晰的表达转变为赤裸裸的呐喊，再从赤裸裸的呐喊转变为沉默。极简主义与海德格尔一起断言，"虚无永远不是无"。在解构的"断裂"（breaks）、"擦除"（erasures）、"裂缝"（cracks）（如墙上的裂缝）和"掩饰"（disseminations）中，它找到了自己的理论话语。

然而，潜在的问题从一开始就存在。在科学领域，探索发现、理论提议和关键实验无疑都是在个人才能或天才的推动下完成的。但是，在科学发展中，存在着一种匿名的集体惯性运动。如果这个人或那个团队没有"发现"（一种暗示性的表达），另一个科学家或团队可能会在几乎相同的时间内完成这一发现。就这一点而论，微积分、自然选择理论或 DNA 结构的发明都是极好的例子。虽然物质的可能性、经济社会环境和历史的空缺对审美创造都有影响，但诗歌、绘画、奏鸣曲的创作仍然是偶然性的。在任何情况下，事情可能都不是这样的。这让我们回想起莱布尼茨提出的问题。艺术作品和诗学作品似乎都存在着某种危险的流言蜚语，即它在本体论意义上反复无常的洞察力。无论其产生的心理和私人动机多么迫切，它的必要性是没有逻辑的。艺术、音乐、文学的创造者们都曾体验过这种令人信服的不必要。对他们而言，这种不必要（needlessness）要么是一种威胁，要么是一种解放。某些情感和表达形式本能性地具有"持久的强烈欲望"。在保罗·艾吕雅（Paul Eluard）的诗集《持久的强烈欲望》(*Le dur désir de durer*)中,它就呈现在对丢勒(Dürer)这个具有魔力的名字的文字游戏之中。因为某种短暂的念想,或担心自己的作品注定会被最终遗忘,有些作曲家、作家、雕塑家、建筑师会为此发狂。相反,有些人却奇怪地感到安慰,因为他们会意识到"事情可能不会发生"。的确,在成品面前,美学意识到一种罪责感和激进的不安感。这不仅仅是诗歌、交响乐或画布可能所需要的;然而,它们却又可能一直没有。在某种意义上,这是不应该的,它的构成和完成完全极度缺乏和背离了它所追求的真理、和谐或完美。即使是最完美的审美对象,它也是对更伟大的创作潜力和内在设想的某种贬低。维吉尔(Virgil)希望摧毁《埃涅阿斯纪》(*Aeneid*)的不完美之处。艺术家们抹杀了自己的作品,或者发现他们自己完全没有能力回顾这些作品。廷格利(Tinguely)的"自我毁灭"(self-destructs)是一种动力构念(kinetic constructs),它把自己摇晃或烧成灰烬,幽默地演绎着严肃创造中深刻而复杂的负罪感和幻灭感。与之类似的是,阿那克西曼德(Anaximander)对人类生存的判断,即"不存在最好"(it would be best not to be)。存在不可避免地是一种妥协。

因此,正如我们经常注意到的那样,艺术现象学与西方对待死亡的方式之间存在某些相似性。也许,它不是睡眠,而是艺术,尤其是音乐。正如名称上所表征的那样,睡眠是"死亡的兄弟"。艺术作品是生机、生命力和创造的奇伟之力的本质表现,它同时也有两个影子与之相伴:一个是对它自己而言极具可能性或优先性的非在的影子，另一个是它自身消失的影子。我猜想，艺术以及主张真理的形而上学体系与科学不同，它们正是在"存在"的最活跃的触点上与消亡结合在一起。在《最后的晚餐》中，达·芬奇对技术和材料的选择似乎是很清楚的，而它事实上已经长时间地处于隐身的边缘状态。显然，这也例证了这一点。音乐中许多使我们感动的东西似乎都是在挑战终结，不仅把终结拉近，还庆贺那不可避免的结局。卡夫卡对米丽娜说，"没有人能像那些在地狱最深处的人那样纯粹地歌唱：我们所认为的天使之歌其实就是他们的歌"。这是唯一必须要唱的歌吗？

然而，我们的思想和情感发现虚无和非存在的压力难以维持。在我们现代艺术博物馆里，马列维奇（Malevich）的《白色上的白色》（White on White）和莱因哈特（Ad Reinhardt）的《黑色上的黑色》（Black on Black）都扼杀了神话。"混沌理论"是 20 世纪后期数学和自然科学中最突出的进步之一。"混乱又来了"完全体现了我们在这个历史时刻的道德、政治和心理状态。然而，它在创造的时候就在那里了。

表征太初的符号

对混沌（chaos）以及从虚无（nothingness）中汹涌而出之情景的想象，就像龙卷风在死寂中旋转一样，是早期希伯来人和希腊人的质疑中值得关注的行为之一。它在《失乐园》（*Paradise*

Lost)的第二卷达到了高潮：

> 一片茫茫混沌的神秘景象，
>
> 黑沉沉，无边无际的大海洋，
>
> 那儿没有长度，阔度，高度，
>
> 时间和地点都丧失了；
>
> 由于最古老的"夜"和"混沌"，"自然"的始祖，
>
> 从洪荒太古就掌握了主权，
>
> 在没完没了的战争喧嚣，纷扰中，
>
> 长期保持无政府状态
>
> 并依靠混乱，纷扰，以维持其主权。①

在弥尔顿的"万丈深渊"的背后，在撒旦对"最近的黑暗海岸……接近光明的边缘"的追求背后，存在着一个有关浪子的叙事传统。

根据拉比的注释，在《创世记》的所有记录之先，据说曾有 26 次失败的创造。也就是说，在创世时，上帝曾有 26 个草稿、模型或草图。这些都先于语言。可接受的创造及其叙述是不可分割的。再往前追溯，就是真正的虚无。据说，一位名叫本·佐马（Ben Zoma）的犹太法典编著者在思考这个终极难题时疯了。希

---

① 《失乐园》，朱维之译，上海：上海译文出版社，1984 年，第 82 页。——译注

33

伯来语的"混沌"(*tohu-bohu*)意为"混乱",是否与《李尔王》中被召唤的恶魔马胡(Mahu)的名字遥相呼应? 我们已经看到了深渊(*tehom*),还有那渊暗无光的无底洞(*hoshek*)。在希伯来式的思辨中,引人注目的和与任何关于创造的哲学和美学分析密切相关的,是对那执行者和对原始虚无的连续性的坚持。它不是简单的"初级行为"。它对存在的产生和对将存在再吸收到虚无和野性之中的欲望持续而执着。创造的行为越活跃,失去源头的"吸引力"就越隐伏。现在的"被倒空",就像人和艺术家交融于一体(*post coitum*)后一样,也像上帝从他的创造中退隐时一样。我们已经看到,上帝只能通过毁灭来实现改造之功。犹太神秘主义对《摩西五经》进行注疏而成的神秘论述《光明篇》(*Zohar*)就探讨了《诗篇》(*Psalms*)第130篇首句中的言语歧义。"我从深处向你求告(我在那里发现了自己)"虽是人们对这个句子的最显而易见的领悟,但它可能是错误的。我们可以对之进行如下解读,即"从你所在的无底深渊的深处,我呼求你"。尽管不可想象,但如果我们认真地思考,犹太神秘主义者的"*En Sof*"已成为根源之根,母体之体。世俗的虚无主义者会忘记和抑制来自前意识的见证,即没有上帝深渊也没有巨大的混乱湍流时的无限代理(如星系赖以凝聚的"云")。[1] 正如海德格尔在黑格尔之后所假设的那样,没有

---

[1] 在上文的通篇论述中,我深受安德烈·内赫(André Neher)的《言语的流亡》(*L'Exil de la parole*,1970)、罗耶特曼(B. Rojtman)的《黑火写在白火上》(*Feu noir sur feu blanc*,1986)和扎拉德(M. Zarader)的《不曾想到的债务:海德格尔与希伯来遗产》(*La Dette impensée*,*Heidegger and l'héritage hébraïque*,1990)等文献的启发,特此致谢!

消亡,即非存在的内在收缩,就不会有"存在"。但根据神秘主义者的说法,非存在"之所以存在是因为存在之存在",压在存在之上的非存在就像薄膜上的真空一样。

艺术带来了强烈的肯定。形式的核心是一种悲伤和失落。雕刻使一块石头不再是石头。更复杂的是,形式在"非存在"的潜在可能性上留下了"租用空间",继而减少了本来可能以某种更真实和更具体的方式存在的东西。与此同时,大多数的艺术和文学以及人们最容易接受的音乐,以最难以言说的方式向我们传达未成形之物及其来源和原材料之纯洁性的痕迹。因为法语不仅允许修饰语"深渊的"(*abyssal*)存在,还让其在日常生活中正常使用,所以"深渊"(abyssis)的持续存在是极为模糊的。俨然,这里确实存在源自解构的威胁或挑战;但是,它同时也在暗示,这其中存在某种巨大的平静,以及将在回头浪中净化分离物质和创造中固有之暴力的潮流(我将在下面的论证中回到这两个方面)。米开朗基罗几乎被这种雕刻之前在大理石上仰天酣睡的怀旧情绪所困扰。这些并非是空泛的悖论,而是艺术家和思想家们身上常有的某种斯多葛派式的洞察力。卢梭在《新爱洛伊丝》(*La Nouvelle Héloïse*, 1761)一书中作出的概述是优雅精确的,他说,"除了自我创造的存在,只有不存在的东西才美,这就是世间万物的虚无之处"。我觉得,这是一句颇具洞察力的话。

在希伯来人看来,创造是一种修辞,是一种字面上的言语行为。就像建构哲学论证和神学或启示性文本一样,所有的文学文本也是以同样的方式建立而成的。换言之,存在的形成是一种言论。造物主的气息或元气言说了整个世界。他也许会在一瞬间想到这一点，而艺术家和数学家所说的那种概念也如闪电一般迅捷。但造物主陈述了创造，因为话语在时间上是连续的，所以创造花了六天时间。[①] 这个影响深远的言语行为也不会随第一个安息日而终止。正如《诗篇》第104篇所教导我们的，每一个生命都因吸入了上帝的造人之灵气而诞生。为什么要坚持神灵创造和神圣表达的和谐一致呢？如今在列维纳斯（Lévinas）的伦理学中被更新的犹太式解答具有深刻的启发性。演讲需要听众，如果可能的话，还需要回应者。在《创世记》第1章和第26章，上帝对谁说"让我们造人"？在那一时刻，上帝独自一人。然而，这份纯然独处的孤寂被他自己造人的行为打破，而所造之人却又同时是上帝造人之先的倾听者、回应者和反驳者。反言之，人类语言在精妙绝伦的对话中宣告了其起源。我们说话，是因为我们要去作答；从根本上说，语言是一种"神召"（vocation）。然而，我们又一次意识到，如果不是这样的话，它曾可能是这样，或者它总可以是这样。像诗歌、绘画、玄学论述一样，宇宙本可以保持纯净、沉默的思想。它可以被取消，并可以消减为无迹可寻的静默。艺术家们会报告他们决心不去创作的作品（如济慈的《听不见的旋律》[*unheard melodies*]），或者谈及他们因为某些原因而毁掉的作品（例如，果戈理就曾烧掉了即将完

---

① 参见保罗·博尚（Paul Beauchamp），《创造与分离》（*Création et séparation*，1969）。

稿的《死魂灵》的后半部分)。

我们用来将事物呈现出来的表达方式也相应地伴随着各种严重的风险。无论是先前的虚无,还是内在的完美景象,它们都在抵制实际形式的生产对其造成的侵犯。每一件*媚俗之物*(*kitsch*),每一次机会主义的平庸,抑或艺术的和诗意的失败,都是完美无缺(在心灵的光照启示下)对事物施加报复的证据。就形容词的真正意义而言,为了政治上野蛮的目的、世俗的利益和系统化了的庸俗情感,滥用诗歌的手段都是极其恶毒的。此外,暴力性的侵犯还附着在创造者和受造者之间的彼此分离上。我们已经注意到,那里存在某种撕裂。就像亚当给活物命名一样,命名使它们彼此隔离和孤立。显然,这打破了原始的统一和凝聚。上帝在《创世记》中用了奇怪而有力的"非常好"(very good)对他自己的作品予以奖励——国王钦定本《圣经》在此处是忠实于希伯来语的——这既表达了艺术家的自我满足感,也表示了他与受造之物的别离。也就是说,受造之物不再属于他了。随着时间的推移,在他者对受造物的解释和使用中,艺术品离开艺术家越久远,它就变得越难以修复,对它的创造者而言也就变得越缺乏完整性。洪水不仅代表着造物者转变意念的威胁,也喻表着上帝工作室里的调色刀和白色涂料。基里科(Giorgio de Chirico)去博物馆参观的时候也很害怕,因为他很容易把他认为很平庸的早期油画甚至是最近的作品说成是赝品。创造万有、创世过程中的自我损伤以及创造者从其作品中被放逐这三者彼此缠绕,形成了三重交织之态。这在古犹太教神秘主义释经传统中早已被讨论过,它不仅会影响到当今犹太人对世俗艺术的态度,还将在我们文化中稍晚些时候的某些元素中呈现出某种新的激烈影响力。这一点我将在序言和后记中予以交代。

如果对创造的希伯来式解读是一种修辞学,那么古希腊对宇宙论的理解则是"某种情欲之学"。就像精神分析理论中的创造性一样,病因学及其过程是本能的或以性欲为驱动力的。从词源学的角度来看,希腊语"混沌"(*chaos*)一词源自发生在布上的某种剧烈"撕裂"。事物就生于这一个粗暴的裂口,即解构视角下的间隙。没有什么"未出生的"先于它而存在。可见,古希腊语缺少表征绝对的"无中生有"(*ex nihilo*)的指称性词汇。在面对非理性(在数学中也亦然)和言辞上的不可想象之境时,这种缺乏指出了希腊诗学和哲学的敏感性反复出现的不安感。可以说,虚无似乎本能地被赋予了象征意义。它假扮成人格化了的死亡、睡眠和麻木的骚动。对赫西俄德(Hesiod)来说,存在处于不可思议的、无法表达的非存在和被造物之间。在希伯来人的想象中,存在着"渗透"的持久潜力,即在这个边界上的相互作用。对赫西俄德来说,存在是不可改变的和*自成一格的*(*sui generis*)。混乱存在于语法之外,因此永远无法被阐明。但是,大地女神盖亚和爱神厄洛斯就是由它而生的。创造变成了生育,这是爱的繁衍行为,是宇宙维度上的性行为。在阿里斯托芬的《鸟》中,对鸟类的戏弄是由一些信仰构成的,而这些信仰似乎源自俄耳甫斯(Orphic)的神秘崇拜。在地狱深处那暗无天日的深渊之地塔尔塔罗斯(Tartarus),混沌与厄洛斯交配;鸟类从混沌所生的宇宙蛋中诞生了，并在所有的生物中居于首位。值得注意的是，在新柏拉图式的宇宙论中，有许多迹象表明，混沌的性别是男性。然而，与此同时，它又始终不可知晓。在希腊传统中，有两条相互矛盾的思路。虚无先于存在的（被拒绝的）直觉以及它对原始合一的追求，正如在前苏格拉底时期巴门尼德学派哲学家的论述一样，其单性的自我分离将释放厄洛斯的创造力。赫西俄德以令人不安的机智两次讲述了缪斯女神的诞生。唯有通过他们的记忆和叙述才能使凡人对世界的诞生有所了解。但是，缪斯怎能亲眼目睹自己的创造呢？因此，赫西俄德的深远暗示也只是宇宙的叙述所涉及的表象，即使该表象被认为是事实的真实反映。只有灵感才能让人回到过去。在某种终极意义上，创造和诗意地讲述故事是完全相同的事物。"我创造大地之时，你在哪里呢？"上帝问约伯，"谁能在此夸口说万有是从哪里产生，又是从哪里出来的呢？"这些问题在《梨俱吠陀》(*Rig-Veda*)第十卷中极具挑战性。就凡人的思想而言，以"不朽之神中最俊美的"（赫西俄德）厄洛斯为要诀，这首诗创造了万有的宇宙内容。[1]

---

[1]　此类文献可谓汗牛充栋。其中，拉姆努(C. Ramnoux)的《夜和夜的孩子们》(*La Nuit et les Enfants de la Nuit*, 1959)和弗兰克尔(E. Frankel)的《迪克顿与水果哲学》(*Dichtung und Philosophies des Frühen Griechentums*, 1962)仍然是不可或缺的。此外，相关重要文献还有德福格(B. Deforge)的《开端是神》(*Le commencement est un dieu*, 1990)和布拉涅(R. Bragne)的《开端的叙述》(*Le récit du commencement*)，后者载于马泰(J.-F. Mattéi)主编的《希腊理性的诞生》(*La Naissance de la raison en Grèce*, 1990)。

第三种模式值得我们关注。尼采曾引用了路德的话，但我怀疑那是不准确的，其大意是神在不经意间或心不在焉的时候创造了我们的宇宙。这种糟糕的玩笑有一些美学上的类比性事例。在艺术创造过程中，它还可能会有意向性的悬置。因此，诗人会陷入白日梦或在睡梦中做梦。他"不是他自己"，而是像柯勒律治（Coleridge）、奈瓦尔（Nerval）和代表性的超现实主义者一样，痴迷于狂喜——柏拉图的《伊翁》——或麻醉剂。狂想曲演奏者不会演奏他最好的歌曲，因为他只是它们不经意间的媒介。在实践生活中，我们会偶然发现并拾起了一些东西，如潮湿的墙壁上那块给达·芬奇创造灵感的补丁、现成的某个东西、漂流的木头、杜尚（Duchamp）的象征意义的鹅卵石，但一切都不是有意为之的。不请自来的轮廓性线条从涂鸦中浮现出来；随心所欲的创作有它自己的方式；在即兴演奏的音乐中，意向性转向了执行者的随意性或随机性。已完成的艺术作品中包含了某些纯属巧合的元素，如粘在松节油中的苍蝇，从布拉克画笔上脱落下来并留在拼贴画中的地铁票根。

从神学上讲，"疏忽达意"的修辞转义可以引申得更深远。对创造的巨大暗示可以指向神在创世过程中心不在焉的时刻。黑暗不是因为上帝的缺席，而是因为他的心神不定。某些关于一瞬间的致命疏忽而引发的故事中充斥着各种各样的神话，如人们祈求永生，但是忽略了青春的附加条件；孩子沐浴在不会受伤害的神水中，但人们却无视孩子的所在之地。由"印刷者"无意中掉下的字母和音节散落在车间的地板上，它们由此破坏了原本的意思，如策兰的 *Leichenwörter* ①。犹太神秘主义推测，在上帝向抄写员口述《摩西五经》时由于抄写员的一时疏忽而导致一个重音和一个变音符号被遗漏了。由此，笔误引发的邪恶就渗透进了上帝的创造之中。在莎士比亚和普鲁斯特的作品中，有一种不是否定而是神圣的慷慨之感，如一个曾被淘汰的人物重新出场，某个阴差阳错般被替换了的地点，一个专业性的年表鬼使神差般地出了错。上帝被一些真正重要的事情分散了注意力，让一个尚未完工的宇宙"从他的口袋里掉了出来"。研究《申命记》的学者之所以给予《创世记》"非常好"的评价，可能是缘于他们那急切的虔诚之心。是什么分散了造物主的注意力呢？用柯勒律治的话说，造物主是上帝"从波尔洛克派来的人"（person from Porlock）。

可见，对太初创造的想象和概念化激活了丰富的神学、哲学和美学能量。围绕"创造"，上述三个话语场域分别提出了彼此重叠或相互对立的学术主张。在西方传统中，作为讲述太初之事的最著名文献，《创世记》的希伯来语文本充满了神学、形而上学和语法的不确定性。我们应该将之解读为"当上帝开始创造万有的时候"，还是"起初，当上帝创造万有的时候"？这在法语中也同样有所表现。通过言语的不可译性，上述这种不确定性

①　Leichen 意为"尸体"，wörter 意为"词语"。策兰在《夜里翘起》一诗中写道："一个词——你知道：一具尸体。"Leichen 在印刷行业用语里指漏排的字词，一个词就是一具尸体，指被文明世界遗忘的死者。参见《保罗·策兰诗全集》第三卷《从门槛到门槛》，孟明译，华东师范大学出版社，2022 年，第 201 页。——译注

在普鲁斯特的《追忆似水年华》开篇中得到了完美的再现。在我们人类有关创世故事的早期讲述中，神学、哲学伦理和美学与推论的暴力性和深刻性相冲突；然而，这一冲突在今天和两千多年前一样紧迫和悬而未决。

为什么要造物？

因先天性疾病而致残，因遗传性病症而致盲或失去四肢，或因父母酒后放纵而降临人世，抑或在双亲的冷漠中成长，孩子们常常会问他们的父母："你们为什么逼我降临人世？"[①]在大屠杀以及像大屠杀那样被任意折磨和剥夺的苦难时刻，这样的问题随时都有可能会被孩子们提起。确实，有些人甚至会大声地质问。在那些关心热核战争或细菌战之可能性的人群中，这样尖锐的问题也会一再出现。我们凭什么合法地繁衍后代？我们又凭什么给那些未曾主动提出要求的人带来一生的痛苦或伤害呢？难道他们就没有辩驳的权利吗？"为什么不是虚无"是一个本体论性质的质问。显然，它在形而上学和道德层面上呈现出一种紧迫感。在西方人看来，这或许是一种新的认知。因着我们内在对预测的本能性关注以及对存在的无争议性的断言，几乎所有的动词和名词都以某种形式或多或少地包含了基本性的

---

① 这个问题在叶芝（William Butler Yeats，1865—1939）的《炼狱》（*Purgatory*）中被赤裸裸地提了出来。

"存在"（is）。我们的语法使表达一种根本存在的否定性显得极为困难，甚至极其不自然。但是，人类事业的失败以及在"弥赛亚的黯然隐退"中普遍存在的不公、仇恨和暴力，其合理的可能性使这种怀疑不可避免。正如阿那克西曼德所言，如果我们不曾这样，情况会不会更好呢？或者，我们把这个拟人化说得更详细些。创世本身在宇宙中是那么微小，我们在其中就不曾有权利去问：如果那个宇宙没有形成，会更好吗？

这一问题是存在的本质所在。存在通常被认为是奇迹般的施与和机会，或者至少被认为是某种开放性的模棱两可和充满积极后果的复杂性，存在也可以被认为是纯粹的恐怖。即使在"美诞生"的地方，用叶芝高超的洞察力来说，那也是"可怕的"。此外，常识告诉我们，美丽的诞生并不是规则。"存在"用其盲目的、浪费的和极具破坏性的强迫压倒了我们。存在总是"丰盛有余"。在它面前，我们被推向了个人灭绝的边缘。"大屠杀"这个词讲述了来自黑暗的风，就像卡夫卡曾听到的那些"来自地下的大风"。无论我们的希望和我们所承受的痛苦之尊严有多么沉重，我们终将化为灰烬。在与海德格尔颂扬存在的连续对话中，列维纳斯主张，只有利他主义和为他人而活的决心才能确认和接受存在的恐怖。为了"与之共生"，我们必须超越存在。显然，这是一种崇高的教义，但同时也是一种逃避。问题的关键在于，既无自我牺牲的意向，也不为补偿与否而纠结。就人类生活而言，造物是否存在着巨大的无关紧要之处？难道我们在这个世界上就没有自然之地或没有家，到头来却成了不受欢迎的客旅吗(就像欧里庇得斯的《酒神的伴侣》、莎士比亚的《李尔王》和《雅典的泰门》，或者贝克特临死前的寓言中提到的那样)？在宗教信仰的"语言游戏"中，问题变得就像如下这般简单：不妨想象一下一个受尽折磨的孩子慢慢死去的情景，我们不禁会问，罪恶和某些难以想象的失责是否与上帝的创造有关？艺术以一种更谦和、更温顺的方式提出了这个问题。创造者对自己的产品负有什么责任呢？对这个话题的思考尚且还不多。艺术家、诗人或作曲家是否拥有毁掉他所创造的一切的绝对权利？直觉告诉我们，我们必须区分对待以下两类情况，即对未完成的、粗糙的、未出版的作品(如果戈理的小说)的破坏，以及对已经出版和展出的作品(公共画廊里的基里科画作)的破坏。然而，即使在这方面，也存在细微的不确定性。《埃涅阿斯纪》的手稿被从诗人手中拿走了，以免他自己心生销毁不完美作品的意图。尽管马克斯·布罗德(Max Brod)违命不遵，但卡夫卡当时是在何种意义上希望或期待布罗德烧毁他那些未出版的小说(他的大部分作品)呢？当然，这些都是些有限性的事例。根本问题是一种回应能力，即造物主对他所添加到这世界上的所有事物的义务和责任。

根据马克思列宁主义的末世论，乔治·卢卡奇(Georg Lukács)宣称，思想家和艺术家最终不仅要对他们作品的用途负责，还要对其滥用负责。卢卡奇指责尼采和瓦格纳。与此同时，他断言莫扎特作品中的任何一小节都不能被用于非人的目的。(对这个观点所产生的共鸣感让人不禁会问：《魔笛》中"夜后"的第二首咏叹调是真的吗?)卢卡奇认为,如果一篇文学、艺术或音乐作品,抑或一个哲学体系,可以被政治压迫和商业谎言所利用,那么在其原始形式中必然存在腐败和谎言的胚芽。卢卡奇的法令中有一种有益的夸张,其中被提及的问题也是真实的。纵观历史,艺术一直是野蛮的某种装饰。柏拉图在西西里岛开启了高级哲学与政治专制主义之间互相挑逗的认知维度,其一直延伸到萨特和海德格尔那里。审美的商业化和媚俗化是金钱文化的决定性特征之一。莎士比亚和伊曼努尔·康德的名言也不断被用来卖肥皂粉。在针织品行业中,海顿创作的主题乐曲就一直被用来推进某个新品系的发售。在某种意义上,这些文字和音乐会让它们自身变得淫荡吗? 显然,讽刺意味很深。

　　一个艺术家可能会对他自知是平庸的作品的成功感到尴尬,而且这些作品的创作和公开已经背叛了他自己的意图或理想。他可能会厌恶那些在政治压力、经济需要或不可抗拒地希望世俗接受的情况下被迫制作出来的作品。水壶、电影剧本、情色小说、官方纪念碑或壁画、领袖的生日颂歌和大师的布道文,都可能使作者感到极度反感。艺术家会经常对早期的作品感到不适;更痛苦的是,他可能会估量,同时却又不承认别人对此的相关认知,而他自己在某种程度上也不承认晚期创作能力的衰弱。易卜生就曾在《当我们死而复生时》(*When We Dead Awaken*,1899)中探讨了这种双重痛苦。

　　这种感觉会赋予毁灭某种无上权力吗?

　　我们不妨就一个剧作家或一个小说家对他所塑造的人物的

统治和责任作一番思考。统治是无限的吗?"受造之物"对他们的造物主有某些权利吗?用实证主义逻辑的惯用语问这些问题,听起来似乎很荒谬。即使是像哈姆雷特和包法利夫人那样最具实质意义的虚构现实,如果你愿意的话,他们也不过是由一张纸上的语义符号想象出来的结果。他们怎么能声称自己是"唯一的继承人"呢?从心理学和认识论上来说,我相信,这是聋哑式的实证主义模式。艺术家和作家们已经成为自治的强烈见证,不仅见证了他们所画或雕刻的人物,也见证了他们所塑造的人物所产生的抵抗性的实质。路伊吉·皮兰德娄(Luigi Piran-dello)的《六个寻找剧作家的角色》(*Six Characters in Search of an Author*,1921)就讽喻了这种意识。当托尔斯泰对他的编辑讲述安娜·卡列尼娜的叛逆和不可预测的行为时,他为无数作家说了话,因为她威胁要打破小说的模式,或者至少要完全偏离托尔斯泰宣布的设计。安格尔的那些伟大的肖像画实现了一种矛盾的同时性(它们彼此之间是辩证性的):被画人内心深处的一些核心东西被暴露了出来,但同样生动的是一种对未受侵犯的内在心灵的某种暗示,而这是画家的眼睛和同理心所没有揭示的。把一切都讲述出来的剧作家和小说家所传达的是知性(know-ingness),而不是知识(knowledge)。他在创作中破坏了独立生命力的神秘性。

就性而言,情况尤其如此。成人戏剧或小说不会闯入你的卧室。这些作品不是偷窥狂,他们不会羞辱他们摆在我们面前的那些男男女女,因此也就没有完整的生命。他们的美学伦理与《圣经·罗马书》第九章第二十节中的美学伦理恰恰相反。那一节圣经经文写道,"受造之物岂能对造他的说,你为什么这样造我呢? 窑匠难道没有权柄从一团泥里拿一块作成贵重的器皿,又拿一块作成卑贱的器皿吗?"令人感到受辱的是,"被赋形之物"失去了活力。最终,它变成了色情展出和解剖兽性的狂热"大杂烩",并且大行其道于 20 世纪后期的文学、戏剧和电影之中。让我们看看存有亨利·詹姆斯(Henry James)笔记的工作室,情况似乎与之形成了鲜明的对比。即使在一开始,模糊的光线和新兴的角色,无论那是个男人、女人或是孩子,也不管此人是口齿不清还是能言善辩,这些都一一被詹姆斯的顾忌、短暂性以及拒绝剥去埋藏在内心深处的个性所勾勒。在创作他的泥塑时,詹姆斯似乎以一种神秘的补偿性手法,增加了被描绘者所表现出的明晰意识之程度,同时也提升了不透明事物那难以被人把握的重量和重力。其中,省略是角色"生气或活力"(animation)生发的源泉(灵魂,即 *anima*,给有形之物赋予了生命的气息)。

当这种声息变成了旋风时,创造者和受造者之间的关系在神学、形而上学和美学等维度上都被一起撕裂了。

以东人约伯没有呼求正义(justice)。如果他是犹太人,他就会这么做。以东人约伯呼唤理智(sense),他要求上帝**言之有理**(*make sense*)。显然,这是造物的语法中最容易出现问题的短语之一。他要求上帝使其自身有意义,即能够被人类理性认知所理解。约伯完全拒绝了奥古斯丁式的说法,即"如果你理解了他,那就不是上帝"。约伯向上帝大声疾呼,要他把自己显明出来,而不是以某种疯狂的荒谬示人。约伯遭遇无妄之灾般的恐怖事件可能会导致这样一种情况:造物主要么软弱无力——撒旦可以肆意兴风作浪——要么他就像孩子一样任性和施虐。就像一个真正"为娱乐而杀人"的人。正如卡尔·巴特(Karl Barth)在他对《约伯记》的评论中所说,他是"一个没有上帝的上帝"。约伯终生就理性和信仰与上帝进行对话,而上帝的上述这种可能性也在这种无休止的对话中渐渐变为令上帝自己难以名状的恐惧。尽管约伯的痛苦已经非常可怕,但上帝所承受的痛苦要比约伯糟糕得多。如果造物者对他忠诚的仆人的折磨是如此的无动机,那么,这只能表明,造物本身就是有问题的。因此,上帝就会因创造万物而有罪。

以严谨的逻辑来看,约伯会在《约伯记》第三章的开头取消创世。他说道,"愿我生的那日和说怀了男胎的那夜都灭没"。对此,《耶利米书》第二十章第十四至十八节给予了完全的回应:"愿我生的那日受咒诅……给我父亲报信说,'你得了儿子',使我父亲甚欢喜的,愿那人受咒诅。"但是,在《约伯记》中,被诅咒的不是某个个人,而是整个宇宙。白昼将要变为黑暗,"让黎明的星辰变得黑暗",让光明消失,进而破坏上帝的原始命令。与古希腊的自虐格言一致,约伯问他自己为什么会被生出来。既然遭遇这样的不幸,我"为什么从肚子里出来的时候还没有断气呢?""未见光的婴儿"是有福的。灭绝是可怕的。约伯宣告了那令人窒息的黑暗。死亡后也没有任何补偿。然而,即使是一无

48

所有，也比苟活在一个毫无意义或邪恶的神灵手中要好。

再一次，约伯否认了奥古斯丁在《诗篇》评论中提出的观点，即"我只能说他不是什么"。以东人约伯认为，上帝不仅是荣耀和仁慈的，对他来说更重要的是：上帝是理性的，也是容易被质疑和理解的。现在，在他疯狂的痛苦中，约伯要求知道创造的目的，亦即创造者的意图。黏土被捏得卑微可怜，在陶工手上来回转动。灰烬挑战了火焰，也因此颠覆了勒内·夏尔充满光芒的格言。一个巨大的"为什么"就从约伯心中喷涌而出。我所引用的所有哲学和美学议题都在绝望中发挥作用。宇宙不可能是这样：与约伯所遭遇的不公、难以忍受的痛苦和任意杀人的世界相比，这是一种祝福。它本可以被一个将永恒的爱赋予其受造物的至高无上的自豪工匠创造得公正、合理和人性化。上帝凭借什么虚荣心把他的制品说成"非常好"呢？然而，孩子和无辜的动物却被折磨得从容赴死，饥荒甚至时常临到富人的家门，而胎儿被无法治愈的疾病折磨着。但是再重复一遍：虽然正义（神义论）的复杂性摆在面前，但以东人首先诉求的是创造的基本原理，为的是寻求理性（reason）。仿佛一段简化到可以嘲笑或淹没警察牢房里的受刑者或集中营里的垂死者的哭喊的音乐，能转身向它的作曲者反问道：你为什么要造我呢？

上帝回答说"从旋风中来"（我在"Shoah"一词中已经暗示了这个意象的使用）。我们都知道，这个答案是以一连串的问题呈现的。耶和华问以东人约伯，创世之初，他在哪里。在这些问题中，晨星一起歌唱——正如歌德在《浮士德》的序言中所写的那样——门因抵御大海的饥饿而设,大地被测度,种子得以开花结果。难道是约伯华丽的翎毛给了孔雀? 把惊雷般的威风给了种马的颈项? "你能用鱼钩钓上鳄鱼吗?""雨有父亲吗?"一个接着一个的问题使人失聪。火山神也因此爆发,变成了非人的诗歌。(有些人曾告诉我们说,无论是威克里夫[Wyclif]和廷代尔的翻译,还是詹姆斯一世时期的大师的释义[paraphrase],抑或是但丁或是歌德的模仿(imitations),没有任何翻译或释义能够与原文的希伯来语相提并论。这话我完全相信。持久的重要性和无与伦比的言语创造性(inventiveness),至少对我来说,确实引发了关于作者身份的令人不安的困惑。一个男人或女人是否能在任何场合中合理地被我们当中的其他人所接受? 他们是否能够"想出",为《约伯记》第三十八节至四十一节找到一种语言,一种使约伯能够通过听觉去见上帝的语言呢?)

所有这些都是我们熟悉的领域,在后来的经文中,在解经和布道注释中,在神学诠释学中,在形而上学-道德辩论中,在文学研究中,他们都被不断地反复交叉。许多人发现耶和华的回答根本不是这样的。卡尔·巴特认为,这是"宇宙学-动物学-神话学"的混杂。克洛岱尔(Claudel)曾愤怒地说道,"太令人失望了! 建筑师领着我们从一个层次走到另一个层次。"在"自满的自我表现欲"中,上帝展示了他的成功和他的蒙骗。这是对"人类最基本的纯真"这一伟大呼声的可能答案吗? 一个受苦受难的人在乞求理解,却被人弄到了一个摆满了自恋的甚至是讽刺的迪亚吉列夫(Diaghilev)式的虚构作品的画廊里。需要强调的是,我是有意使用了这个比较。从最直接的层面来说,那些来自旋风中的言语是对"为艺术而艺术"原则的一种辩解——是我们所拥有的最势不可挡的辩解。他们在惊雷中展现了拜罗伊特(Bayreuth)那宇宙般的视觉景象,对生命本身和作为瓦格纳式的总体艺术(Gesamtkunstwerk)之一部分的所有生命形式的视觉展现。这一点需要予以强调。

约伯的质询是本体论式的。他比海德格尔走得更远,因为他在质疑存在的存在。就形式而论,它是认识论的。以东人想知道宇宙是否有意义,是否有意义之意义。显然,他的质疑的框架是神学性的。上述三种话语框架中的每一种都有丰富的词汇和语义场。但在上帝的回答中却什么也没有。他的回答是,一位主(Maître)在炫耀着他的全部作品的分类目录,其范畴是美学性的。它展示了无与伦比的设计和美:黎明、点点晨星、向南展翅飞翔的鹰和独角兽的优雅。它展示了至高无上之力量的样态:穴中幼狮、雷霆闪电和雄鹰在天。大工匠暗示了他巧妙的秘密:大海之源和雪域之宝。最令人满意的是,上帝用令人震惊的细节来描绘巨兽和利维坦,让人如梦如幻,就像在我们的噩梦中一样,也像在电影《侏罗纪公园》里的百兽咆哮一样。《约伯记》中的神就像达·芬奇的绝世杰作一样,带我们走过一间陈列室,里面陈列着各种杰作:素描、神秘编码的图案、怪诞的图案和人体构造图。在序列和交叉呼应中,上帝对约伯的讲话出自一个艺术家的工作室,其微妙和麻木的力量,其意义的挥霍性和"间接性光亮"挑战了数千年的解释和阐释学分析。他不仅展览他的作品,也对其作品予以了编码。

布伯(Buber)认为,创造本身是对约伯唯一可能的回应。"世界的创造是正义,不是一种报偿和补偿性的正义,而是一种分配性的和给予性的正义……造物本身就意味着造物者和受造者之间的交流。"因此,布伯认为,上帝把他自己交给了约伯。他就是答案。在鲁道夫·奥托(Rudolf Otto)的著作《神圣者》(The Holy,1917)中,他更接近了问题的症结。他探究了创世和形下之物受造中的奇异性和"不可思议"(weirdness)之处。在神义论的层面上,约伯所遭受的苦难是无法回答的。因此,上帝所依赖的是一种完全不同于任何可以在理性概念中完全呈现出来的东西,即超越思想的纯粹的绝对惊奇以及以纯粹的、非理性的形式呈现的神秘。压倒这个来自以东的人的是"彻底的惊人、近乎恶魔的和完全无法理解的永恒创造力量的特性"。我们注定要"被不可理解的内在价值所折服——一种无法表达的积极的和'迷人'的价值"。

这些是美学的原则和信条。无政府主义的和"尼禄式"的过分美学价值超越了善与恶,超越了理性和社会伦理责任,激发了创造和赋形的动力。合宜与相称并不是基本的标准。巨兽和海怪利维坦是创造万物脉动的赤裸化身,比田野里的百合花更为忠实可信。在上帝对约伯不回答式的回应之美学中,"为艺术而艺术",或者更确切地说,"为了创造而创造"显示出了他的暴行,以及他对人道的戏弄和无礼。造物者拒绝为自己辩护或解释,陶工拒绝对他所塑形的泥土负责,这在燃烧的灌木的同义反复中已经隐含着了，即"我是自有永有的"。这一点在《约伯记》中炸开了花。作为艺术家的上帝，即使在他那无限性中，也不能容纳创造的压力。因为他超过了他的独一存在，所以"存在"代替了"虚无"。奇妙的是，《约伯记》中的撒旦暗示了批评家的形象。他和神有着亲密的关系，就像评论家和艺术家之间的关系一样。他的角色可能是开创性的，即撒旦可能刺激了上帝创造。"给我看看"，这位批评理论家说。一旦造物摆在他面前，撒旦就会找出它的瑕疵。他讽刺了制造者的自我满足——"非常好"。就好像撒旦试图触及耶和华身上某些神秘的和自负的元素。按照上帝的形象被创造的人中最好的，就是约伯，他是上帝真正的仆人，他将经受考验，直到崩溃。上帝允许撒旦继续他的施虐游戏，他冒着风险，甚至几乎暴露了他的创造力和工匠式的丰富性中固有的某些弱点。当布莱克（Blake）的雕刻作品明显地把约伯的特征与神的特征相吻合时，就暗示了这样一种解读。

对我们来说，上帝的美学回应转化成了无与伦比的文本事实。就其本身的规模而言，《约伯记》反映并向我们传达了原始创造的狂野神秘，以及存在形成的过程。因为我们有了诗歌，因为它让我们不知所措，让我们反抗，我们就能体验到上帝为什么选择诗歌的方式来对抗来自本体论、伦理和宗教的挑战。这种体验如果不能给人以安慰，它本身就是一种升华。尼采将这种二元性压缩成 1888 年春天的一张神秘便笺，即"艺术申明一切（Art affirms）。约伯申明一切（Job affirms）"。

在伟大艺术和哲学洞察力的起源中，存在着"其他"或非人性的东西。造物的文法保留着我们的问题。因此,作为犹太传统的重要组成部分,打破传统和对虚构的戒绝是有其原因的。要为造各种形象的创造者塑像,就必须同时触及那些对人类的理解来说太过于巨大、太过道德的自然力量。在犹太教、伊斯兰教和加尔文主义中,某些被认为是恐惧的存在会迫使人们把创造形体的艺术留给上帝。柏拉图主义和新柏拉图主义对这种恐惧也有所警惕。但他们努力去控制它们,以慎重的可理解性使源于混乱(Chaos)的动荡或狂暴人性化。

造物的原始动力

正因为混沌和恶魔对于古希腊人的感性认知来说是如此生动,才使得这些能量被赋予了秩序。在希腊神话、悲剧以及希腊人对妇女和野蛮人的认识中,疯狂和黑夜军团都扮演着引人注目的角色。个人和民众生活模式中对周围环境缺乏感知力的理性主义和骄傲在任何时候都不应有,而应时时留意原始黑暗中充满凶险的飒飒之风。因此,我们理应强调重建,强调城市的建立,强调法律的构建,强调技艺的创建,强调艺术流派的开创。我引用过的柏拉图式的等式介于开始和最优之间。那是希腊语中关于黎明,亦即第一缕阳光到达子午线的近乎强迫性的庆祝。创建和开始在本质上就是去行动(to act)。然而,即使在太初的伊始中,恶魔也没有缺场。

我们所关注的三个语义领域——神学或"跨理性"、哲学和诗歌——在柏拉图的著作中就是合一的。显然，这已是一个老生常谈的论题。但是，正是这种合一为柏拉图对创作进行极具深刻性而又不安的分析提供了智慧的共鸣和戏剧般的情感。

学者们认为《伊翁》(*Ion*)是柏拉图的早期作品，但它引发了一个困扰柏拉图终生的悖论。审美如何才能呈现和呼唤具有说服力的生活？然而，审美对之还没有直接的和已有的知识。一个完全不懂航海技术的画家，却能描绘出一艘在波涛汹涌的大海中被熟练操纵的船；一个十足的懦夫能唱出著名的战斗歌曲；一个从未担任过公职的剧作家会让他笔下的人物寻找治国之道。这个问题不仅仅是非法认知的问题，也是表现能力和表征或模仿(模仿的关键概念)之间明显的鸿沟。可见，这种困境是道德意义上的。艺术和小说中的行为不仅是人为的，而且从根本上说，它们也是虚构的。它们是不负责任的。由于缺乏对它所重新创造的事物的真实认识，美学便玩弄现实。严格意义上说，拙劣的绘画和失败的戏剧都是无关紧要的。驾驶飞机撞到岩石上的飞行员和战斗中的失败者到死都是负有责任的。艺术家在或多或少受到挫伤的虚荣心中继续创作他的下一部作品。但是，这种"无知"和不负责任甚至适用于最好的、最有说服力的诗歌行为。将荷马史诗用在阿提卡学校的教育中，违反了柏拉图对知识真实性、公民责任性和对教育至关重要的实践性的传播等方面的标准。

面对苏格拉底的嘲弄，荷马史诗吟诵者欣然承认，他在任何实质性的方面都没有涉及他如此引人注目地叙述的国家和战争等重大问题。但是，产生了精妙的修辞和感伤的并不是他自己的意识。显然，那是一种神圣的灵感。它是缪斯的狂躁的声音，也是通过他来说话的精灵（*daimonion*）的声音。史诗歌手是一种由超自然力量演奏的乐器。《伊翁》是灵感直觉诗学的最早和最典型的形式，也是基于作为媒介的艺术家的思想而建构成的相关艺术理论的最早典范样本。浪漫主义的和 20 世纪的习语是关于幻想的启发、形成的梦想和潜意识的。但两者的动力是相同的：诗人、作曲家、画家都不是主要的创造者。它们是风神的竖琴——柯勒律治的意象——由精神冲动形成的强烈反应，而其发端之处和最初未被察觉的焦点却在良知的条例之外。它不会启动技术输送。此外，伊翁的自我呈现这一特殊要求来自这样一个事实：希腊狂想曲既是"作者"又是执行者，既是剧作家，又是演员或哑剧演员。

苏格拉底引出了关键的看法。伊翁觉得他自己是个"着了魔"的人。18 世纪会谈"激情"（enthusiasm），但这样的着迷不是灵知或出于意志的掌握。这是一种狂喜——一种"忘我"的状态或存在——一种自我超越和对经验之界限的超越。莎士比亚从未去过威尼斯或维罗纳，但他对他们的"知识"是如此的本真，以至于它成为了我们对之所持有的知识。对此，苏格拉底曾讽刺而又执着地说道，"这恰恰是上帝自己说了他们的话"。这种知识的奥秘使柏拉图恼怒，因为他自己显然就是一个剧作家和神话的制造者。借用斯拉夫民族对灵感现象、无知智慧和洞察力的反思，伊翁可能确实是一个"傻瓜"，但他也是一个"神圣的傻瓜"。恰恰是因为古希腊史诗和抒情诗的传唱,他的证词才直接关系到音乐的来源。在造物的语法学中,音乐形式的诞生——复杂的音乐符号可以瞬间"给予"作曲家——恰恰是永恒的症结所在。

伊翁无疑被苏格拉底摧毁了,但苏格拉底几乎没有意识到这一过程。艺术家和表演"明星"的虚荣心和装腔作态都被赤裸裸地展现了出来。但也不是每一个创作者都会这样。当苏格拉底把自己当作伊翁的代言人时,当他阐明了具有吸引力的视觉可以传送那种似乎源自超自然的能量时,一种欢快的严肃就显露出来了。这种严肃性将会在《斐德罗篇》(*Phaedrus*)中慢慢展开。问题的关键是形而上学的探究和话语,辩证法的真理功能和地位,以及非实用主义灵感的神圣性。这一努力归因于荷马史诗吟诵者和盲人预言家,是他们给了我们音乐和想象中的风景。在《斐德罗篇》中的关键时刻,苏格拉底像先知和占卜的人一样蒙住了自己的头。他召唤缪斯。他呼唤从耳朵注入到自身身体内的思想,就像从外面朝一个容器浇注那样。他变成了一个真正着了魔的人,他的哲学演说风格是"离酒神颂歌不远的"。苏格拉底知道,他关于爱的真正本质的神话般的论述——最纯粹的形而上之在的理论——有"跨理性"的来源和证实。他不情愿地接受了这一见解。但是,如果神灵确实降临到他身上,那就让它发生吧。如果没有缪斯的疯狂,一个人就无法"进入诗歌之门"。更令人不安的是,获得某些哲学意识,乃至数学概念——公理的"闪现"——也可能依赖于某种程度的着魔。可见,主题并不是非理性。在苏格拉底关于爱神厄洛斯的论证中,理性的说服力也是强健有力的。更确切地说，问题的关键是通过以诗意为发声方式的道德活力来缓和抽象和辩证，并在其复杂的融合中超越解析性的诠释。在评论《斐德罗篇》时，西蒙娜·薇依(Simone Weil)谈到了上帝在"寻找人"。这种找寻，这种向容器中倾注的过程，"是一种失重的向下运动"。

灵魂不朽的学说是《斐德罗篇》的核心。在简单的逻辑中，它包含了来自物质或经验环境之外的潜在灵感。真正的哲学思想和负责任的美学创作都利用了不完全在他们控制之下的资源。两者都易受诱惑：琐细或醉人的艺术都是诡辩的。在柏拉图看来，道德和它所包含的讽刺是必要的保险，它们总是处于压力之下，以防止被神灵附着者腐化或亵渎。这是哲学和艺术的创作行为之间的接触，也是他们不可思议的亲缘关系。这让柏拉图与诗人之间的争吵令人感到不安，也决定了新柏拉图主义和新柏拉图式的浪漫主义力图把真理等同于美，即最高的诗歌等同于最高的哲学(这一企图即便在诺瓦利斯或济慈的作品中也从不完全令人信服)。没有一个哲学家比柏拉图更清楚地意识到诗人的内心深处。在没有形式逻辑的地方，哲学是否真正与自己的表演风格拉开距离？是否真正远离缪斯女神的影射？斯宾诺莎的元数学公式代表了我们对自主的最严厉的尝试。但是，他们也有自己的诗意。

直到19世纪早期，《蒂迈欧篇》是最具影响力和最具挖掘价值的柏拉图式对话。它把希腊文化和古代晚期与伊斯兰教联系起来，把伊斯兰教与基督教和经院哲学联系起来。《蒂迈欧篇》

是新柏拉图主义在文艺复兴和巴洛克时期的"经典"。以该文本为中心的思辨想象和学说研究的分支是多种多样的：数学、宇宙学、天文学、建筑、音乐，以及对政治和谐理想的探究。正是这个共同的枢轴，将波伊提乌（Boethius）对国家和宇宙秩序的看法与开普勒（Kepler）对行星轨道的研究联系起来。在《蒂迈欧篇》中，对无限的三种主要表达形式——数学、音乐和神秘主义——是相互作用的。这三位一体中所暗示的能量，使对话成为西方精神、思想史上的一种存在，甚至可与《圣经》相媲美。西蒙娜·薇依的评论既夸张又传统：《蒂迈欧篇》"与其他柏拉图式的对话完全不同，在很大程度上，它似乎来自'另一个地方'（ *tellement il semble venir d'ailleurs* ）"。它的教导是如此的深奥，"以至于我不能相信它不是通过启示而进入人类的思想"。

"为什么不是什么都没有？"是我们一直在问的问题。它在形式上表现为："为什么没有混乱？"从某种意义上说，这是一种质疑的弱化，一种较弱的表述。在另一种情况下，它允许在神的创造和艺术家-建筑师的创造之间进行类比，而这也恰恰是本质上的内涵。《蒂迈欧篇》中的宇宙是"万物中最美丽的存在"。如果从无形（混沌）中创造出来的东西是等价的，并且极好地表达了因果关系，那么其对象就是最理想的美。原因与创造性的生产之间的同一性是创造性行为的逻辑与诗意之间的交汇点。因此，正如格雷戈里·沃拉斯托斯（Gregory Vlastos）在其著作《柏拉图的宇宙》（ *Plato's Universe* ，1975）中强调的那样，不仅"道德感与美学融合"（ *Kosmos / kosmeo* 就存在于我们的"化妆品"[cosmetic]中），真正的逻辑与美是合二为一的，而且其标准是数学的标准和数学在音乐中的"物化"的标准。虽然数学之美的概念，亦即使一个定理或证明比另一个更深入，对于外行人来说是很难理解的，但它显然在数学思想中起着重要的作用。《蒂迈欧篇》中的造物主（Demiurge）是一位伟大的数学家兼建筑师，他合着音乐的旋律行建造之功。他所开启的那个"天体的和谐"吸引了从毕达哥拉斯到开普勒和莱布尼茨的哲学家、诗人和宇宙学家。但是，丑又是什么情况呢？我们是否只把它理解为错误或贫乏？在苏格拉底之前的哲学家们和柏拉图与无理性的斗争中，以及与被遥远但不可否认的混沌浪潮威胁着的未知宇宙的斗争中，美及其与有序比例的认同是人类感知稳定性的保障。它们是光芒四射的，同时也是脆弱的。希腊神话中的恶作剧女神爱特（Ate）象征着非理性的愤怒和对混沌的记忆（有时令人感到奇怪的诱惑），她总是威胁着人类的政体和人类在生命音阶中的地位。丑陋是可怕的。柏拉图没有涉及它的基本生命力及其可能的合法性。

我们所体验到的大宇宙是造物主"唯一的创造"。在《蒂迈欧篇》中没有像布鲁诺（Giordano Bruno）的异端学说或启蒙运动的宇宙论那样的多元化世界。究其原因，正如格雷戈里·沃拉斯托斯所言，"理想的模型是独特的，如果它也是独特的，世界就会更像那个模型"。对柏拉图来说，完美就是同一。黑洞的另一边没有反物质。在希伯来和基督教的天启宇宙论中，上帝的全能包含了这样一种可能性：他将彻底毁灭他所创造的万物，或者重新开始。这样的结局对《蒂迈欧篇》来说却是陌生的。柏拉图式的建筑师既不会破坏也不会改变他的设计,他的设计已经实现了最理想的美。宇宙(Kosmos)绝不是"正在进行的工程"。这个反达尔文主义的模型可以代表对经典的定义和对有限(无边无际,甚至无限)的感性认知。性情(temperament)的彻底分离在这里起了作用。在无限中存在着思想(minds)乃至意识和信仰的共同体,它们都无比的荣耀。相比之下,有一些人——包括柏拉图和爱因斯坦——回避了开放性,也就是黑格尔所说的"坏的无限"。

审美上的相似之处很接近。艺术、音乐、文学都知道一件杰作的自负之处,它包含了所有其他潜在的美。在理想情况下,马拉美的计划和博尔赫斯的寓言中有一个作品全集或某个终极之书,它包含了与之同源的宇宙。关于艺术目的的神话在浪漫主义时代尤为突出,它们都沉迷于柯勒律治所提出的"总体性"(the omnium)之主题,即伟大作品的全面性和完美性被证明是无法达到的,作品和创作者在此情况下也必然被摧毁。再者,与此形成对比的是,美的多样性、残缺性和故意暂时性也相应地形成了其自己的美学。达·芬奇的作品便是明证。我们已经注意到,现代性往往更喜欢素描,而不是完成了的画作,更喜欢经过修改的草稿,而不是已公开的文本。这样的选择在《蒂迈欧篇》中的柏拉图看来是荒谬的。当找到一个正确的代数解法时,一个健全的头脑会选择一个错误的代数解法吗?造物主(Demiourgos)这个词的意思是"工匠"(craftsman),他在混乱中铸造、切割、拼接、锻造原材料。他在上面盖上了既存的理想形态的印记。他不会丢下工作室里的废弃物。因此，柏拉图式的宇宙（Kosmos）本身就是可解性的清晰形象。如果你愿意的话，它是一个可见的上帝。它的线条和发音是数学式的，其中这个数学因素（mathesis）只是完美的理性命题。它的可理解性也使之可听。音乐的和谐以及将这些和谐转化为治国之道和法律，让原始创造产生共鸣。在《蒂迈欧篇》的造物语法中，"kalos"一词表示形状美，当它表征事物之间的关系时也表示和谐；同时，它也表示伦理上令人钦佩。神学、形而上学和美学从来没有像现在这样紧密地联系在一起。

物理学家可能称之为"冷聚变"。一股明显的寒意从《蒂迈欧篇》中散发出来。柏拉图式的建筑师是立体派的，是棱角分明的艺术大师。他的方法就像一个没有笑容的布朗库西（Brancusi），或者是蒙德里安（Mondrian）。但是，对柏拉图至关重要的数学的魅力在艺术中一直存在。最明显的是，音乐对之驾轻就熟。坡（Poe）和瓦雷里（Valéry）就曾认为，某些语言上的美学内涵也是如此。在神学和哲学上，斯宾诺莎阐述了一个公理，即一个对至高无上之存在的代数表达。此外，除了任何特殊的实例之外，《蒂迈欧篇》还提出了这样一个问题：如果不包含一个数学猜想或证明的起源问题，是否可以对创造/发明进行任何有价值的思考。这个问题自古以来就争论不休。数学的事实和真理是独立于人类的发明而存在于世界上的吗？他们是否像柏拉图所说的那样永远"在那里"（out there）？难道在罗素的宣言中只有上帝创造了质数吗？或者数学是否就像形式逻辑一样是由人类智慧创造的公理演绎系统(它可能是它的一个分支)？在这种情况下，正如歌德所提出的，它可能不过是一连串的重言式(tautologies)：

> 数学有得出万无一失之结论的虚伪名声。它的绝对正确性只不过是同一性而已。2乘以2不等于4，而只是2乘以2，这就是我们所说的4的缩写。但是，4根本不是什么新鲜事。这在它的结论中一直延续，这种同一性唯有在更高等的公式中才逐渐隐退。

另一些人，例如约翰·斯图亚特·密尔(John Stuart Mill)，则坚持数学的实践和发现的观察性和经验性来源。然而，尽管数学是深奥难懂的，但它的基础是测量、计时、对自然数据和人类需求进行分类。重复的、直觉的、因循的和逻辑的立场已经被数学家和数学哲学家以同样的信念争论过。德国数学家康托尔(Cantor，1845—1918)之后非欧几里得几何和无穷数学的发展——一个中立的术语——给了这场辩论新的动力。对于门外汉来说，这几乎是不可接近的。

　　然而，它显然涉及创造力的问题。在法国数学家费马(Fermat)的最后定理诞生三个世纪后，一位当代数学家和数学哲学家感叹道："这是如此美丽，它一定是真的！"关于拓扑学家、数学哲学家是否"发明"或"发现"下一个定理的问题，生动地暗示了音乐形式的起源和旋律的源起。在这两个过程中，是否存在逻辑假设的必要展开，亦即一种由于其形式前提而不可避免的部署？欧几里得的几何学、巴赫的前奏曲和赋格曲都传达了这种不可避免的感觉和某种无懈可击的自我定义。在其他方面，数学和音乐一样，它们都传递着一种创新的感觉，亦即一种向意想不到的领域彻底飞跃。这种未知领域似乎并不是通过形式的或存在的必然性而等待被发现的。被发现的对象必须先被想象出来，然后才能成为现实。然而，就像音乐和某些非具象艺术一样，困难依然存在。这种通过概念飞跃而实现的"现实"是如何与外部世界相对应的呢（如果是这样的话）？它是对外部世界的补充，还是从外部世界衍生出来的呢？为什么外部现实要服从逻辑的规则，为什么纯数学会如此频繁地应用，这是所有形而上学之未知的最深奥之处。我们不再认同新柏拉图主义者或开普勒的观点，即天籁之音——当前宇宙学的本底辐射——是全音阶的。

正是这种建立在数学基础上的不确定原理，以及数学与经验之间可能的对应关系，才使得数学与美学之间存在着深层次的一致性。两者都是自由的空间，不存在利害关系的空间。沙利文（J. W. N. Sullivan）在1925年的一篇精彩的文章中写道，"数学和艺术一样，都是'主观的'，都是自由创造性想象的产物"。它对现实的启示也是诗意的：

数学的意义就在于它是一门艺术；通过讲述我们人类自己心灵的本质，它让我们知道很多依赖于我们心灵的东西。尽管它不能使我们去探索永恒存在的某个遥远的地区，但它帮助我们知道，存在在多大程度上取决于我们存在的方式。我们是宇宙的立法者；甚至有可能，除了我们创造的东西，我们什么也体验不到，而最伟大的数学创造就是物质宇宙之本身。

这个观点对于《蒂迈欧篇》中的柏拉图来说是完全不能接受的，抑或对笛卡尔来说也是如此，因为他们认为上帝有能力改变和创造新的代数几何法则。柏拉图的数学之所以仅次于哲学，正是因为它邀请人们"探索永恒存在的某个遥远地域"。只有数学的不可改变的形式才能教导人类知晓智慧，宇宙的神圣秩序立刻被它自身的完整性所限制，并因其永恒而无限。《蒂迈欧篇》就是用基本的几何-建筑术语对数学的不变形式予以了阐明。

　　如果说安瑟尔姆（Anselm）对上帝存在的证明是建立在逻辑上的，那么《蒂迈欧篇》的证明则是建立在世界可论证的数学结构和数学上可理解之秩序上的。我指的是某种寒意（chill）。但是，从《蒂迈欧篇》的数学诗学中射出的（白）光，在许多人看来，似乎是无与伦比的。

谁是造物者？

　　耶路撒冷和雅典的比较一如既往地具有启发意义。希伯来人对创造的思考范围从古代地中海东部拟人化的神话一直延伸到对神内在元素的矛盾性推测。创造问题是犹太教神秘主义就绝对无限的上帝之自我放逐进行辩论的核心，上帝的内在绝对性之本身是外在于创造和时间性的。镜像反射（思索性推测）和想象的完整本体论，是围绕着试图阐明（即使只是转换性地）无法言说的事物而发展起来的。"按照上帝的形象"造男造女的叙事手法是西方美学理论的基础，生成了最戏剧化和最优雅的类型性文本的各种解释和象征性阐释的多种变体。但是，《旧约》和《塔木德》对创世的必要性和后果的解读主要是这样一种观念：从某种意义上说，如果上帝不因造物和造人而招致异化和玷污的危险，他就不能成为他自己。从这个角度来看，莱布尼茨的答案应该是："因为有了上帝的存在，也只能是因为有了上帝的存在，所以才没有虚无。"通过堕落和使他感到不得不创造的遗憾，撒旦的否定构成了某种使上帝虚弱和不完整的尝试。

作为犹太学者和思想家中的一位卓有成就者，列维纳斯孜孜不倦地指出，《摩西五经》中有上帝和人之间相互依赖的主题。供奉被称为"上帝的面包"（the bread of God）。对神赋予拟人化的想象在字面上被滋养成为某种微妙的暗示，即在某种意义上对上帝之精神尤为必要的"喂养"。反言之，上帝对这种必要性的承认就等于他的存在的自我赋予，也相当于他降为人类过程中对神性的放弃（kenosis）。其中，耶稣的化身是其逻辑上的极端典范。

犹太教的上帝创造了*无中生有*（*ex nihilo*）。没有预先存在的物质性，即混沌的狂野虚无，是可以想象的。然而，在另一种意义上,创造并不是来自虚无:它是上帝本性的必要延伸,是对绝对存在的某种实现。这个公理必须展开。正如我们所看到的,一个棘手的难题仍在继续:如果他真的无所不能,他为什么要创造?他能在没有自我损害的情况下废除他的创造物或其中的某些部分吗?会不会是上帝对创造力的压倒一切的冲动激发了消极的力量——其潜在的自我也在整体中?这将是诺斯替派和摩尼教对世界两面派结构之表现的发现。在正统的观点中,我们内心的上帝就像一颗流转的星星或亮或暗,与我们的行为保持一致。它们之间的相互关系就是这样。造物者散发在人类的尘埃和白昼中,使人成为有生命的灵魂,成为上帝创造的见证(就像陶罐是陶工的见证一样)。在某种基本意义上,人的邪恶使上帝"屏住呼吸"。《以赛亚书》第63章第9节是既安慰人又令人恐惧的:"他们在一切苦难中,他也同受苦难。"受造者将其不完美和堕落之阴影都投射在创造者身上。因此,一个从痛苦的坑里发出来的真正祷告,与其说是向上帝(God)祷告,不如说是为他(Him)祷告。这样他的痛苦可能会被减轻(保罗·策兰的许多"反赞美诗"都是关于人在大屠杀后拒绝向上帝恳求祷告的)。与此同时,对一个孩子和一个动物的折磨会在上帝体内释放出痛苦。这种情况对我们来说深不可测,但却很明显,它就像地球上由太阳内部爆发出的巨大耀斑造成的气候失调一样。

这样的假设把我们带离了《蒂迈欧篇》中的建构大师。从赫西俄德或柏拉图的混沌假设中孕育出了随后的形式。没有什么比在造物主和人类之间建立道德纽带的想法更远离柏拉图创造神话的数学唯心主义了。利用了希伯来语中元音的即兴情形，拉比们在《以赛亚书》第51章第16节中写道："你是我的**百姓**（*ami ata*）。"在实际的创造过程中，他们已经读过 *imi ata*，即"你与我同在"。人类的思想、行为乃至言语，对存在的品质和持久性都具有持续的作用。确切的美学类比就是我们今天所说的"接受理论"（reception theory）。观众、读者、听众动态地参与到艺术作品的实现中。他的回应和解释对其意义至关重要。就造物主而言，柏拉图认为这一切都是反启蒙主义者的无礼行为。就像希伯来式的感知一样，后来被斯拉夫基督教世界赋予特权而变成了残疾的神圣角色。只有在欧里庇得斯作品中的某些时刻，我们才发现人类的道德和对现实原则的洞察力已经超出了上古之神的视野。欧里庇得斯暗示，男人和女人需要重建他们的世界——社会的、政治的、哲学的——不是按照从黑夜中诞生的上古之神的形象，而是按照理性的希望和不断发展的理想的形象。萨特是最具欧里庇得斯风格的现代作家，他宣称："上帝需要人类"（*Dieu a besoin des hommes*）。他可能不知道他离《摩西五经》有多近，而离《蒂迈欧篇》有多远。

在造物的文法的发展过程中，这两种视觉符号之间的紧张关系不会减弱，也不会有任何结果。

第二章

存　在

形上之道与形下之物的交融性存在：“道成肉身”

基督教和伊斯兰教改变了我们的指称术语。

从 10 世纪到 15 世纪，西欧的基督教界提出、挑战和调整了道成肉身和圣餐这两个重要概念。[①] 在希腊哲学的柏拉图-亚里士多德时期之后，以及在近代的新柏拉图主义和诺斯替主义之后，标志着对西方句法和概念化之规范性训练的第三篇章的主体正是对道成肉身的变异学说的提炼和升华。在“创造”的研究中遇到的每一个标题，以及解析性和形象性话语的每一个细微差别，都可以与关于将记忆中的血肉转化为圣餐礼上的面包和酒的争论相关联。道成肉身和圣餐全然不同于犹太或希腊观

---

① 可参见由米里·罗宾(Miri Rubin)撰写的权威性学术著作《基督圣体：中世纪晚期文化中的圣餐》(*Corpus Christi：The Eucharist in Late Medieval Culture*，1991)。

点的概念——虽然它们在某种意义上确实是由"两希"之间的文化碰撞和贸易交往产生的——与人类学和精神分析所认为的血祭和食人仪式有着久远的渊源（上帝或其代理人被神圣地吞食）。在这一伟大比喻的另一极，圣父在圣子身上的化身和圣子在基督圣体仪式上自我捐赠的圣餐变体，构成了仪式的神秘物质。这是一种在最高的智力压力下由神经系统支配而对非理性进行推理的清晰的、微妙的尝试。也许，独特的是，对圣餐教义的锤炼迫使西方思想将无意识和史前历史的深度与逻辑学和语言哲学边界上的思辨性抽象概念联系起来。

当我们论及比喻、寓言、象征以及正式的和实质性的转换时，当我们在完全意义上调用"转化"（translation）时，我们有意或无意地从中世纪早期教父著作研究中引证这些关键术语的演变，来定义和解释那不断重复的圣餐（Holy Communion）奇迹。当莎士比亚发现"体现"（bodying forth）一词可描绘形式内的内容和行为内的意义的普遍存在时，他直接类比圣餐中已然化身的"真实的临在"（"类比"也是神学的衍生词）。在每一个重要的点上，西方艺术哲学和西方诗学都从基督论辩论的基础上汲取他们的世俗习惯。不像我们精神历史上的其他事件，上帝通过耶稣表明了*神性放弃*（kenosis）以及借助圣餐中的圆饼和酒喻表了救世主永无止境的有效性，这一假设的条件不仅是西方艺术和修辞本身的发展，而且在更深层次上，也是我们对艺术真理的理解和接受——与柏拉图对虚构的谴责相对立的真理。

我们看到，许多思想家和艺术家都试图打破这一母体性的社会环境。他们发现它是教条的，是批判性智慧无法理解的，甚至是令人反感的。在这后一点上，莱奥帕尔迪（Leopardi）和兰波（Rimbaud）的例子很有说服力。但是，反抗的词汇本身——在英国文化传统中可以追溯到罗拉德派（Lollards）和威克里夫——与基督教的习俗有关。罗拉德派认为，圣餐中基督的身体不过是"基督在天堂的身体的镜像"，这样也只是使我们摆脱了认知困境。是什么样的"推测性"类比、关联、逻辑论证促成了这一转化呢？几乎令人震惊的是，20世纪有关美学创造和有意义表达的语法学和现象学，仍然沉浸在经院哲学的习惯用语中（这种相互纠缠对雅克·马利坦［Jacques Maritain］和麦克卢汉［McLuhan］学派的人来说是一个保证）。在对事物真谛的顿悟和透过有形物质的光所进行的密切辩论中，没有什么会使阿奎那（Aquinas）感到惊讶。然而，那些辩论正是乔伊斯或普鲁斯特的理论和实践所关注的核心。在20世纪后期的解构主义中，旧的异端主义在缺失、否定或消除、意义延迟的模式中复活。解构主义者的反语义学拒绝给符号赋予稳定的意义。显然，那是消极神学所熟悉的行为。我们将会看到，马丁·海德格尔的纯粹内在诗学是又一次尝试，它试图将我们的感觉和形式经验从神性的掌控中解放出来。在洛伦佐·洛托（Lorenzo Lotto）的《天使报喜》（现藏于莱卡那迪中，玛利亚在困惑中从她背后的神圣使者那里逃走。这可能是我们在美学上对逃离化身所做努力的最精辟的注解。但两千年只是一个短暂的时刻。

　　非专业人士只是断断续续地意识到伊斯兰教在西方向古希

腊思想和科学的转变中的决定性作用。伊斯兰教的传播给中世纪的基督教世界带来了一种既合作又敌对的创造性压力，而我们大多数人对这种压力的了解却极少。作为亚伯拉罕-摩西的犹太教和耶稣教义的高度选择性的、组合的继承者，伊斯兰教发展了自己的创世哲学和寓言。在某种意义上来说，这些与错综复杂的宗教哲学之美学相关联。关于人的形象的禁忌总是部分性地和经常地被回避，而这一禁忌却附加了一种独特而微妙的装饰美学，以及数学逻辑和几何之美。波斯和阿拉伯的书法艺术不仅仅是代数学的影射（当然，代数学本身有一部分起源于伊斯兰教）。最重要的是，在禁止用马赛克制作图像以及在柏拉图式的模仿批判之后，伊斯兰教的情感识别力和建筑实践中对偶像破坏的张力强调了隐藏在任何严肃美学中的悖论。重新呈现的核心是一种不安感。为什么要为给定世界中的自然物质和美"加倍"呢？为什么要用幻觉来代替真实的视觉（弗洛伊德的"现实原则"）呢？非具象和抽象的艺术绝不是现代西方的一种艺术创作手法。作为对自然世界丰富形象之接受的某种辅助，它长期以来对伊斯兰教至关重要。在从植物形状和活水的几何图形那里进行形式化的借用之中，伊斯兰装饰图案同时是一个有助于对受造之物进行训练有素的观察以及表示感恩的行为。借用一个重要的短语来说，那就是：伊斯兰美学实际上是一种"赞同的语法"。

更特别的是，伊斯兰神秘主义在有关上帝和天使方面，有着丰富的创造模型和创造过程中各样的推测性表述。这些构成了神智专家曾想过或梦想过的最具启发性和复杂性的美妙存在（梦想家和分析家是不可分割的）。此外，在苏菲学派看来，唯有借助在 20 世纪晚期的西方情感中才能显明出来的信念，创意的女性元素才能被感知。《永恒的索菲亚》（*Sophia aeterna*）在伊本·阿拉比（Ibn 'Arabî）那里表现为诗歌灵感的来源和创造之爱的神圣开端，是以年轻女子的形式出现的。[①] 创造是连续性的。表征世界多样性的众生，代表着可能"存在者"在绝对无限的范畴内的要素，而其中神的存在将他的辐射形式予以显明和扼要表现。可见，"另一个世界"已经存在于我们的世界中（以一种非常不同的模式，某些西方和新柏拉图诗学将艺术视为相邻的永恒线条之体现）。从某种意义上说，在伊斯兰艺术中，形式上抽象的和反复出现的装饰，如神殿和房屋的横梁上那些沉稳交织的螺旋形和分叉，标志着纯粹的能量与和谐。这种和谐在神的万丈荣光中呈现出无数无机和有机秩序的外在表象。与某些犹太教神秘主义的冥想一样，苏菲派（Sūfism）知道"悲伤"的秘密创作来源，即神秘的造物主体验着自己的隐藏情感。对他来说，无论多么谦恭，艺术中都蕴含着祈祷和慰藉（维特根斯坦在谈到自己的哲学研究时曾说道，"如果我能做到，我会把这本书献给上帝"）。伊斯兰神秘主义不认为创造是无中生有。创造源于上帝存在的内在潜力，这种存在"辐射"到了我们周围所有

---

① 在这一切上，我率真地赞赏亨利·卡宾（Henri Corbin）的学术思想，尤其是他的《伊本·阿拉比苏菲派的创造性想象》（*L' Imagination créatrice dans le Soufisme d'Ibn 'Arabi*，1958）。

事物的可见性和可解性（顿悟）。只要人类的创造物不把自己当作这种"闪光"的对手，更不用说超越它，它们就是对神圣的、原始的想象的反应和反映。符号把感官数据和理性概念转化为某种"超越自身"的东西，在创造者和被造物之间，在原动力和创造者之间，架起了一座桥梁。在某种意义上，符号被允许在它自己之外独立存在。柯勒律治更多的是一位苏菲派的学者，抑或伊本·阿拉比的弟子；然而，这连他自己都不一定清楚。

任何关于造物文法的文章都不应把伊斯兰教撇在一边。然而，我的无知迫使我这样做。

存在与时间

我们已经看到，圣奥古斯丁和当今的宇宙学排除了创世之前的时间概念。在海德格尔看来，**存在**（Sein）和**时间**（Zeit）是同时存在的。时间进入存在（comes into being）。其他的神学和形而上学假设存在某个永恒，而创造就发生在其中。因此，混沌将有它的日历，虚无也将有它的历史。在这样的概念图式中，时间将会在存在之后继续存在。在这场争论中，艺术作品的时间性提出了一些有趣的问题。

有一种常识认为，任何形态的人类生产、明确的概念或审美行为都是及时发生的。这个时间有着明显的历史、社会和心理因素。许多艺术显然取决于偶然因素，如某些材料的可用性、认知的传统行为规范、某个潜在的公众本身所涉及的时效性。即使是最内化的抒情诗也是产生于时间环境和社会轮廓的复杂矩阵：首先，语言的状况总是历时性和集体性力量共同作用的结果。无论是陈旧的还是未来主义的，不合时宜的某种存在都必然与思想的产生或作品的历史性时刻相抵触。然而，另一方面，哲学建构和艺术作品却是渴望永恒的。他们坚持要求拥有不同于普通年表的地位。从品达和贺拉斯（Horace）的时代一直到现在，永生的比喻都使文学和艺术充满活力。某些系统的哲学不仅宣称他们的假设（笛卡尔）是自然永恒的，而且更具有挑衅性地宣称他们的真理是终极的，亦即他们有能力终结历史。众所周知，这就是著名的黑格尔的例子；更隐晦的是，维特根斯坦在《逻辑哲学论》（*Tractatus*）的序言中提到了这一点。但是，问题主要不是认识论式的或修辞性的各样主张。

在某种意义上，文本和艺术产生了它们自己特有的时间。人类意识通过诗学体验了自由时间，甚至超过了哲学。句法使"时间"的多重维度成为可能。记忆是一个冻结的现在，它和未来（就像在科幻小说中）都是与时间自由游戏的明显例子；没有这些，就不可能有史诗、叙事小说的宇宙或电影。语法的边界总是被诗意需求和创造性的越界所考验。在语法的边界上，时间可以被否定或保持在静止状态。因此，耶稣在使徒约翰的摘录中断言："在亚伯拉罕之前，就已经有我。"或者，在一个较低的层面上，超现实主义和现代主义在叙事上的实验——类似于在粒子物理学上的实验——卷轴倒着走，使时间的箭头倒转。

某些绘画是被"时间化"了的，它们在时间中产生了它们自己的时间,其效果甚至超越了语言的力量。想想乔尔乔内(Giorgione)的《日落》(Il Tramonto)或他的《暴风雨》(Tempest)。看看华托(Watteau)的《尚佩尔舞会》(Le Bal champêtre)或《四人组》(La Partie quarrée)吧。这样的画作将我们带入了一个完全独立的时间网格。认为其中描绘的风景、人物或运动发生在"时间之外"是不准确的。相反,在乔尔乔内的作品中,在华托的组合中,时间的存在感是引人注目的。但是,其中所显示的时间并不是观众的时间。这类画作令人难以捉摸的奇妙之处,在于它们给我们的感知带来了不稳定性,同时也源自一种从未得到满足的需求,即在每一时刻重新协商画作中的时间与博物馆大厅中的时间之间的不一致性。如何达到这一效果是一个适当地违背文字和分析性解构的问题。在乔尔乔内的风景中,时间似乎是"以规定距离排列开来的"。在华托式的田园曲中,时间的感觉似乎从明亮的空气中浮现出来。即使是华托身上的阴影也有一种与世俗日晷不同的逻辑。

这两位艺术家的画中都经常有音乐家的身影。这种元素强调了自由时间的游戏。人们普遍认为,音乐与时间的关系不仅是本质上的,而且也是人类活动中独一无二的自主关系。音乐被定义为有组织的时间。每一段严肃的音乐都"占用时间",并使之成为一个独立的现象。音乐能够沿着水平轴和垂直轴同时运行,同时也能以相反的方向(如逆准则)行进,这很可能构成了男人和女人最接近绝对自由的能力。音乐确实为自己和我们"计时"。它根据自己的选择设置计时器。再者,它避免了语言的转述,从计时角度来看,快速的音乐能人产生一种平静、开放性时间的感觉,就像莫扎特经常做的那样,而形式上慢的音乐(如奥地利音乐家马勒的那些缓慢曲)则能营造出一种紧张的推力和逼近的紧迫感。叔本华认为,音乐甚至在我们的宇宙被抹去之"后"仍将存在。这一观点可能表达了这样的一种直觉,即音乐行为及其结构中的时间性是独立于生物或物理法则的。我们将看到,音乐似乎与死亡以及对死亡的拒绝有关,而其他艺术手段却对死亡回天乏术。艺术,尤其是音乐,让人类在那本应必死的城中获得了自由。

很少有人思考的是,"时效性"的悖论在基督教的到来和发展中是如何改变了西方创造力之条件的。耶稣在某个特定历史时刻的事工和应许是个简单而又深不可测的悖论。为什么呢?为什么不在之前或之后呢?他们所蕴含的耶稣受难、复活和基督的应许(救赎的应许)分割了人类的时间以及其历史。他们还设定了时间的结束,一个有限的末世论,即天启和人类灵魂进入真正的永恒。时间的任何参数都是不变的。

当我们的世界接近末日——早期基督教的核心期待——时,为什么还要劳神生产艺术品和手工艺品?当人子第二次的来临从迫近中后退时,为什么我们还要花费时间和精力去模仿,而个人和集体的救恩却也要依靠模仿和努力在通往幸福的道路上追随基督和圣徒?这些末世论和"清教徒式"的问题,在它们的历史神学背景消失很久之后,仍将在我们的艺术体验中保持它们的共鸣。更有甚者,正面类比的效果更为重要。

我已经指出,感性的革命集中在"神-人"化身的概念上以及在圣餐中神秘的形变上。在基督之后,西方对肉体和物质之灵性形变的认识也有所改变。人类的脸和身体很少被认为是按照上帝的形象创造的———一个深奥的、可怕的、遥远的比喻———而更多的被认为是光芒四射或备受折磨的圣子。这是光辉与折磨的共存,也是辉煌与卑微的共存,这将西方对基督受难后的感知和表现与古代的相应存在区别开来。一场视觉和触觉价值以及语言上的感知意义和指称的深刻革命,从最早的描绘悲伤之人或充满慈悲之光的人一直到伦勃朗或梵高画笔下的人体和容貌。"肉身的融化"既是"坚定的"也是"被玷污的",即"被弄脏了"的意思———值得赞颂的是,《哈姆雷特》中的这个文本症结包含了各各他之后人类存在的本体论———或者是当李尔王被还原为人性的最低限度和本质时,他的身体和灵魂被赤裸裸地剥夺使我们回顾这同一场革命。在基督教文明中,把自我安置在其肉欲之中已经变得激进和矛盾。在祭祀血酒时,烈酒(spirits)变成了精神(spirit)。就其参与圣餐而言,第一人称单数既不是犹太教的"我",也不是古典和古代异教徒的自我。如今,在对福柯和德里达的批判中,对这种超验人格的解构是对基督教"清整"(mopping up)的逻辑性结果。

　　化身(Embodiment)和圣餐变体论(transubstantiation)使语言"变复杂"。这不是一个概念深度或想象即时性的问题。没有比《约伯记》或《传道书》或《先知书》更好的书了,也没有人比埃斯库罗斯或柏拉图更深刻的哲人了。但问题并非如此。

78

耶稣用比喻性的话语和退出陈述的陈述——他在尘土上书写并抹掉的情节就是一个典型的例子——将一种特殊的动力赋予了语言的垂直性和语言中对沉默的遏制。《保罗书信》(*Pauline Epistles*)中不断多义和分层语义的语义运作技巧也是如此。比喻和间接交流比古典修辞的准则更内在化和具有开放性；然而，正是它们产生了看似高深莫测的明晰性矛盾。"理解难以理解的存在"在安瑟姆(Anselm)的《论说篇》(*Proslogion*)中被热情高举。反言之，这些多重语义的戏剧化演变出了西方文学中寓言化、类比化、明喻化、比喻化和隐晦化等手法(虽然这里也有明显的和不可缺少的古典渊源)。正如我们看到的，具体而言，或从反柏拉图主义视角来看，虚构被提升到理论化和具体化的地位上。对彼特拉克来说，法律虚构对于发现人类冲突和行为中的真理是至关重要的，它证实了在真理的传播中虚构和"虚假"的普遍使用。然而，阿奎那达到了更高的水平。凭借神的存在及其外在形式(圣餐)的最高奥秘的"实体化"，人能够而且必须使感官"有意义"。艺术家的聪明才智向我们展示了想象和模仿的形式，使物质具有意义，使艺术和文学有能力引用符号，使虚构成为**真理之形状**(*figura veritatis*)，即一种真理的形象和比喻。正是这种象征的符号学，用雅克·马利坦的话来说，使得"现实主义超现实"。正是薄饼和葡萄酒这种非物质的物质性赋予了体验和审美再现的细节以虚构的真实功能。1880 年 8 月 20 日，杰拉尔德·曼利·霍普金斯(Gerard Manley Hopkins)的布道触及了"问题的核心"

（heart of the matter）（这个习语本身就是非常拥挤的）：

> 当我问如此丰富、如此特别和如此重要的一大群人从何而来时，我看不到有什么可以回答我。……变得更加尖锐、更加自我陶醉和更加与众不同的人性可以从浩瀚的世界中发展、进化、浓缩，或通过共同权力的运作，或通过一个比其自身以及我们在别处看到的任何存在更高的程度和决心，因为这种力量必须迫使初始或某些顽固的元素向前推进到某个必需的音调（pitch）。

从中世纪早期到启蒙运动，正是这种"向前推进"（forcing forward）使西方艺术、建筑、音乐和高级文学在内容和目的上都具有了宗教色彩。在我们的大教堂里，在无数中世纪和文艺复兴时期关于神圣主题的画作中，在巴赫和贝多芬的音乐中，"定调"（pitching）（在唤起强有力的音乐结构方面没有人能比得上霍普金斯）起着重要作用。正是这种"前进"使世俗诗歌具有了启示的雄心。这使得西方艺术从根本上具有了隐喻性和"象征性"。"实现事物，掌握事物！"（The achieve of, the mastery of the thing!）是霍普金斯最著名的感叹。或者，简而言之：在基督教关于圣体形变的信息和教义之后，西方诗学中的客体与表征、"现实"与"虚构"之间的关系已成为了象征（iconic）。诗歌、雕像和画像（自画像最引人关注）不仅讲述了一个真实的存在，也为之提供了寄身之所。句子、颜料或雕刻的石头都能透过光照射出来。想象是一个画像，是一个真实的虚构。在某种定义中，这一画像限制了我一直试图说的一切："一个虚构的修辞是音乐的合成"（*fictio rhetorica musicaque composita*）。

存在的创造性生成

与我们有记录的任何其他西方事物相比，"创造"（creation）和"创意"（creativity）的三个语义场——神学的、哲学的和诗学的——在但丁的精神和智慧中被有机地合为一体，呈现得更为紧密。对此，但丁在《论俗语》（*De vulgari eloquentia*）中给予了系统阐述。事实表明，但丁是我们的顶点。向他求助的既不是学术语言学，也不是文学批评，更不是简单的快乐，虽然这些都是合法的和可生成的。这是为了尽可能精确地测量出我们离中心的距离，测量出我们现在午后影子的长度。当然，可以肯定的是，这些影子宣告了一个全新的和不同的一天，也就是但丁自己所说的新生的一天。重复别人在论及但丁时可能已经说过的话，也许他们说得更好，但这在我的论点中乃是必要的。他的"三重性"（triplicity）说明了这一论点。就存在（being）和生成（generation）而言，但丁建构了宗教、形而上学和美学的准则彼此间的相互性，并使之变得越发重要。但丁对神学的理解是训练有素的和深刻的。没有比思想更能支配信仰的了。他在一般认知和技术的最高层次上探究哲学问题（但丁是一个凭着直觉就可获得真知的逻辑学家）。事实上，也没有比他更伟大的诗人了。没有一个人的知识、想象和形式结构所建构的总和是为了用与其目的更相称的语言来展现自己。因此，任何对宗教、形而上学和美学之意义的创造性交叉领域的反思，在某种程度上，都是对但丁的重读。

我们不妨初步观察一下《新生》（*Vita nuova*）和《神曲》中的创造性。《新生》分析了爱情这一新奇概念的发生以及爱情对语言的限制，而这些限制都是通过文字表达出来的。《神曲》旨在将创世的历史和来世的面貌限定在人类理解向上流动的潜力之内——**精神运动**（*moto spirituale*）。世界之后的那个世界被赋予了神话。也就是说，虽然它受到了古代文学中奥林匹斯和地下世界等神话的诗意启发，但它却是错误的。在末世论上，复活的基督曾造访过这里。然而，但丁对地狱、炼狱（古代或早期基督教所不知道的）和天堂之意识的糅合，以及他对"这里"和"那里"之间无数联系的展示，构成了一种真正的创造性行为。与之相比，中世纪晚期和文艺复兴时期的航海家们的航行简直就是散步。想想但丁创造他所发现的事物的关键：世俗旅行者，他所报道的许多事物，如地狱、炼狱和天堂的地形，也都是世俗性的。他们是"时间性的多重空间"（time-spaces）。这是《神曲》中智慧力量的奇妙转折，进而将时间映射在空间之中。朝圣者的行动使年表变得清晰，即从上帝即将创造我们的宇宙之前的时间延伸到以最后的审判为标识的时间才结束。如果说曾经有过一种显而易见的相对论宇宙论，那就是但丁的：在超世俗经验的三个领域中，空间–时间被重力、字面意义、邪恶或仁慈扭曲成了有意义的形状。在诅咒的地方,时间会变成无穷无尽的痛苦。在福乐之境,时间通向无限的光明,没有可想象的沉闷。在《炼狱篇》中,时间的加速和在空间中呈现的时间维度,随着灵魂走向永恒的进程而改变。唯有普鲁斯特能够同样地再现和传达时间对空间的吸引力。所以,在某种程度上,普鲁斯特确实是但丁的继承者。

《神曲》显然是创作和充满活力之思想的产物;同时,它是对创造力的延伸性反思,也是对神谕和人的智慧之间充满极端类比的反思。史诗以其特许的大胆,创造了已经存在的东西。但丁对虚构创造和启示公理之间未解决的张力予以分析的意识是至关重要的——他只能告诉我们上帝通过贝阿特丽切(Beatrice)想让他看到什么。与其他世俗文本不同,虚构一定是真实的。这个似是而非的说法被早期的传说生动地描绘了出来。根据这个传说,《神曲》的作者在他的皮肤上留下了地狱的烧痕。

但丁的创作实践是具体的。在关于《圣经》拉丁文通俗译本的论文以及《神曲·天堂篇》里,但丁在对言语传播局限性的校准式精细探索中,有计划地创造了一种新的民族语言。为此,他选择了通俗的语言(the vulgate)来创作他的《神曲》,并将他那尚未散漫而犹豫的语言整合起来并加以创新,这本身就是一项杰出的成就。我们对《荷马史诗》中特殊史诗成语的史前历史和演变过程了解甚少。但丁恢复了"粗俗的雄辩",路德在他的圣经译本中创造了德语,这都代表了语言的创造和对一个国家和社会发表演讲的独特行为。因此,在但丁的散文和诗歌中有一种特殊的创造。在这里,工匠不仅制造工具,也制作材料。

显然,这与莎士比亚形成的对比是引人注目的。然而,据我所知,这从来都没有被强调过。当然,这也毫不奇怪。只有同行才能解释最内在的东西——柯勒律治论华兹华斯(William Wordsworth),阿赫玛托娃(Anna Akhmatova)评普希金,奥登(Wystan Hugh Auden)论叶芝。在视野的高度和复杂性面前,普通的学问和批评是无能为力的。唯有事实可以使之澄清。通过戏剧本身的构成和某些角色的宣告,莎士比亚给戏剧、表演和舞台的性质下了定义(虽然世界是一个舞台、生活被编年史记载在戏剧的镜子里的这种潜在的比喻已经有了很长的历史)。莎士比亚为人们提供了无与伦比的表达,让人们相信音乐具有治愈心灵、恢复精神的力量,也让人们相信音乐和性爱是相通的。当然,这些也是我们的传统观点。忒修斯(Theseus)在《仲夏夜之梦》中列举的诗人、疯子和情人是一个由来已久的笑话。我们将会看到,但丁援引了艺术家和作家的作品并与他们会面,他们都有强烈的个性。最引人注目的是,这些在莎士比亚演员的众多普遍性特质中几乎不存在。《雅典的泰门》中的诗人和画家是无足轻重的。我一直在想,费斯特(Feste)在《第十二夜》中虽间接地体现了最接近艺术家莎士比亚人格的一面,但他那难以捉摸的悲伤却最接近于创作的核心。莎士比亚也没有对美学进行理论化的论述,更不用说他个人的创作经验了。人们会凭直觉去看莎士比亚的十四行诗,因为这是莎士比亚能让人即时性地联想到但丁作品的唯一诗作。如果我们能够在某个地方期待出现展示自我的窗口,那就只能是在十四行诗中。在这些浩如烟海的文本中,可能存在着一种"永远在运动"的动态,即在每次阅读时都有一些私人潜文本的分组和重组式的动态建构。在十四行诗的第 38 首,"我的诗神怎么会找不到诗料"却戏弄了我的期望。十四行诗第 55 首中的"没有云石或王公们金的墓碑"的贺拉斯-奥维德式的释义,承诺的比它允许的更多。

十四行诗的第 76 首的那行"为什么我的诗那么缺新光彩?"则变成了对爱人的夸张赞美。一些十四行诗讲述了"作家的障碍",而另一些十四行诗则讲述了与之竞争的大师。没有任何地方能持续地思考怎样才能成为莎士比亚,怎样才能成为最高的创造者。缪斯女神的不断呼唤完全是常规的。在这第 76 首十四行诗中,"几乎每一句都说出我的名字",以及"推陈出新是我的无上的诀窍",也许存在一种我们没有注意到的讽刺。难道在"几乎"这个词里不存在一个封闭的世界吗?

与但丁相比,他们两者迥然有别,这也恰恰暗示了某些显而易见的原因。但丁是西方哲学神学史上的一个重要人物。同时,他也是一位一流的政治理论家。我们注意到,他对语言、风格、修辞、寓言的明确评论,体现了批评和语义学的巨大力量。在《天堂篇》中,有些章节由于形而上学、认识论分析或者历史理论的压力,几乎使抒情诗的创作偏离了方向。还有谁比莎士比亚更具有不被理论和抽象吸引的意识吗?对于人类存在的各种混乱和不稳定,对于那些漫溢在教条或理性的边界上的未被控制的存在的能量，有没有一种更易于接受的感知力？但是，人们经常观察到，莎士比亚没有任何可定义的神学，也没有任何系统的哲学。然而，这对艾略特或维特根斯坦却产生了负面的影响。但丁的每一根神经都在他与神学之神秘的斗争中迸发出来的，就像马洛（Christopher Marlowe）在《浮士德博士》中戏剧化地描述上帝宽恕的能力是有限的一样。这些动力不仅与莎士比亚的具体普遍性相悖，也与他在现存事物面前的中立性观察立场背道而驰。无法见证的是（也许蒙田是最能见证的），莎士比亚笔下的"我是"与我们所说的现实的"它是"是一致的。

但是，在造物的文法和现象学方面，无论是宗教哲学意识还是审美意识，莎士比亚都有自己的判断力。莎士比亚似乎拥有无限的自我传播的天赋，也拥有经常被总结为既成为伊阿古（Iago）又成为科迪莉亚（Cordelia），以及在成为阿列尔（Ariel）的同时也成为卡利班（Caliban）的力量；尽管莎士比亚不能自比上帝（或者这是一种天真的误读？），但他却将剧作家与上帝进行了类比。虽然我们不知道什么可以记录这种感觉，但我们却很难相信，《李尔王》的第三幕和第四幕或《哈姆雷特》等大量虚构作品的创作者，并没有看到自己"赋予生命"的事业与第一个创造者之间可能存在的相似之处。托尔斯泰是一个并非完全不同的例子，他以矛盾的心态看待自己的塑造力。安娜·卡列尼娜或伊万·伊利奇（Ivan Ilyitch）的创造者觉得自己是上帝的竞争对手。用托尔斯泰的话说，他们是在森林里摔跤的两只熊。显然，这种情绪中有极大的自豪，但也有恐惧。

但丁的创造力自我封闭在基督教的教义之中。即使是在最崇高的层面上，它也是一种由托马斯主义信仰认可的摹仿（*imitatio Dei*），即相信诗意想象的神圣灵感和顿悟的合法性。《神曲》中的"真实虚构""继续创造，'亦即在第二个层面上进行创造'"（马利坦）。正如圣奥古斯丁所教导的那样，一个工匠仅仅有能力将秩序强加于物质和经验事件的顽抗之上，恰恰陈明了**宇宙秩序**（*ordo universi*）。美学上的成功在某种意义上总是"音乐的"（也就是"和谐"）。显然，这使得"秩序"和"法令"能够被人感知。据我们所知，莎士比亚并没有将这种信条作为支撑力量。他手无寸铁。因此，对他来说，在诗歌创作中，任何过于尖锐、过于自我的审视都是危险的，而这种与上帝对抗的危险也是与生俱来的。后来的大师们（如福楼拜）对自己的死亡和他们的"木偶"——从书页上的语义符号中诞生的艾玛·包法利——的胜利生存之间的矛盾有着强烈的警觉。莎士比亚和他那个时代的人是否能感受到如此集中的自我呐喊，显然，这是令人生疑的。然而，随之而来的是，上帝是一个令人敬畏的存在。如果没有永恒的危险，一个人能在某种程度上配得上他的观念和感召生命的权利和力量吗？一个人——终极亵渎——能够在某种神秘意义上超越这些能力吗？像哈姆雷特、麦克白夫人或普洛斯彼罗（Prospero）这样让创作者使出浑身解数组合起来的男人或女人多吗？有许多人的生命能接近这些"不朽"的存在吗？莎士比亚可能已经明智地选择不把创造的问题放在自己身上，或者在他的作品中表达出来。奥古斯丁-阿奎那时期的但丁能够这样做，当然也必须得这样。

因此,但丁为我们的主题提供了几乎全部的特权,而莎士比亚却没有涉及这个主题——他是其主题的隐藏的上帝——这也使我们难以触及它。于是,我假借协调之名,转向了但丁的某些主题。它们将帮助我们查找现今已然被丢失或遗忘的创造概念,如亚当的言语。它们的作用是映现出仍在传统中富有成果的东西。从但丁的视角出发,我们可以看到即将临到的新故事以及我们称之为理论的焦躁叙事的轮廓。

存在的持续性创造

哈罗德·布鲁姆(Harold Bloom)曾强调过"影响的焦虑"(anxiety of influence)。他展示了诗歌(所有艺术)的创作运动是如何在前人和同辈作品的煽动、扭曲和反应的压力下发生的。影响是不可避免的语境。"焦虑"如何向前发展仍有待探索。司汤达设想在自己去世一百年后他那些被人忽视了的小说受到了公众的喜爱(这一预测几乎在当年被证明是准确的)。当然,这不仅仅是他的一个策略。作家、作曲家或画家设计了创作者的内在形象,这些创作者反过来会受到他们作品的影响;对他们来说,这些作品将是开创性的。在歌德和乔伊斯的作品中,有许多独特的先辈之"预兆"(foreshadows)。不管是模仿还是对抗,他们都将《浮士德》和《尤利西斯》作为自己的素材。在极少数情况下,我们在托尔斯泰和可能还有卡夫卡(在某些时候)的作品中会发现消极未来的某种投射。但愿有一天,这样的作品将不再被人阅读,因为人类将把某些悲剧性的荒谬或欲望置于身后。这也是一种"影响的焦虑"。

人们很少注意到的——这种差异正是我们荒凉气候的特征——是创作最关键的合作性。在我心目中,歌德和席勒、勃拉姆斯(Brahms)和舒曼(Schumann)、印象派的伙伴之间的真实历史性合作并非如此,但他们却也非常重要。当然,无论是创作者在他们自己或其作品中努力建构的选择性存在,还是"同道者"、师者、批评家、辩证的合作伙伴,以及他们自己内在能赋予最复杂的、孤独的和创新性的创造行为以某种共享性的和集体组织的那种其他声音,我都想向它们逐一指明。在其他地方,①我试图引起人们对语言学、诗学和认识论中仍未被人发现的领域(胡塞尔[Edmund Husserl]例外)的关注。在本质上,那是一种内在的话语,是我们不断与自己进行的谈话。这种无声的自言自语实际上包含了大量的言语行为,且远远超过了用于对外交流的语言。我怀疑,这也受到了来自历史社会环境、公共词汇和语法状况的抑制性压力之影响,而这可能会给他们添加一些暗语性的成分。很有可能直到最近,独白在西方文化中一直是无数女性不被理睬的雄辩、谩骂和诗歌。我们真正熟悉的是"自我"或幽灵般的听众和应答者,而他们是我们对无声话语中"词汇-语法-语义"流的回应者。即使我们内心的听觉和注意力是断断续

---

① 可参见《论困难》(*On Difficulty*,1978)。

续的,我们的意识也是许多人的独白,而其创造力和制造恐怖或安慰、幻觉或压抑的能力到目前为止还很少被人分析。

有人怀疑,创作时刻的本体论式的孤独以及诗人和艺术家的"自闭症"是大量存在的。作家或作曲家作品中的"他者"或多或少地一再是上帝的形象。他是这项工作的"开创者"和赞助者。此外,他是唯一公正的法官:"唯一公正的法官和文学批评家是基督,他比任何人,也比接受者自己都更珍视、自豪和钦佩自己创造的天赋"(霍普金斯 1878 年 6 月 13 日给迪克森[R. W. Dixon]如此写道)。正如我们已经提到的,他也是一个竞争对手和嫉妒的原型,他不希望自己的技艺受到挑战,更不用说被人超越了。或许,离经叛道者不利于模仿和虚构的事业。梵高在很多信中都讲述了他和一位敌视艺术的"奢华"("奢华"离舒服太近了)的神的麻木相遇。然而,"他者"可能也因此就没那么令人敬畏了。他或她将是被艺术家邀请到内部工作室的已故或在世的大师,亦即他自己的创意和技艺的合格见证人、方案的创造性批评家和审美事业的支持者。如果我们回想一下虚构和"梦想"的基础,库尔贝(Courbet)的那幅描绘了他那间拥挤画室的伟大画作,寓意着艺术所必需的好客和以自我为中心的沉默的人群——波德莱尔虽专注于自我,却又不可避免地站在画室的边缘。竞争是一种捐赠,也是一种慷慨的对话。大师级的艺术家和工匠们就像伟大的跑步者一样结伴而行。因此,创造的星群——伯里克利时期的雅典、奥古斯都时期的罗马,伊丽莎白时期的英格兰,新古典主义时期的法国,海顿、莫扎特、贝多芬和舒伯特的维也纳——都标志着艺术史的发展。在这里，影响主要不是"焦虑"，而是协作。令人着迷的是，诗人、画家或作曲家可以不考虑时间顺序而发出邀请。他常常把早期的大师们当成他内心重要的同时代人（正如博尔赫斯所说：荷马现在排在乔伊斯之后）。毕加索让委拉斯开兹（Velásquez）和马奈（Manet）也亲密地参与进来。正如我们所见，这里也存在来自未来的召唤。为了打破他那个时代的惯例或物质限制，一个有创造力的艺术家会召唤出一个在时间上可能与自己相距遥远的继承人来实现他的目标。哪里对我们的理解是最原始的和最完整的，艺术就在哪里充满了报喜的气息。更强大的真理也随之临到（李斯特最后时期的音乐成就了巴托克和布列兹的音乐）。

但丁文集包含了早期的抒情诗，其作者身份尚不确定。但丁和他的"新风格"的同行者之间的和谐一致是如此完美。在《新生》中，很多诗都与其他十四行诗和讽刺小品的作者们进行了对话，同时也对他们提出了挑战。实际的诗行和押韵模式是彼此交换的。但正是《神曲》从深层次上发出了协同创作的调调。这次航行挤满了艺术家。有像契马布埃（Cimabue）和乔托（Giotto）这样的音乐家和画家。（在莎士比亚的全部作品中只有一位同时代艺术家的名字出现：朱里奥·罗马诺[Gulio Romano，1499—1546]这个名字被奇怪地选中了，并出现在《冬天的故事》[Winter's Tale]的结尾处。）最重要的是，但丁将诗人——史诗的、哲学的和抒情的——直接融入到自己创作的反省过程中。在这群充满自信的伟大作家、作曲家和画家中，不管他们是真实的还是虚构的，只有普鲁斯特在他的**戏剧角色**（*dramatis personae*）中能与但丁匹敌。这样的参与宣告了自我的某种激情挥霍，亦即一种强烈的创造力冲动。它是如此猛烈以至于它需要"回声"的再现，而它在其他人身上的反映同样具有创造性（"他者"可以是伦勃朗的一长串自画像）。因此，但丁在众多合唱独白中引发出的朝圣者与其他大师进行的交流，戏剧化地精细分析了每一种与前辈和同时代人的关系模式，因为这些都是创造性之本身的事实虚构。

我们将会看到，这种网状结构和偶遇的皮影戏中存在着"焦虑"，但更多的是对共同起源之谜的庆祝。唯有亚里士多德学派的神祇能够单独产生。严格地说，只有上帝的自述是一段独白。即使是最"原创"的艺术家，因为他们充分利用"原创"这个词，其作品也是复调的。其他的声音则在敦促这种不平衡，即使之丧失平衡，而这却让想象活跃了起来。通过这些声音，分析性思维变得无家可归。它寻求以另一种形式存在。阿奎那将鬼魂定义为从自我的统治中挣脱出来的被激活的粒子。我相信，只有这种复调才能揭示伟大的艺术、音乐和文学中个体的集体性和署名的匿名性之悖论。无论其源头存在怎样的不安感，抑或灵魂在"黑暗的森林"中如何迷途，寻找另一种道成肉身都是一种高风险的爱。归根结底，造物的文法在爱神之下是情爱的文法，是塑造智慧和心灵的文法（正如布莱克默[Richard P. Blackmur]所言，拥有爱的逻各斯让他的灵感来源于一个位于阿布鲁齐的真实教堂的名字，即圣乔瓦尼大教堂）。这种理解至少和柏拉图的《会饮篇》一样古老。这在《神曲》中的叙述者和维吉尔身上也有所体现。[①]

　　以莎士比亚为代表的大多数作家,其创作过程似乎与我们所知的数学发现方法无关。但在一些诗人(如坡、瓦雷里)和音乐家、画家或建筑师中,对数学方法和理想的热爱是非常重要的。他们感知并据之构造了更多的几何图形。他们将数字和几何的顺序加于富有想象力之形式的源头上。这种划分似乎是根本的和重要的。它将西方哲学中不具有数学脾性的人(如黑格尔、海德格尔)与那些以数学推理和证明为基本思想的人(如斯宾诺莎、胡塞尔、维特根斯坦)区分开来。对思想已然成熟的但丁而言,对算术的敏感是至关重要的。从根本上来说,这不是一个数字命理学的问题,尽管数字命理学在《神曲》中以及在中世纪和文艺复兴时期的史诗中一样重要。这是一种既本能又精心设计的方法,也是用来沿着数字轴和测量比例来处理理论点和叙述的路径。援引《圣经》和维吉尔的次数成反比。神圣的词在《地狱篇》中只被援引了两次,在《炼狱篇》中被引用了八次,而在《天堂篇》中却被引用了十二次。这里,维吉尔的直接翻译只出现过一次;相比之下,《地狱篇》中有七个这样的翻译,而《炼狱篇》里有五个这样的翻译。类似的分级渐变(*diminuendo*)建构了 140 个对《神曲》中维吉尔作品的回应和衍生。这些随着朝圣者人数的上升而减少。但

---

　　① 相关文献浩如烟海。就近期研究而言,可参考由雷切尔·杰科夫(Rachel Jacoff)和杰弗里·施纳普(Jeffrey T. Schnapp)编著的《隐喻的诗歌:但丁〈神曲〉中的维吉尔和奥维德》(*The Poetry of Allusion:Virgil and Ovid in Dante's "Commedia"*,1991)。

是，我们将会看到，在最后的**上诉**（*ricorso*）中，也就是《天堂篇》的最后一章有三个对维吉尔的明确影射。在三位一体的算法中，在神学形式的神圣三次设计中，这三重回忆占有了庄严的地位。（当然，在贝阿特丽切的名字中有一个三位一体的"语音"。）

在乔伊斯的《尤利西斯》中，荷马很快就变成了利奥波德·布卢姆（Leopold Bloom）离开塞壬（Sirens）时听到的那位街头盲人歌手。在《洛蒂在魏玛》（*Lotte in Weimar*）中，托马斯·曼（Thomas Mann）重新塑造了歌德，他有意识地以歌德为榜样，并以作家和"奥林匹斯"圣人来规划自我未来的发展。与乔伊斯的共鸣相共鸣的是，德里克·沃尔科特（Derek Walcott）遇到了他传奇中的奥梅罗人（the Omeros），也遇见了与他的狗一道从加勒比海的伊萨卡岛走出来的盲人乞丐。但丁和《神曲》中的维吉尔的关系在紧密度和必要性上是完全不同的。有人说"但丁"忘记了与但丁·阿利吉耶里（Dante Alighieri）密切关联的生动而又错综复杂的三角定位——"但丁"这个真实的名字在整部史诗中仅仅被提及过一次——用叙述性的"我"和朝圣者的角色按照自我的本质去说话、体验和观看，仿似一个无中生有的第三人称单数。再者，我只有在把普鲁斯特和叙述者联系起来的交织的螺旋中才看到真实的类比。但丁选择了维吉尔，但《埃涅阿斯纪》的作者在贝阿特丽切的要求下却选择了这位朝圣者。一般而言，尽管我们说的是语言，但真正赋予我们的却是神经生理学性的和历史社会性的存在。真正的诗人是被语言说出来的。他是被选中的媒介，为其渗透性、可渗透的本性发声以及济慈所说

94

的"消极能力"发声。在成为我们的内在存在之前,接受行为是艺术家的行为。超自然的口述定义了《圣经》所宣称的启示权威,以及西方艺术、音乐和文学对缪斯的呼唤。它们都是这种接受能力的解读。尽管它们很粗糙,但却象征性地分化为接受和易受强势文化影响的女性基本特质,同时又被占为己有、随意塑造和掌控等富有男性气质的过程紧随。显然,这很有启发性。创作(*poiesis*)的根源深入到雌雄同体和柏拉图的人类学中男女之间失去的和谐之中。与许多其他的层面一起——技术精湛和学徒期,捍卫和屈从,年老和相对年轻,古典和现代,异教徒和基督徒——男性的竞争与结盟以及女性的捐赠或需求的相互作用,为向导与朝圣者之间的关系增添了色彩。就像它在艺术行为中创造的自我与其内在的密友之间所做的那样。另外,就像很多时候一样,即将到来的紧张感潜伏在开始行动的瞬间,也潜伏在创造性的发生和命名的第一道光中。

但丁对维吉尔的依赖,用现代术语来说,是多种因素综合决定的(overdetermined)。维吉尔曾出现在众多教父面前。他的名字在中世纪早期笼罩着一种魔力和预言的光环。《埃涅阿斯纪》第六卷中的第四篇牧歌和安喀塞斯(Anchises)的演说,这两篇文章尤其实践了基督教的思想。它们被解读为基督诞生和人类历史走向末世论高潮之革新的实际预见。[①] 圣杰罗姆(St. Je-

---

① 参见皮埃尔·库塞尔(Pierre Courcelle)的《对第四牧歌的基督教阐释》(Les Exégèses Chrétiennes de la Quatrième Èclogue),文章载于《文选集》(*Opuscula Selecta*,1984)。

rome)曾警告过这种一厢情愿的解释。但从奥古斯丁到阿伯拉尔(Abelard),一直流行的主流观点对此都是肯定的。被预兆的恩典和一些曙光的暗示所感动,维吉尔和包括库迈(Cumae)的西比尔(Sybil)在内的其他一些异教神灵,通过圣子的神奇诞生预见了时间的再生。转述、引用、美化牧歌中天使报喜的说教和布道不计其数(经常将维吉尔的话语与以赛亚关于"处女生子"的话语交织在一起):"将要从天国到来的那位新的后代先前其实通过众人/众多事物得到宣报了。"(*Multis enim ante nuntia-batur nova coelo ventura progenies*)因此,对但丁来说,维吉尔不仅是史诗的顶级大师和真正具有民族精神的奠基之作的继承者,而且也是一位被神秘之光照亮的圣者。他的作品是创造的诗学以及哲学原则和神学原则是否具有一致性的试金石。因此,在《地狱篇》第二章的结尾处,朝圣者在对他的引路人的问候中强调了某种共生关系:

"Or va, ch'un sol volere é d'ambedue:
tu duca, tu segnore e tu maestro."

"现在,走吧!我们二人是同一条心:
你是恩师,你是救主,你是引路人。"①

---

① 《神曲·地狱篇》,黄文捷译,南京:译林出版社,2011 年,第 16 页。——译注

诗人的意识力求与先辈们的意识达成完美的一致，后者在历史上是自治的，现在又从内部重生。维吉尔的田园诗作本身是由希腊的田园诗作产生的，但它却跃到了一个具有神圣洞察力的舞台上。这正是维吉尔的"重生"的例证。

然而，当朝圣者在第一诗章中第一次见到维吉尔的时候，维吉尔的地位是多么的实至名归："借着你所不认识的神"（*per quello Dio che tu non conoscesti*）——这一诗行是为维吉尔苦涩地承认自己无法进入上帝的王国而准备的，因为他生活在上帝的律法之外。这些最初的含糊其辞引发了文学中技术的、哲学的、神学的等最感人、最复杂的关系。每一个细微的差别都讲述了和谐（ambedue）内部的模糊性，也讲述了学徒期不可避免的斗争，因为它逐渐转向竞争和超越。

旅途中的"我"一次又一次地转向拯救和启迪"一切智慧的海洋"。这位"无所不知的温和圣人"必须躲避地狱的恐怖。然而，在第九章富有戏剧性的结局中，有一位从天堂派来（*da ciel messo*）的天使必须出面阻止恶魔靠近。以这种调解开始了对维吉尔权威解构的细致探索。《埃涅阿斯纪》见证了维吉尔的幻想，亦即在某种程度上有关阴间的超自然的认识。但是，这一认识早于基督"打破"历史和时间的地狱之灾，并没有受到后者之教导。作为独白中创造力之即时性的回应，《神曲》中被想象出来的维吉尔承认，当维吉尔出现在地狱中的时候，"这块岩石依然不倒"。《埃涅阿斯纪》的作者在救世主降临之前就见过了冥王哈迪斯（Hades），而救世主的名字在《地狱》中却从未被直接提到过。人们对他的认知也极为模糊。

　　我们走向了一种符号学的终结。据我所知，它在哲学或文学中都没有与之相匹配的东西。把自己和叙述者联系在一起是一种带有心理风险的让步。显然，这是对诗歌的否定和自我否定，而但丁却向读者发誓他的报道是真实的。更有意思的是，但丁以对他本人来说最珍贵的东西，即《神曲》之本身进行发誓。这首诗有一种至高无上的真理价值。这个关于真正发明的悖论严密地基于真理的本质，并通过耶稣的神性化身而发生的转变。古人的"虚构性真理"，无论其形式多么美妙，归根到底，都是虚假的。或者，就像维吉尔的例子一样，只是断断续续地真实。可怕的症结出现在第二十章。异教徒预言家和怪人、占卜者、亡灵巫师和基督教界的黑色魔法师都注定要被诅咒。就维吉尔的故乡曼图亚（Mantua）的起源，《埃涅阿斯纪》提供了一个神话故事。如今，在受贝阿特丽切影响的地狱深处，在公元后某个极富真理的时代，维吉尔修正了自己的史诗。这座城市并不像维吉尔所说的那样，是由台伯河（the river Tiber）和女先知曼托（Manto）的儿子奥克努斯（Ocnus）建立的。然而，它确实是由忒瑞西阿斯（Tiresias）的女儿曼托自己开创的。"因此，我告诫你，倘若你听到有人用其他方式解释我家乡的起源，那么，任何伪论都无法篡改真话实言"（第二十章，第 97—99 行）[①]。维吉尔所

----

　　① 《神曲·地狱篇》，黄文捷译，南京：译林出版社，2011 年，第 172—173页。——译注

选择的措辞极有分量："真相不会受谎言欺诈"（*che … la verità nulla menzogna frodi*）。这位艺术家撕下了假面具，以一个迟来的真相之名修正了他自己的杰作。（纪德的《伪币制造者》也采取了类似却在本质上具有讽刺意味的行动。）与诗的真理、预言或预言性的先见和揭示性的事实之相互作用的精确性相结合，这种撤回性的修正把维吉尔带到了优雅的殿堂。在基督降临之前，没有一个异教徒的智慧，也没有一个灵魂能够更接近这一殿堂。但丁把《埃涅阿斯纪》的全部内容都牢记于心。他把它吸收进自己创造过程的每一根筋里。他请敬爱的大师同自己讲话。但是，经文上说，他违反了预言的界限，甚至在《埃涅阿斯纪》和《牧歌·其四》中也是如此。这样的僭越行为，连同所有的弑父行为（精神分析学家会说恋母情结）都标志着一个艺术家或思想家的成熟，使之"成了他自己"。一种本该受到谴责的成熟，同时也是因为被否定而充实。逐步放弃维吉尔的指导是《炼狱篇》的轴心所在。在某种意义上，我认为叙述者和圣-卢普（Saint-Loup）之间关系的衰落代表了普鲁斯特对这个主题的注释。

引证贝特丽切的超常智慧以及她对真理的感知的恰恰是维吉尔自己；然而，维吉尔却被真理拒之门外。正是她通过引用基督教祷告中有效而自由的基调，对《埃涅阿斯纪》第六卷第 376 行中的那句著名诗行"不要妄想乞求一下就可以改变神的旨意"[1]

---

① 《埃涅阿斯纪》，杨周翰译，南京：译林出版社，1999 年，第 152 页。——译注

（*desine fata deum flecti sperare precando*）（在"抹除"中所表现出来的大胆程度超过了 20 世纪后期的解构）进行了公正的修正。凭借诗歌的天才和哲学的睿智，维吉尔知道如何"制造光明"（*facere luce*）。但是，贝阿特丽切就是光。不可避免的是，告别的调调集中到了《炼狱篇》中那无与伦比的第三十章。贝阿特丽切的到来让朝圣者战战兢兢，他引用了《埃涅阿斯纪》第六卷的第 883 行拉丁文原文。除了这一个例外，只有上帝被引用在启示性的原文中。"哦，你们把满手的百合花掷洒吧"[①]自然地指称天使用来向贝阿特丽切致敬的纯洁花朵。但是，与此同时，这句话出自安喀塞斯对帝国青年玛尔凯鲁斯（Marcellus）悲惨死亡的预言——《埃涅阿斯纪》第六卷的最后几句话中的一句——把我们引向维吉尔最重要的主题：挽歌、帝国预言和"你将成为玛尔凯鲁斯！"（*tu Marcellus eris*），它们与《牧歌·其四》非常相似。但是，维吉尔的花并没有讲述亡者归来。他仍然是英雄的君主，死亡却极少出现。此时，旋律和复调相应舒展开来。瞥见贝阿特丽切，朝圣者认出了旧日情焰燃烧的痕迹[②]。这些不朽之爱的迹象和信号在狄多看到埃涅阿斯时，从她对旧爱西切奥的回忆中闪现出来："火焰的魅力。"但丁的转化是最高的敬意，暂时把狄多变成了贝阿特丽切的化身。但是，即使是直接引文也会被语境所点燃（如圣保罗引用了欧里庇得斯）。

---

① 《神曲·炼狱篇》，黄文捷译，南京：译林出版社，2011 年，第 327 页。——译注

② 同上，第 328 页。——译注

辞别在即。自始至终,维吉尔一直被认为是但丁和朝圣者的父亲。在分别的那一刻,他将最后一次成为"甜蜜的父亲"(*dolcissime patre*)。但是,在一团可怕的爱中,他却在第5章第44诗行中成了一位母亲:"转向母亲"(*corre a la mamma*)。显然,创造力的女性气质是推断出来的。正如评论家长期以来所指出的那样,维吉尔名字被提及的次数的逐渐递减是以一种三位一体的算法建构完成的。在第5章第46诗行中,他的名字仅仅被提及了一次。他在第49至51行诗中(在他实际离开之后)出现了三次,然后只在第55诗行中出现了一次。可以说,这一最终的提名是在贝阿特丽切对朝圣者说的第一个字以及《神曲》中的那个独一无二的"但丁"的基础上按代数方式呈现的。真正的告别词是对《农事诗》(*Georgics*)第四卷的明确回忆,它讲述了俄耳甫斯对欧律狄刻(Eurydice)的告别(学者们现在倾向于认为但丁对那本书有直接的了解)。俄耳甫斯和欧律狄刻的主题在西方对诗歌、音乐和死亡之本质的关注中都具有护身符式的特性。从最早的古代到里尔克(Rilke)和奥登(Auden),它通过人类声音中的精神,尤其是诗人声音中的灵感,使人类语言、元气和灵感中的那种种精神潜力的直觉具体化了。在重生的门槛那儿,欧律狄刻,像维吉尔一样,正消失在黑暗之中。维吉尔已经预见到这种归属,即"在永恒的流放之中"(*ne l'etterno esilio*)。在地狱边缘和异教歌手的帕纳塞斯山(Parnassus)中,俄耳甫斯都站在维吉尔旁边。所有的诗学线索都交织在一起,指向一个关键的冥想,即关于文学和世俗艺术中的意义之意义。朝圣者为他的父母哭泣，也为俄耳甫斯的凄凉而伤心垂泪。中世纪有权威学者认为，维吉尔获得了救赎。《神曲》将救赎赐予了四个异教徒的灵魂。为什么要这样绝望地告别呢？

《埃涅阿斯纪》的作者承认，他是死后才获得信仰的。即使这种信仰在《地狱篇》第九章所讲述的恐怖中有过短暂的缺失。但是，错误似乎隐藏得更深。维吉尔是一位"无法摆脱固有思想中的错误认知的古代人"(*le genti antiche ne l'antico errore*)，因为他不相信自己富有灵感的认知体验。他开始升华诗歌，但他没有按照《牧歌·其四》中女巫西比尔的启示采取行动。在《天堂篇》的结尾处，安喀塞斯对奥古斯都黄金时代的先见转化成了贝阿特丽切对永生的预言。在某种意义上，这个罗马预言的实际作者自己却失察了。他没有听到动词(the verb)中的**圣言**(the Verb)，所以他也注定要走得如此之近。① 尽管《田园牧歌》(*Bucolics*)、《农事诗》和《埃涅阿斯纪》的相伴已是他自己创造存在的不可或缺的分享者，但朝圣者现在从它们那里转到了另一本书，即《圣经》。其实，在《炼狱篇》第二十九章里，《圣经》已经出现在预示伊甸园来临的寓言盛会中。一个更伟大的"缪斯女神"(*nostra maggior musa*)，一个甚至超越了最具创造力的诗人的内化了的"缪斯女神"，呼唤着我们。正是它使《约伯记》和《诗篇》的艺术成为可能。正是在这个过程中，虚构和象征完美地融为

———————————

① 参见罗伯特·霍兰德(Robert Hollander)的雄文《〈神曲〉中的悲剧》(Tragedia nella "*Commedia*")中极富洞见的解读，文章载于《但丁的维吉尔》(*Il Virgilio Dantesco*，1983)。

一体,而这是它们所体现的真理的重言式。在最高的层次上,技术(*technè*)、工艺和观念并不符合标准: "做得还不够好(*ben farnon basta*)。"唯有信仰才能证实。虽然这是更真实的荣耀的前奏,但维吉尔的**失败**(*fallimento*)留下了苦涩的味道。爱的叛逆是一种邪恶的行为。

有一张照片是胡塞尔和海德格尔在乡下郊游的快照,拍摄于一棵不起眼的树下。年长的大师朝他的弟子弯下了腰,明显对弟子寄予厚望。即使在他自己将被超越的领域,他依然如此。马丁·海德格尔的那身乡村风格的"行军"服与胡塞尔的服装形成了鲜明的对比,他的眼神似乎从他的老师兼点化者的目光中挪开了。两人站得很近,但海德格尔的**形象**(*Gestalt*)却预示了即将到来的深渊,以及必要的背叛和超越。这是《炼狱篇》第三十章的一个例证吗?

今天谁读斯塔提乌斯(Statius)的作品?对于中世纪的诗人和神话学家来说,他却是无价的。他那白银时代的拉丁语《忒拜战纪》(*Thebaid*)和残缺不全的《阿喀琉斯纪》(*Achilleid*)讲述了忒拜和特洛伊的故事;然而,这两个故事的希腊语原文至今仍无人能够理解。但是,但丁却朝前更进了一步。斯塔提乌斯在《神曲》的十三章中扮演了一个角色,而唯有贝阿特丽切和维吉尔扮演了更重要的角色。基于斯塔提乌斯在创作他的忒拜史诗的最后几部时皈依了基督教这一模糊的假设,但丁将他描述为一个"秘密的"基督徒(*chiuso*),他在罗马帝国皇帝图密善(Domitian)的迫害下选择不公开承认自己的信仰。据我们所知,这一章是但丁的虚构性创造。更重要的是,在《牧歌·其四》中,维吉尔通过天使报喜引导斯塔提乌斯接受了洗礼。但维吉尔的角色更伟大:《埃涅阿斯纪》中有两个诗行(第三卷第 56 和 57 行)谴责了贪婪(avarice)和华丽的贪念(opulent greed),它们提醒斯塔提乌斯警惕自己不纯洁的生活,并为他的道德转变做好了准备。然而,理解上的难题依然存在。《炼狱篇》第二十一章的开头展示了维吉尔和朝圣者以使徒的形象踏上去以马忤斯(Emmaus)的旅程。当他们遇到斯塔提乌斯时,他的影子不仅让人联想到复活的基督,他的敬礼也是礼拜式的:"噢,我的兄弟们啊,上帝愿他们平安"(*O frati miei*,*Dio dea pace*)①。在荒凉的氛围中,维吉尔以一种谦恭的态度回应道,他认为自己是一个"被贬低的"人,不配分享那种"超出人类理解的"和平。相反,斯塔提乌斯以某种高尚的谦卑向《埃涅阿斯纪》的创造者讲话。他的演讲充斥着几乎不加掩饰的维吉尔式的引用。但丁显然认为他自己的作品和斯塔提乌斯的作品一样,都是从维吉尔那里衍生出来的。在完美融合的运动中,斯塔提乌斯用言语定义了维吉尔的艺术,也定义了《神曲》的天才之处:"将虚无缥缈视为坚不可摧的事物"(*trattando l'ombre comme cosa salda*)。可以说,这比之后的任何评论都更准确。因此,虽然维吉尔注定要被放逐,但在离别

---

① 《神曲·炼狱篇》,黄文捷译,南京:译林出版社,2011 年,第 222 页。——译注

之际,他与斯塔提乌斯的交流,颂扬了他诗歌预言的不可或缺性。斯塔提乌斯承认,"为了你,我成了诗人;为了你,我成了基督徒"(*Per te poeta fui, Per te cristiano*)。异教徒维吉尔引导他人走向优雅;然而,身为基督教徒的斯塔提乌斯却不能这样做。再者,有个三重逻辑在其中运作:《神曲》的三个部分分别可以被看作是与维吉尔的异教徒史诗、斯塔提乌斯的异教徒史诗以及但丁的至高无上的基督教诗歌相对应。其中,斯塔提乌斯的史诗在内容上是异教徒性的,但它却是由一个皈依者所写。三位诗人在接近和穿过炼狱之火墙的过程时,其顺序的微妙变化就是一种表现。一个影响深远的逆转即将到来。在《忒拜战纪》的结尾处,斯塔提乌斯宣称自己永远不如维吉尔。他最多也只能追随吉尔的脚步,"崇拜"其作品:"长久以来,我们一直在努力,希望能有更多的人参与进来"(*sed longe sequere et vestigia sempre adora*)。但是,就完整性而言,现在的"顺序"是颠倒的。斯塔提乌斯超越了诗人,且又称自己为**诗人**(*poeta*)。这个崇高的字眼以前只被引用过两次:维吉尔在旅程的开始就把它用在他自己身上,但丁因为对荷马缺乏直接的认识而将之称为"诗王"(*poeta sovrano*)。① 就像基

---

① 可参见由隆科尼(A. Ronconi)发表于《文化与学校(第十四期)》(*Cultura e scuola*[14],1965)的文章《斯塔齐奥和维吉尔的对话》(L'incontro di Stazio e Virgilio),以及惠特菲尔德(J. H. Whitfield)的文章《但丁和斯塔提乌斯:〈炼狱〉第21—22章》(Dante and Statius:Purgatorio XXI—XXII),该文载于由诺兰(D. Nolan)编著的《但丁之音》(*Dante Soundings*,1981)。然而,还有很多尚不清楚之处。

督里的任何灵魂一样，斯塔提乌斯这个次要的人现在比维吉尔更优秀。

我认为，但丁对斯塔提乌斯的倾情创作是他探索影响力回归的重要组成部分。维吉尔、斯塔提乌斯和朝圣者之间错综复杂的"三人谈"传达了**共同体**（*communitas*）和遗传过程的内在多元性的新方面。同时，它也标志着诗论中批判性和解释性的关键存在。当创造者与自己进行表述性的交流时，这种交流是令人信服的自我批判和解释。严肃的艺术家是他自己最尖锐的评论家和分析家。正如我们所见，通过斯塔提乌斯，但丁不仅重新思考了维吉尔的显著局限性——这些局限性赋予了他自己的越界力量——而且也为他自己的目的提供了一个精辟的定义："使虚无缥缈成为实体"，使虚幻中所蕴含的真理"具体化"和"显身"。我们将会看到，这个目的只有通过欺骗性的**作者上帝**（*verace autore*）才能完全实现。我们应该知道，**作者**（*autore*）所蕴含的价值远远超过了**诗人**（*poeta*）的价值。即使是受灵感启发的艺术也不是最终真理的原创作者（authorship）。它的"权威"（authority）是不完美的，甚至是模棱两可的。在斯塔提乌斯的作品中，尽管但丁非常**文雅客气**（cortesia），但这种不完美和模棱两可变得尤为明显。

其他大师和手艺人也参与了但丁的《神曲》。在他叙述的自我中——我们还能怎么说呢？——《神曲》的创造者三次引用了他自己早期的作品。两次在《炼狱篇》，一次在《天堂篇》。但丁的三首《坎佐尼抒情歌曲》（*canzoni*）的开场白也都是自我引语。

第一首抒情诗讲述了一种抚慰人心的音乐，它可以平息生者和死者的渴望。第二首抒情诗来自《新生》的第一首歌，它回忆起诗人发现一种新的习惯用语，即从他与贝阿特丽切的相遇中对爱有了新的理解。《飨宴篇》(Convivio)中第一首赞美诗的开头，就像但丁在《天堂篇》第八章第 37 诗行中所引用的那样，暗示了他对天使等级的早期见解现在得到了证实。每当画家、作曲家、作家引用他或她的早期作品时(莫扎特在《唐璜》结尾处引用费加罗语的例子是经典的)，新的语境会修饰、扩充、讽刺或纠正其来源。这些变形运动是造物的文法中过去时态的生动体现。关于它们还有很多东西有待研究。

炼狱是艺术的天然场所。亚里士多德学派的"净化"(katharsis)是通过审美共情和回应来进行运作的。此外，美学与时间性紧密相连，与人类创造者力图超越时间的和以死抹杀的强迫性之间紧密相连。这种抱负的狂热虚荣心在第十一章中被驳斥了，因为身为天启论者和小画家(一种规模宏大而谦逊的技艺)的奥德里西·达·古比奥(Oderisi da Gubbio)对朝圣者警告了艺术和诗歌声誉的短暂性。这些诗行是坚定而果断的：

La vostra nominanza è color d'erba,
che viene e va, e quei la discolora
per cui ella esce de la terra acerba

尽管它未到衰败凋零的年龄，

它在枝头保持绿色的时间，却又

是何等的短暂①

名声（对荣耀的某种提名）有如草的颜色，转瞬即逝。太阳使它生长，然后使它枯朽泛白。巧合的是，我们正是在这一篇中遇到契马布埃和乔托，但丁描绘了他与同时代人圭尼泽利（Guinizzelli）和卡瓦尔康蒂（Cavalcanti）的作品之间富有矛盾性的亲密关系。我们知道，卡瓦尔康蒂经常出现在《神曲》中。正是从他最著名的一首十四行诗中获得了意象灵感，但丁在《地狱篇》第十四诗章中描绘了火雨的凶猛形象。为了给但丁的非物质的爱欲提供一个唯物的和异教的陪衬，这位导师现在却被忽视了。

　　继维吉尔之后，意大利最优秀的诗人索迪罗（Sordello）选择在普罗旺斯写作，并努力使曼图亚显得有生气。在"诚实"地使用了他的天赋之后（onesto 这个词在这里并不比在《奥赛罗》中出现得少），索迪罗被赋予了指引维吉尔和朝圣者的特权。伯特朗·德·伯恩（Bertran de Born）可能比索迪罗更有灵感。但是，根据但丁的说法，伯特朗在他的政治生涯中表现得很叛逆，他被诅咒得很惨。我们看到他在地狱的深渊里把自己被砍下的

---

① 《神曲·炼狱篇》，黄文捷译，南京：译林出版社，2011 年，第 108 页。——译注

头颅"像灯笼一样"挥舞着。当灵魂通过炼狱得到提升时，伦理越来越深刻地凌驾于美学之上。

许多诗人、艺术家、思想家与莎士比亚形成了鲜明的对比。每次的会议和对话都在探索诗学的语境和公共结构的各个方面，以及执行形式的内在化复调。《神曲》中的最后一个例子也是最令人费解的。天堂需要医生和圣人以智慧和信仰来庆祝上帝的存在。然而，它却不需要艺术家或诗人。在《天堂篇》里，存在本身就是永恒的创造。象征在现实中被消耗。当这个词变得轻松时，生成性想象和虚构的语法就会消失。然而，有一位诗人确实出现在受祝福者的领域：福尔奎特（Folquet）。普罗旺斯的主人阿诺特·但以理（Arnaut Daniel）已经在《炼狱篇》中提到了福尔奎特的"疯狂的爱"（folle amor），即他对一个大贵族之妻的迷恋。虽然在天堂里，但福尔奎特回忆了他疯狂的爱。他声称他对维纳斯的崇拜确实是肉体欲望的升华，但也不完全。可见，爱神厄洛斯仍然是无处不在的。福尔奎特放弃了世俗的信仰，成为西多会的修士（Cistercian），当了图卢兹的主教，也因此成了阿尔比派（the Albigensians）的祸根。现在他说的是两种语言：爱神厄洛斯的修辞学家和歌唱家的语言，上帝的奴仆式情人（servant-lover）的语言。在某种程度上，福尔奎特似乎为贯穿整个《神曲》的普罗旺斯遗产的开创性部分提供了一个重要焦点：阿尔诺特（Arnaut）预示着他的艺术，伯特朗是他的朋友，索迪罗预言他将成为教会的显赫人物。在另一个层面上，这个残暴的人物以道德-神学的僧侣之名,把诗歌贬谪了下去,其激烈程度不亚于柏拉图以来的任何一种贬斥。[①] 因此,选择福尔奎特这个名字,我们觉得很奇怪;但天堂的逻辑是另一回事。真正的主人是那些放弃自身天职使命的人。托尔斯泰本就可以在《天堂篇》中拥有一席之地。然而,兰波在那里也会有自己的地位吗?

存在赖以生成的先在概念

我认为,但丁的作品可以被看作是对创造的一种不间断的冥想,即从诗学、玄学和神学等不同角度的思考。但丁关于创造的概念延伸到了公民政治社会的基础,也延伸到了语言和一种新美学。用《诗篇》(*Psalm*)中的意象来说,诗人对创造之事实充满着惊奇,并被其激励着。维特根斯坦关于世界上无限惊奇的各样存在的著名评论可能是但丁的。就两者的共性而言,它们都有一种存在的不可通约性。用现代逻辑理论的话说,它和它的意义界限,对于人类的理性、语言方式和科学研究而言,是"不可计算的"(non-computable)。《天堂篇》是但丁的奇迹的系统性总结。人们听到它时,会觉得它是一首对"存在"(to be)这个动词的不可通约性和绝妙证据的辩证性赞美诗——独唱诗和启应

---

① 其中的大多数文献已被狄奥多林达 · 巴罗利尼(Teodolinda Barolini)在《但丁的诗人:〈神曲〉的文本性和真实性》(*Dante's Poets:Textuality and Truth in the Comedy*,1984)一书中评论过。

轮唱的短歌(antiphon)。它的来源是《创世记》和《蒂迈欧篇》，还有亚里士多德关于因果关系的物理学。最重要的是，它也来源于新柏拉图主义者和邓斯·司各脱(Duns Scotus)已经论证过的神圣之光的隐喻。创世及其随后的存在性都是神圣的"圣洁之光"的直接显灵。就像在他之前的圣博纳文图拉(Saint Bonaventura)一样，朝圣者把上帝想象成光的"所有者"(*proprissime*)。这种光呈现出一种"液体"的基调。上帝是"永恒的万有之源"(*eterno fonte*)。因此，在对皮卡达·多纳蒂(Piccarda Donati)的讲话(《天堂篇》第三章第85—87诗行)中，神的"行动中的平和"被描述为海洋。反过来，光的光芒实际上是"射向"被创造之众生的箭(阿奎那在他的《论天》[*De caelo*]中评论的一种圣经幻想)。最佳射手从不失手。每一箭都是完美的有意之作和有意的完美之作。

为了达成我们的目的，但丁在本质上将上帝演绎为艺术家(*artista*)和工匠(*artefice*)。① 和阿奎那一样，他就像工匠那样进行创造(*sicut artifex rerum artifiatarum*)。他如此珍爱他的创造，以至于总不让它们离开他的视线。在类似的情况下，*智慧*(*intelletto*)和*艺术*(*arte*)是凡人的造物工具。在一个较小的层面上，柏拉图–奥古斯丁式的"包含在神圣智慧中的形式"被给予了物质和语言的具体化。他们所拥有的多样性是挥霍性的，但与统

① 在此，我遵照帕特里克·博伊德(Patrick Boyde)在《身为哲学家的但丁：宇宙中的人》(*Dante Philomythes and Philosopher: Man in the Cosmos*, 1981)中给出的明晰指导。

一的卓越源头依然是和谐合一的。甚至奇迹也符合这个秩序：它们是"大自然从不给铁加热或敲打铁砧"的产物（布莱克当然知道《天堂篇》第 24 章的这个定义）。然而，物质可以抵抗信息的统治。它可能对艺术家和工匠的设计"充耳不闻"："物是聋子"（*la materia e sorda*）。它与"艺术的趣旨"（*l'intenzione de l'arte*）完全不符。继《蒂迈欧篇》之后，阿奎那和但丁都在自然界中发现了次级创造的"不稳定的手"。因此，瑕疵和经验世界可以证伪和背叛它的创造者的内在蓝图。

　　《创世记》中的模型和亚里士多德关于宇宙永恒的假设之间的张力，就像他们对整个中世纪宇宙学所做的一样，使但丁感到痛苦。第二十四章的"信条"（*credo*）取代了"天地的创造者"，即亚里士多德不变的"原动力"（*chetutto il cielmuove，non moto*）。在《天堂篇》第二十九章中，贝阿特丽切用（不安地）结合神话、数学、天文学和谨慎遁辞的各种迂回方式来解释创世的真正本质。时间是从永恒中创造出来的，物质是从光中创造出来的（这是一个奇怪的爱因斯坦式的思想）。宇宙是时间性的存在，而上帝却不是：他"在永恒之前"（*in suaeternità di tempofore*）。空间是有边界的，但那不是上帝的"边界"（beyondness）。上帝以纯粹自由、本体论自由的方式创造了万物，因此他的"思想"可以具有自主的实质。最高赏金的概念将启发德国理想主义世界的美学和理论，尤其是谢林（Schelling）的理论。就像人类艺术家一样，创造是绝对自由的起源。馈赠和从自我的内心退出所表现出的慷慨之情是爱的显化。但丁和谢林的范例提出了这样一个问题：美学创造是否可以持久性地成为仇恨的产物。归根结底,尤维纳尔(Juvenal)、斯威夫特(Swift)或托马斯·伯恩哈德(Thomas Bernhard)这些令人厌恶的大师是发明家,而不是创造者吗?

在《天堂篇》第二十五章中,但丁设想自己回到佛罗伦萨成为桂冠诗人。在写这一章的时候,他一定已经完全意识到这一章的残忍和难以置信。因此,他为自己加冕,再一次将《神曲》与荷马、维吉尔和斯塔提乌斯等前辈区分开来。最后,他宣称《神曲》在中世纪史诗和浪漫主义诗作中的卓越地位。大卫王的出现代表并确认了神圣文献的使命(《神曲》的第十一章第73—74诗行译自《诗篇》第九篇)。在其最高境界,诗人的塑造的确是神圣的,也是对真实想象的直接召唤,亦即对启示的召唤。漫长的朝圣之旅结束于但丁对诗歌启示之成就的回归,而这是任何外在的放逐都不能否定的。

我们已经从维吉尔开始讲到了地狱边境(Limbo)的古代诗歌大师,从俄耳甫斯讲到了斯塔提乌斯。这个旅程让我们对诗歌的影响、继承和竞争进行了详细的分析。但丁呼吁我们去见证游吟诗人以及托斯卡纳和那不勒斯的同时代人。大卫把这次航行的逻辑讲得最为精彩。他在创造力和创造、神的创造和人类的创作(poiesis)以及美学、哲学和神学等研究领域的中心地带荣耀地巡视着。真理和虚构现在已是一体,而想象现在是祈祷者和柏拉图对被批驳的诗人的某种放逐。

但丁诗学中超越的中心思想以及在语言中展开的核心思想没有再出现过。

第三章
作为被造之物的存在

造物中概念的时间性存在

　　《神曲》中所表现出来的对创造的三位一体式的完美探究——神学的、形而上学的和诗性的——是不可再现的;但争论却仍在持续。"发明"(invention)与"创造"(creation)的语义场关系也十分复杂。拉丁语"发现"(*invenire*)一词似乎预先假定了"将被发现"(to be found)的东西,即要"出现"(come upon)的东西。就好像宇宙已经"存在"在那里,等待着上帝(the Deity)去发现或偶然间撞见它。谈到傲慢的悖论时,这个"发现"(*invenire*)就隐含在毕加索的作品中:"我不搜寻(search),我只发现(find)。"当这个拉丁语动词在 15 世纪末首次进入英语时,发现(discovery)的要旨就附着在它上面了(因此,"发明"[*invention*]是一个后来者)。然而,"发现"(finding)与"生产"

(producing)或"设计"(contriving)之间也明显很快地重叠起来。16世纪40年代以后,"发现"(invenire)可以从属于艺术或文学作品的创作和生产。在一个充满复杂性和暗示性的用法中,约翰·奥德姆(John Oldham)会告诫诗人"选择一个已知的主题,并把它创作好"。这里的行为是一种再创作,是对一个主题或预先存在之事物(通常是经典神话和经典体裁)的变体性新创作;另一方面,对德莱顿(Dryden)来说,"发明"(invention)显然意味着"创造"(making),即一种"创作"(poiesis)之行为。它与"创造"(creation)的区别在修辞上消失了。

但是,围绕"发明"(invention)的意义和内涵的空间几乎从一开始就令人不安。"伪装"(feigning)、"伪造"(fabrication)——这本身就是一个极其含糊不清的术语——和"发明"(contrivance)的光环变成了谎言,但它们在16世纪30年代早期之后还能被听到。当这个词变得成熟并被广泛使用时,它的两个语义场就出现了:一方面是起源、生产和首创,另一方面是可能的谎言和虚构。对这些密切同源的二元论的研究是不可能详尽无遗的。

正如我所指出的,我们情感的深层结构对"上帝创造了宇宙"这一措辞和概念产生了阻碍。我们把主要艺术家称为"创造者"(creator),而不是"发明家"(inventor)。然而,"创造性"(inventiveness)可能是他的突出优点之一。在柯勒律治和德国唯心主义中,"幻想"(fancy)和"想象"(imagination)之间的重大差异是否有相似之处?如果"发明"(invention)相对于先前的成分和有待组装、连接或发现的元素来说确实是次要的，我们是否把"创造"（creation）的概念附加在了原始性上呢？然而，当作为现代主义美学之关键人物的马塞尔·杜尚（Marcel Duchamp），为了让我们感到惊诧的娱乐和不适而提出了他自己所"发现的目标"（*objet trouvé*）时，他是在创造（creation）还是在发明（invention），抑或两者都不是呢？

这里的每一步都是最不确定的和暂时的秩序，"创造"（creation）中似乎恰恰缺少了谎言以及与"发明"（invention）的语言学和言语行为不可分割的"设计"（contrivance）的半影。对孩子（甚至成年人）说："不要发明"（*n'invente pas*）表示"不要撒谎，不说谎话"。命令人"不要创造"（*ne crée pas*）无论在哪个方面都是一个毫无意义的短语。然而，在另一种力图打破传统的记录中，对"创造"（creation）的禁止是非常重要的。我已经提到了犹太教和伊斯兰教关于"制造图像"的禁忌。创造（to create）这样的形象就是"发明"（to invent），就是为了超越人类感知或对抗的虚拟现实、场景和真实存在而进行的"虚构"（fictionalize）（哈姆雷特在对真理的愤怒中曾说，"我不知道'表象'"）。我们会一次又一次地偶遇到艺术家的自我感觉，即艺术家作为"反创造者"（counter-creator）的自我感觉，以及与原始命令角力或与"让存在存在"（let there be）角力所引发的既狂喜又亵渎的复杂情感。幽默的缺乏在希伯来-基督教对上帝启示的描述中是如此明显吗？也是如此本能地出于创造的严肃性吗？发明往往是非常幽默的。显然，这让人感到惊喜。然而，在产生所有哲学的希腊术语的意义上，创造，就像雷声或北极光的光芒一样，使我们感到惊奇和震惊。

"创造"和"发明"之间引人注目的二分法和相似性适用于精确科学和自然科学吗？在天真的实证主义基础上，科学试图从理论和经验上找到、定位和阐明已经存在的东西。但我们知道这样的说法会有多么误导人。正如康德所论证的那样，人类的心理和逻辑程序似乎植根于主体意识之中。显然，这是一个事实。我们通过确定的特定认知和先天范畴理解世界和所有现象性的经验。科学假设和验证的过程通常可以是彻底的发明和创新。科学对不断变化的世界进行解释，也不可避免地根据自己的研究手段和理性可接受性的惯例进行调整。正是在科学转化为应用和各种技术的地方，"发明"的概念才变得既明显又难以捉摸。我们似乎很难否认托马斯·爱迪生"发明"了灯泡；但他不是偶然发现了已经存在的东西。从另一方面来看，爱迪生"创造"了这个有用的东西，这句话确实给人一种深深的不安感或夸张感。可见，这其中所涉及的那些定义是模糊的。

外行几乎无法了解关于创造和发现、构建和发现的辩论的中心地位及其认识论的内涵，而这些恰恰都是数学思想的核心。争论一直持续到今天；事实上，现代数学给了它一个特殊的优势。人类智慧最终是理性的普遍需要，而数字作为柏拉图式的现实是否先于人类的智慧而存在？或者它们是人类的一种发明，即一种代码吗？其看似无限的发展和分支是人类思考的产物和人类追求最高境界的本能产物吗？在"实数"（real numbers)的概念和语言表述中，认知提议有哪些含糊之处呢？没有任何一种人类运动比纯数学更能启迪或"建构"(building)人的心灵；在任何事物中，真和美都没有比这能更有力地结合在一起。尽管如此，无数的数学家都把自己看作是发现者，或是现象性结构中不可或缺的单位和关系的探索者。就像天文学家或天体物理学家揭示的星系一样，质数似乎有一种实质性的现实和规则约束性的功能等待着人们去发现和理解。在这种意义上，椭圆函数或超限数字的问题将比作为其客人的人类思想持续更久。

极为棘手的是我们所做的联想——可能是下意识地——如发明和形式、创造和内容之间的联系。一种新的韵律或诗节模式，艺术或建筑上对新材料的使用，以及巴赫为拨弦键琴创作的"二部创意曲"(two-part inventions)，都不可否认地给我们留下了深刻的印象。艺术家就像工程师或设计师那样进行发明(invents)。另一方面，"内容的发明"似乎是一个令人困惑、尴尬的题目。内容宣告了对创造力的依恋，也声明了对超越述行(the performative)的生成性行为的附着。巴赫发明的音乐内容，除了直觉上的隐喻之外，抗拒任何口头的重述或解释；同时，它也引出了卓越创造力的概念，即一种在获取信息时可执行的或一种可能确实是为这种场合而发明的特殊技术形式。

然而，整个区别是可疑的。确切地说，任何严肃的艺术、文学或哲学文本的本质都是使"形式"和"内容"这两个范畴不可分割。绘画的内容，在每一个可执行和可感知的点上，都是其形式

thopoetic)的;但它绝不能被建构为拼凑、随意的捏造或发明。一个双重策略在起作用:对北欧日耳曼式黎明的主张(在瓦格纳[Wagner]的作品中很有说服力)以及对古典和古代希腊文的挪用。在后者中,古语被赋予了一种影响深远的气质。海德格尔对前苏格拉底学派的提升,是其主张与西方思想和意识密切关联的逻辑顶点。正是赫拉克利特(Heraclitus)和阿那克西曼德身上那零零散散的黑暗矛盾性地指向了最初的光明。无论其动机(以及政治心理上的风险)是什么,只有在德国的形而上学和美学中,对"*创造和发明*"(*schaffen* and *erfinden*)以及创造者和发明者的探究,才能找到一种独特的洞察力。

黑格尔将概念和意识历史化了。思维的行为与时间性是密不可分的。黑格尔模型(The Hegelian model)假定时间是存在的整体(海德格尔的《*存在与时间*》[*Sein und Zeit*]由此而生)。存在(to be)就是存在"于时间里",亦即存在于感知以及理解和内化(Begriff)等完全历史性的术语之视阈中。正是这种人类意识的历史性,以及这种把过程和"动力学"——处于运动状态——归因于可理解之现象的归属,使得黑格尔的体系如此具有时代代表性。黑格尔自己坚持认为,法国革命和拿破仑传奇在他的现象学和逻辑学的起源和表达中发挥了重要作用。即使在最抽象的经验和已被认识的意识之上和其内部,运动的压力也是巨大的。思想是在革命和世界帝国创造的快进式时间的激进气氛中展开的历史。柏拉图-康德关于稳定永恒性的假设屈服于"演算"(calculus)(如果可以这么说的话)和人类历史之旅的热力学(人类精神的奇幻历险之形象是谢林式的,但是它的渊源却与黑格尔紧密相关)。死亡也有它的历史。

认识论和政治上的争论集中于黑格尔通常不太明晰的最终声明之上。在其最广泛的理论和经验意义上,拿破仑的可能性标志着人类历史命运的实现。虽然概念本身是不充分的,但它是**精神**(*Geist*)的自我实现的象征,是人的自我概念的象征(在此,"构思"[conceiving]既包含了生育[procreation]的全部意义,也包含了思维和理智的直接意义)。众所皆知,拿破仑在前往耶拿战役途中从黑格尔的窗户下经过正好是《现象学》(*Phenomenology*)的序言完成的时刻;这是一个标志性的巧合。在黑格尔看来,哲学的历史就是哲学;在历史本身不可避免地走向其"终点"的时刻,哲学才得以完成其漫长的旅程。这一最终结果究竟意味着什么仍然是个棘手的问题。作为黑格尔最热情的现代诠释者之一,亚历山大·科耶夫(Alexandre Kojève)不是在拿破仑身上,而是在斯大林身上看到了历史进程的实现和终结。在 20 世纪的专制和技术统治下的"极权主义"或"集权化"的社会结构,可以被看作是与黑格尔的结论相关。最近,马克思列宁主义社会的崩溃在黑格尔的意义上被解读为"历史的终结",尽管这是就"自由主义"和自由市场而言的。

黑格尔系统性的终结感将人们从对"创始"(inception)和"太初"(beginnings)进行探究的注意力挪开去。在任何对时间的概括中,创世起源的问题和世界末日是一样不可或缺的。在这里,就像在神秘主义传统或诗歌中一样,结束实际上是开始。

黑格尔对这种必然性所引起的逻辑性和认知性难题的关注不亚于他们对圣奥古斯丁的关注。然而，即使考虑到黑格尔的习语和论证中固有的困难，有关"太初"（*Anfang*）的逻辑科学的思考也是最桀骜不驯的（recalcitrant）。黑格尔与棘手问题之间的搏斗是明显的，也是令人着迷的。

"有关太初的现代尴尬和不安"：黑格尔的评论几乎可以说是自我讽刺。他问了一个很少被如此直白地提出的问题——知识和智慧（*Wissenschaft*）如何有开始呢？我们在接下来的考察中就围绕着这个困境；它们最好被解读为一系列的格言（aphorisms），而不是按黑格尔模式的严谨惯例顺序进行论述。

无论是在词源学层面上，还是在概念层面上，"原理"（principle）这一概念都包含了开始的内涵。"开始的形式"就是其原理。第一个思想（The first thought）是一个令人不安的黑格尔式的概念，也是一种"最先临到我们的思想"之思考行为。在任何实证主义者或神经生理学的层面上，这种对原始思想的暗示都是不可信的；但是，这对黑格尔关于人的内在性的历史意义至关重要。一种绝对的直接性——也许有点像胡塞尔的根本直觉——是所有逻辑的起点和思想的最初思维样态。变得自知是一个开始得以发生的过程。黑格尔还将其指定为"纯粹的存在"（pure presence）。这可能与审美创造和通过形式实现原理性的主题密切相关。

对我们以及任何人的心灵来说，"思考开始"就是回归本源，就是在最紧迫和最投入的意义上"向后走"（proceed backward）。

我们在这里触及了一个母题，它在许多形而上学和美学构造中起着重要作用。这是柏拉图式的回忆，即柏拉图努力阐明的先验性前存在。对于柏拉图而言，没有先验性的前存在，就没有可确定的知识。在儿童和柏格森对记忆的动态依恋中，华兹华斯式浪漫主义的文字在这里也暗示了开创性的见解。《神曲》中那奔腾的海洋仿佛是逆行而上的激流，它主宰着奥德修斯的归途和朝圣者回到原初之泉——存在的"洗礼"；它是普鲁斯特《追忆似水年华》在实质和形式的核心层面上的内在漩涡。或者，如黑格尔所言，"新生"从不脱离意识或所追求之工作的"进步"和"前进"（Gang 即是"行走"，存在于运动中，这两层含义都是与生俱来的）。这个短句表述几乎是犹太教神秘主义式的：决定自己去创造一个世界（*zu Schöpfung einer Welt sich entschlessend*）的精神（*Geist*）必须以完美的圆形回归到"即时性存在"（*unmittelbaren Sein*）。几乎可以肯定的是，这一提法隐藏在尼采的"永恒回归"学说的修辞背后，而修辞本身就充满了美学含义。

然而，这个"开始"（*das Anfangende*）到底是什么呢？

开始仍是一无所有，但应该有所作为。开始不是纯粹的虚无，而是应该从中开始的虚无。因此，开始也包含了存在。同时，它也包含了无。所以，开始是存在与虚无的统一，或者非存在同时也是存在，而存在同时也是非存在。

"虚无"是一种"非纯粹的"虚无。它是某种东西从其中出现的母体。存在是一种引人注目的潜在力量,它存在于"虚无"(Nichtsein)的独特能量和内在性之中,而"虚无"同时也是"存在"(Sein)或"在那"(being-there)。在黑格尔看来,关键的模糊性并不是语法的偶然性或缺陷性,而是存在于"ist"之中:"开始依然什么都不是。""is"表示并确定了它的重要性的存在。可以说,空虚是活跃的。

在盎格鲁-撒克逊的常识性礼仪和实用主义怀疑中,有一种特有的现象,那就是把这类命题看成是空话和条顿人哲学混乱的典型例子。引人注目的事实是,在成为"存在"(Etwas)之道路上的黑格尔式"虚无"(Nichts)与给当今天体物理学和20世纪晚期宇宙学的"开始"理论授权的前提极为相似。通过数学的形式化,科学通常会掩饰某种先前认识论的口头性和隐喻性表达。

黑格尔认为,"开始"(Anfang)是走向存在的,因为它与非存在拉开了距离或"扬弃"(aufhebt)了非存在。这是辩证法中的关键行为:否定的否定,对任何初始的虚无的湮灭(萨特所呈现的"虚无的灭失"),正是真正的创造性行为。这种湮灭或"包容"(subsumption)——我们在为这些概念寻找清晰的语言表达时所面临的问题,其本身就像云室中的放射性排放,虽被确认为高能量,却是非物质的能量——在存在的部署中保留了虚无。如果是这样的话,我们会发现这个悖论在任何试图分类以及区分创造和发明的尝试中都是非常重要的。

再一次,黑格尔围绕着"首要性"(primacy)的核心:构成并激活了开始(inception)的是"无法被分析的存在"(ein Nichtanal-

125

ysierbares）。这种确认是至关重要的。它在神学、哲学和美学论述中的根本是"不可分析的"（non-analysable）或分析性的。但这不是对它的真理价值的反驳，也不是对它在直觉的生成优先权中不可缺少的功能的反驳。相反，在意识的历史中，分析可能出现得较晚；而且，可能存在这样一种观点，即"可分析的"也是（最）微不足道的。

我们可以用"其未完成的即时性"把这种"不可分析"（*Nichtanalysierbares*）看作是纯粹的存在和"完整的虚无"（*das ganz Leere*）。（粒子物理学现在假定了既不含质量也不含维度的基本单位。）正如我们将要看到的，黑格尔的虚空将在现代主义中产生决定性的遗产：马拉美将从中得到他的"白"，即他的"白色空白"；非客观和极简主义的绘画将停留在虚空之上；黑格尔关于生成性"缺失"的推论是解构修辞的基础。具有讽刺意味的是，即便在德里达的假设中，我们也可以发现，语言只有在其标记物"转向上帝"的情况下才会有稳定的意义，就像黑格尔那令人难忘的观察所产生的回声一样："上帝拥有最无可争辩的权利，那就是伴随着他的出现，会有一个开始"（*das unbestrittentste Recht hätte Gott, dass mit ihm der Anfang gemacht werde*）。

虚无（nothingness）和存在（being）通过形成（becoming）的过程所实现的绝对融合，需要在起源和消亡之间，以及**出现**（*Enstehen*）和**罪行**（*Vergehen*）之间形成一种亲密的接触。从本体论的角度来看，即使是最明显、最令人敬畏的创造也只是昙花一现。如果你愿意的话，这也可以说是一种"自毁"，它的历史就像历史本身一样，也有它的结局。进入存在就是向虚无迈出第一步，就像新生儿走向死亡的方式一样。同时，湮灭是一种向存在进发的过渡或调节形态（*Uebergang ins Sein*）。在这里，一种日常体验也被抽象化了：音乐的生成时刻的废除，和音乐富有成就感的消失的回归是一个熟悉的却又永远具有挑战性的事实。

因此，在黑格尔对有关开始的暗示和比喻的沉思中，我们可以在"无法分析"的共同经验中加以验证，并在整个现代艺术和文学中证明其丰富的内涵。第二个基本文本是荷尔德林的《论诗歌精神的方式和进行的手段》（*Ueber die Verfahrungsweise des poetischen Geistes*）。它与黑格尔既有联系又有区别，因为这两个人之间的关系最初几乎是共生的，但后来却格格不入。也许值得强调的是，即使我们失去了荷尔德林那无与伦比的诗歌，他对文学形式的哲学贡献以及他对诠释学的贡献，仍将具有最重要的意义。（除非我弄错了，黑格尔只写了一首他认为值得保存的诗：那是写给荷尔德林的。）

众所周知，"开篇"（opening）尤为重要。在荷尔德林思考的开篇之处，有一个极为冗长的句子，它的长度可与布洛赫（Broch）的《维吉尔之死》（*Death of Virgil*）或者《芬尼根的守灵夜》（*Finnegans Wake*）中某些大海兽之长度相比。尽管改述（Paraphrase）是简化性的，但它是不可避免的。和黑格尔一样，荷尔德林正努力应对的是对创造性的时刻以及诗人将接受其作品中之"物质"的时间语境和时间点给出清晰的定义。（"Stoff"一词承载了"审美主体"和"诗意素材"的更多细微内涵。）我们是否身处在作为荷尔德林同时代之见证人的济慈的书信中的世界？答案既是肯定的，也是否定的。济慈也专注于确定那一刻，即创造的涌动和萌芽的集中性环境。但是，济慈的证词是叙事性的，他想象并将之表现出来，其内省也就是一种隐喻的心理学。荷尔德林继承了康德在《判断力批判》（*Kritik der Urteilskraft*）中采取的德国美学研究之策略，他致力于系统性的概括和基于经验建构而成为的理论。

支配荷尔德林的人类精神，对所有人都是共同的，同时对每个人也都是特殊的或独特的（这种二重性或表面上的矛盾性使荷尔德林的论点以黑格尔式和辩证式的节奏组织起来）。精神有能力（*bemächtigt*）以自己的、个人的和他人的化身来复制自己。诗意向内和向外延射。问题是，通过这种内在化和外在化的动态运作，"物质的形态保持不变"（*die Form des Stoffes identisch bleibe*）。我的理解是，在创造和接受的辩证关系中，"呈现"内容的生成性形式（the generative form）必须保持其完整和原始的特性。但是，这种"完美的能量守恒"是不可能实现的。或者更确切地说，艺术家和诗人会感知到作品本身的特性和作品在表达和接受过程中的变化之间的根本冲突（*Widerstreit*）。统一与变化（如黑格尔的存在与非存在）并没有融合。但是，只有当诗人或艺术家在感知失衡的最高程度上感受到这种冲突时，也唯有当这种冲突对他来说完全是"明显的"（*fühlbar*）时，创造力的时刻才降临到他身上。正是在那时，也只有在那时，诗人（*Dichter*）才会准备好，并向"内容或物质的接受"（*Rezeptivität*

128

des Stoffes)敞开怀抱。严格地说，这是一种不可调和的张力，且这种张力决定了美学的形式。最引人注目的是，荷尔德林的模型精确地预测了罗杰·塞欣斯（Roger Sessions）在作曲者直接体验到的"不可调和的能量水平"中所处的音乐创作源之位置。

根据荷尔德林的观点，在对表现形式的探索中，内容的三重来源是什么？回答与18世纪的心灵和表象理论很相似。或为"事件、感知、现实"，或是思想、激情和想象，抑或有些"幻想"或多或少地依附于"可能性"（*Möglichkeiten*）的领域。洛克和康德都不会觉得这个提议新奇。然而，现在荷尔德林开始涉足更深的水域。

"发生的事情"可能会使诗人误入歧途。从"生活世界"的整体和相互关系中，感知的、认知的、想象的、"超现实的"素材抵制了审美形式强加给它的限制。内容的多重生命力在本质上是不可通约的，也不受其密度限制，它不希望仅仅作为一个"载体"为艺术家或诗人提供服务（人们会想到叶芝诗学中对马戏团动物的抛弃）。正是这种阻力激发了作品的实际形式，赋予了它灵魂和精神，并在这种形式中产生了一个不完美但充满活力的"支点"（*Ruhepunk*）（就像风暴眼中那样平静的"支点"和"休止点"）。隐喻——享有特权的秘密——或"夸张"象征着形式手段的极端压力，艺术家借其将表征与活生生的和不受限制的现实来源分开。无论这种分离多么不可避免，也无论它在诗歌、艺术品、作曲或哲学体系等文本中是多么的光辉灿烂，它都包含着暴力性和削弱性的元素。从最深层的意义上说，艺术也是一种诡计(artifice)。个人作品的创作既是一个实现的过程，也是一个抽象的过程（这个词的词源说的是"分离"和"拨开"）。这种抽象就留下了（或在其自身中蕴含了）一个有机的整体，而这个整体在美学表现的时候就被破坏和削弱了。造物主寻求通过一种"诗意的生活"，即生活在高风险和对他的呼召理想毫不妥协的承诺之中的生活来弥补。在这种诗意的存在中，"物质"（material）、"形式"（form）和"纯粹性"（purity）在最激烈的层面上相互作用，但它们之间的协调性糅合又是矛盾的。在这一点上，荷尔德林对诗歌的生成和转换"动力学"的描述与济慈的字母符号之间存在着几乎惊人的一致性。

如果创造性的**精神**（*Geist*）是**无限的**（*unendlich*），它与所有表达性和表现性符号的必要限制有什么关系呢？它又是如何进入到体裁的紧缩性轮廓中去的呢（因为即使是语言在面对可感知和想象之世界的无限性时也是有限的）？荷尔德林将艺术的功能和目标定义为"创造无限的现实"（*die Vergegenwärtung des Unendlichen*）。他问道，那些不断运动的事物，如思想和所有生命的过程，如何才能做到"准时"（*Punkt* 又一次成为关键词）？中介是一种创造性的矛盾，一种固有的**对立**（*Entgegensetzung*）。作为诗人的艺术家自由地选择，将自己与非有限的主张对立起来。他试图在孩子对整个世界不加区分的认同——对无限的华兹华斯式的暗示——和意志抽象（不可避免地选择一种有表现力但有约束的形式）之间寻求调解。因此，成熟的诗学对不可调和的矛盾有一种理解和一种包含（在这个词的两种意义之层面上）。运动是静止的,传达了"瞬间性持续"(momentarily lasting)的悖论。我认为,在 20 世纪的诗人中,勒内·夏尔最接近于找到这种谨慎却令人信服之观念的隐喻表达。

荷尔德林的下一步行动是,以一种具有黑格尔思潮特征的方式,进行辩证性的逆转。潜在内容的无限性似乎被困在概念和审美陈述的有限结构之中。但是,语言会对个体特性进行或一般化或普遍化或否定性的建构。诗人力求被他人理解,进而产生共鸣(Wiederklang)。在一种微妙而又激进的辩证运动中,那种呈现形式所造成的局限性和短暂性现在朝它自己的开放普遍性(Algemeinheit)进行辐射。通过"神奇的一笔"(Zauber-schlag),诗歌不仅恢复了生命,也恢复了"有生命之人"的不可通约性,因为对具体的时间性和空间性之存在形式的抽象和还原已由此生成。按照荷尔德林的说法,最高的艺术或哲学论证,是在最多样化的意义和内涵上的"反刍"。运动和反运动实现了"精神和生命是同等的"(Geist und Leben auf beiden Seiten gleichist)之等式,尽管这显然是罕见的,而且更像是一种理想而不是现实。这种平等解析和扬弃了原始的冲突。值得注意的是,这种原始冲突主要存在于精神和物质之间,也存在于现实与这一现实的概念性或想象性征用和否定之间,更存在于在所有语言和符号的指涉中缺场的现实和必须"寄居"(inhabit)于符号之中的真正存在之间(荷尔德林的系统阐述严谨地预示了否定和擦除在解构主义理论中的语义)。这些在根本上彼此一致的决议将废除在柏拉图之后的西方哲学和美学中发挥作用的二元论和诺斯替主义的源泉。这种精神在诗歌形式中是内在的,但交际普遍性和语言的"非时效性"的冲动"超越"(transcendentalizes)了这种内在性。诗人的语言直接体现了"反思"的潮起潮落。它既是他或她自己的,又是普遍的和不可磨灭的。它展现了"无限奇点"(limitless singularity)的明显矛盾。它的明确性与不透明性、敏捷性与迟滞性、抽象性与具体性等决定性因素,都与"运动的静止"(*Stillstand der Bewegung*)结合在一起,使普遍性与特殊性相匹配。

音乐使这种模式变得清晰,确实可以触摸,也似乎显而易见。即使是在荷尔德林的水平上,词汇和句法是否能完全做到这一点,就是另一回事了。但是为什么量子物理学要垄断矛盾和困难呢?

存在:存在的否定之否定

关于创造和发明之间的某些区别的初步发现现在已经很清楚了;然而,其限制性条件是这种辨别不能是绝对的。这两个概念以及它们的语义-概念域之形式和存在范围彼此重叠。在创造行为中存在发明(invention)的非纯粹性;同时,在发明中也存在着真正创造性的痕迹或预兆。差异最难以实现的区域,以及存在或多或少难以界定的模糊界限之区域,也是最有哲理和实用主义信息的区域。自始至终,有关被创造或被发明的领域的任何最终归属都可能是暂时性的和直观性的。

存在与非存在自然地成对。存在就是"存在的否定之否定"（not not to be）。所有的现象性都是可选的和可替换的：实体化的其他可能性和更激进一点的"非实体化"（也就是不存在）。这种普遍性得到了显而易见的体现，"显而易见"正是体现了它包罗万象的真理。决定人类状况的二分法，如生与死、光明与黑暗，可以被理解为存在和缺场之间完全融合的二元性的专业性体现，同时却也是普遍性的体现。在场不等于缺场。表面上缺场的空缺蕴含了存在的充盈。这对我们的论证来说是至关重要的。通过每一个语言性的主题和预言的心灵的明晰行为，这一对孪生性的存在得以被阐明。一个声明、一个定义或一个提名都是积极的否定："这个不是那个。""非之物"的状态首先暗示了选择的不可通约性，而这种不可通约性却又是不可预测和无法称谓的（un-named）。当我说"这就是这，而不是那"时，我也正在假设"不是那个"的这个可以毫无限制地是其他的什么东西。每个命题都把其他世界放在一边（例如，在非欧几里得几何和空间出现之前的欧几里得几何）。所有的数学、逻辑和科学系统，只要它们是公理化了的，就有令人羡慕的优点和内在的弱点；同时，它们也把"不存在的"东西以及与公理集不相调和的东西变成一个错误。如果像"自然思维"（natural thought）这样的表达是被允许的，那么，自然语言并不一定把否定的和"不是那"归为错误的范畴。定义、提名、观念和界限总是被反复审视。它们不断地变质。今天的"这是"将会变成明天的"这不是那"或"这也是那"。被感知和被言说的存在似乎总是为新的映射保留着非存在和备用的替代物。否定是一个巨大的仓库，储存着尚未察觉的、不需要的或未声明的可能性（我们将看到"发明"和"库存"之间存在着联系）。这是非形式的、非数学的或元数学的意识和话语的重要特权，为的就是给未来的援引和使用在可触及的范围内保留"不是那"、否定和差异性。正如黑格尔所坚持的，当人类思想寻求对存在的创造性把握时，它本身就是通过对否定的否定来进行的。

我已经引用了一些显灵的和多神论的创世叙述，而这些叙述产生于存在与非存在之间的几乎同义的关系中，也产生于存在的任何形象化中缺场的内在性。显然，其基本逻辑是一种自由。也就是说，作为神的造物主有不创造的"自由"。这一假设可能而且一直存在争议。在我们曾有的神权论和宇宙论中，对神的本性的最明显辩护被认定为创造的命令。要成为"上帝"，就必须默认自我部署的必要性，也就是说，必须默认普遍性生成的必要性。不育和唯我论的孤独之概念被认为与神和第一推动力的本体论格格不入。的确，正如我们所指出的，犹太神秘主义和神智学的推测已经推进了一个猜想，即进入其他存在模式、"世俗性"（worldliness）和实体的必要显灵，导致神的神圣统一性必然被分散或播撒。用某种比喻的方式来说，"破碎瓦器"（broken vessels）之上帝已经"残废"（lamed）了。这就可以解释为什么上帝从我们这个不完美的宇宙中抽身退出。

然而，更有信心的观点是一种原始的自由。至高无上的存在本可以选择居住在未被创造的无限虚无之中。从严格意义上说,创造是可选的。它自由地进入一种可区别的关系之中,即对非存在或虚无的放弃。所有的宗教和神学都可以被定义为力图把握无来由的奇迹创造,并为之献上感恩之心的某种努力。它或颂扬,或在消极神学的情况下质疑,在"没有虚无"情形下做出那个深不可测的选择。至于另一种选择,虽然我们无法想象它,也无法把最诡异的影像附在它上面,但我们可以认为它本身具有超乎逻辑的合理性。只有虚无处在完美的静止状态之中。此外,还有其他可能的选择。我已经提到了许多有关之前的创造和来自创造者工作室的"草稿"之类的想法。亚里士多德-托马斯式的宇宙学坚持单一的宇宙,并相应地塑造了其建筑师的意志和完美性。尽管其他的假说长期以来普遍被认为是异端的,但它们引发了多元性的创世神话。实际上,它们正是其他世界,亦即与我们的世界或类似或完全不同的世界的无限性的某种表现,布鲁诺暗示了这种*世界的多元性*,并由启蒙运动所证明。以自由创造为内在精神,神灵或第一本质可以重新创造,并赋予其纠正性的或戏要性的极大丰富性。这种自由受到一种明显的威胁:随之而来的毁灭,或者上帝把他自己的造物当作废物。诺亚的传说在各种神话和文化中广为流传,它也只是这种可能性的一个弱版本。它表明人类和动物的形态不仅仅可以回归到虚无(non-being),也是宇宙其本身。在存在的事实中没有保证性的保有权(tenure)。星星会陨落。因此,世界上主要神学和形而上学的教义中存在的那些焦虑都是关乎时间的。正如柏拉图的《蒂迈欧篇》试图阐明的那样,宇宙一经创造和存在,它即是永恒的。对亚里士多德来说,它是永恒的(一个相当不同的概念)。犹太教和基督教对上帝的看法是仰望彩虹,仰望那天上的承诺,即上帝不会毁灭被造之物。难道这虔诚的希望不会剥夺上帝的绝对自由吗?

人们的直觉是,存在是不可能存在的,创造是不可能实现的——反物质通过流逝或终结消灭物质——而这种直觉应该会滋生恐惧。那种突然与虚无擦肩而过的焦虑,有时确实在我们心中升起,就像来自远古的、遥远的深处。但是,对非存在的迷恋比恐惧更生动。我们看到,它不仅一再出现在神学神秘主义之中,而且也反复显身在西方哲学之中,其跨度可从巴门尼德到柏拉图的《智术师》,又从《智术师》到海德格尔的终极角色。实体的每一程度的存在,都有其被注销或取消的镜像。每一种情形都用思辨和语法学的推测来加以详细叙述:*废止*(*annullatio*)、*放弃*(*abnegatio*)、*清空*(*exinanitio*),就像负数一样增加,直至消灭。正如意大利自由思想家和放荡不羁的精神浪子们在 17 世纪早期所宣称的那样:[1]

> Nulla,Nulla è perciò più efficace della divina Sapienza,Nulla più nobile delle virtù celeste,Nulla più glorioso e desiderabile della beatitudine eterna.

---

[1] 参见由卡洛·奥索拉主编的《虚无的远古回忆》(*Le Antiche Memorie del Nulla*,*1997*),其中有许多令人陶醉的资料。

没什么,没有什么比神的智慧更有能力,没有比天国的美德更崇高,没有比永恒的幸福更荣耀和更令人向往的了。

虚无比神的智慧更有功效,这是天国最高尚的美德,比永生的福乐更辉煌更令人向往。**虚无**(*Niente*)是宇宙的起源和归宿。所有创造出来的物质都是由虚无构成的:火不是宇宙的本源和归宿,上帝将它从虚无中召唤出来,并将它转化成火焰,使它上升到可压倒所有其他元素的优越性高度(*Non era il fuoco:chiamo Iddio il Niente ed ecco che,convertito in fiamma,s'immnalzò nel più alto seggio sopra tuttigli elementi*)。即使是在最集中的"本源"之处,"几乎没有物"(*Materia sia quasi Nulla*),或偶然性地或无法根除性地包含一种起源,即一种对虚无和否定的偏爱。

我相信,我们现在可以对"创造"给出一个初步的定义。创造性的行为及其所产生的东西有两个主要属性。它是自由的体现。所以,它在整体上是自由的。它的存在含蓄而明确地表现了不存在的选项。这是不可能的。在无数的例子中,艺术家或思想家宣称他们"别无选择",他们被迫去创作这个或那个作品,以及发展这个或那个思维训练和构造。这些都是修辞。这种修辞可能有绝对合理的心理动机;它可能来自授权自省的合法策略。但它充其量仍是一种道歉式的华丽辞藻。创造的任何真正模式和结果,都来自相伴而生的不存在和没曾成形的自由。(或者,我们将看到,它是完全不同的情形,或在任何程度上都呈现为别的东西。)这就是为什么"创造"在适当地理解和体验下成了

"自由"和"让那有"的代名词。在此,"让那有"只有在与"让那没有"的重复关系中才有意义。正是在这种对存在的感激中——存在总是一种礼物——艺术家、诗人、作曲家才能被认为是"像上帝一样",他们的行为才可以被称为类似于第一个创造者的行为。

创造的第二个基本属性是一个明显矛盾的内含物:被创造的作品蕴含在其中,并以或多或少的证据向我们宣告一个事实,即它不可能不是这样或也可能不是这样。成形的存在承载了记忆,即始终伴随着未被创造(未出生的)的可能性。这种共栖的外在标志是,在不完美(imperfection)的最有成就的美学实现中的存在。地毯上的图案中嵌入了一个多少有些微妙的缺口;建筑师们违反了希腊庙宇的正规准则,这允许在柱子的体量和位置上出现某种错误。完美,即使我们可以达到,但它也会给我们带来死亡。正是"非存在"的优先性和持续的潜在性,为创造提供了"给予性"(givenness)的奇迹及其脆弱的真理。因此,"创造"给自己下了一个定义,即凡是呈现自由之物以及包含或呈现在其具身之物中的东西,都是它所缺少的东西,或可能在本质上就是其他东西的存在。抽象使这一假设变得模糊。然而,清晰和熟悉的认知存在于它的应用之中。

隐与显:非存在的存在

音乐是被打破的沉默。当每一个音符出现和消失时,它保持着与沉默的对话。这种对话是通过音乐单位之间的音程和停顿——在音符、小节、乐章之间——形成的，没有这些就没有音乐的组织建构。但是，沉默并不是音乐中唯一未声明的元素。可听声音的物理学及其接收的生理学包含了围绕每个音符或和弦的泛音和低音的发射和试唱。没有任何自然的音乐时刻是纯粹的和谐。这样的和谐只能是一种枯燥乏味的技巧，或者说是"白色噪音"（white noise）。延展性音调的暧昧氛围，以一种持续的、字面上充满活力的语境，围绕着、延长着、调和着每一个音乐的事实和形式。海洋的声音只能有意识或潜意识地被听到，但是，即使是最小的音乐"贝壳"（shells）也能发出海洋的声音。

　　未明确说明的或被丢弃的音调氛围会在第二种模式中出现。我们在艾伦·泰森（Allen Tyson）的贝多芬研究或理查德·塔鲁斯金（Richard Taruskin）对斯特拉文斯基（Stravinsky）的重大调查中发现的音乐学和音乐分析，在实例中比比皆是。在完成的作品中，乐谱以与音乐本身一样多样而复杂的方式进行内在化，其中也包括先前的或可选性的母题、音簇和主题素材。贝多芬的三重协奏曲包含了被丢弃的片段，而这是贝多芬第一次对之予以展示。扩展性直接来自对先前尝试和可能性的压缩和转换。在整个 C 小调四重奏（C Sharp Minor Quartet）的草稿中，保留了两个根本不同的方案。贝多芬所选的选项，似乎是把他放弃的思想纳入了其中。这部作品下面有大约六百页的草图。没有什么会完全失去。正如罗伯特·温特（Robert Winter）所言："贝多芬与次主音之间最严肃关系的痕迹几乎影响了四重奏的每一个阶段。"作曲家在他的草稿中删去了英雄交响曲第二和第三首主题之间的过渡段落。但是，这些东西以向 E 小调作转变过程中的组成元素重新出现。正如刘易斯·洛克伍德（Lewis Loekwood）所言，"作为一个向 E 小调作巨大运动的组成部分……开始于第 284 条"。在 F 大调四重奏中，大师对重复符号的保留或省略犹豫不决。在贝多芬特有的无限简练中，对被贬低的想法有一种不愿弃用或者至少是不愿援引的持续压力，哪怕它是以某种变形的伪装形式存在着。李斯特的学生和表演者已经指出，张力（tensions）在很多作品中源自对主旋律的回避，而主旋律隐含存在。

与艺术或文学一样，一大堆音乐作品也可能会被"未实现的东西"所困扰和影响。歌剧中最"可能"产生重大影响的作品是威尔第（Verdi）的《李尔王》。从他早期发现莎士比亚到他漫长生命的最后日子，创作《李尔王》这个项目占据了威尔第的情感和雄心。一个十年又一个十年，《李尔王》的*更新*（*aggiornamento*）和延期对威尔第正在创作的歌剧的影响越来越大。一次又一次，问题的关键在于父亲和女儿，或者像《茶花女》（*Traviata*）那样，在于未来的儿媳。《西蒙·博卡内格拉》（*Simon Boccanegra*）、《弄臣》（*Rigoletto*）和《阿伊达》（*Aida*）都是围绕主题展开的。威尔第的其他六部歌剧也间接地体现了这一点。《李尔王》的缺场是令人生畏的"在场"。

创造在艺术起源中的作用是整个研究的关键。我将在海德格尔的语境下回到这个问题。目前，我将试图阐明，自由、审美创造的回报以及缺场性和可替换性形式的创造中的恒定性,以何种方式可以鉴别创造本身和发明这两个概念。在创造过程中,自由在哪些方面不是工具?

草图和模型远远多于作品;被丢弃的大大超过了保留下来的和能实现草图意旨的作品。我已经提到了艺术家对已完成或已出版的作品反复感到的挫败和悲伤;其中的每一个组成部分都不可避免地还原、缩小和表达了更加丰富和更加内在的可能性。对艺术家来说,每一件杰作都是与一次又一次的失败进行反复交流的结果。它在表面上的而不是根本上的虚假的完美中萎缩了,把工作室里那无限的直觉抛在后面,没法得到实现。在创造方面(这可能确实是与发明之间存在的根本区别),与问题的丰富性和复杂性相比,解决方案简直就是乞丐。

缩小(diminutions)、节制(abstentions)和“剥离”(paring away)产生了表现形式——绘画、雕像和建筑——它们在重写的前版本和替代版本中起着作用,是最终作品的基础(“成品[finished]”带有不祥的寓意)。特别是在绘画方面,现代的射线照相技术使帆布有可能呈现连续的层次感和动态的考古学。姿势和位置的连续变化,肢体的重新绘制或省略,焦点和光线的转移,这些都是一系列可能性的层次,如:提香、伦勃朗或马奈的某一幅作品的表面可以让人看到背后的思想和遗传重建。顺便说一句,这种学术批判的轻率行为,就像涉及一个文学文本的草案和被删除时的状态一样,提出了合法性和精神上的机智等问题。我们是否完全被允许去穿透画家内心的创作独白的表演,以及他选择试图在字面上予以掩盖的创作性弃绝（从他自己和观众那里抹去）的心路历程从而使其重返阐释的迷茫之中呢？窥阴癖者在这方面能达到什么程度呢？然而，对一幅重要画作、大型雕塑的模型或黏土碎片（依然存世的）、早期的实验（通常是失败的）和如伦勃朗或戈雅等雕刻大师进行的调查研究，不仅仅是关乎创世和意向性的。它确认了创造的一个决定性方面：在"已完成"的作品中保留被弃绝的和候补的元素。

在许多层面上对米开朗基罗的《摩西》（*Moses*）进行的富有弗洛伊德式的不确定性的却又有强烈暗示的考察便是一个著名的例子，之前的观点——摩西手臂和身体的创新性扭转，提香《马西亚斯》（*Marsyas*）中人物的删除和添加——继续在我们现有的雕像和叙事性绘画中发挥作用。那种没有行动的情形或做法的确切要旨是难以用语言表达的。它可以是表层和"底漆"（undercoat）之间的某一种张力。荷兰著名画家鲁本斯（Rubens）反复在画作中呈现发达的肌肉对姿势和手势的掌握，都是一种内在张力的关系。尽管可替代性的设计和布局在形式上具有无形的力量，且它们也隐藏在下面或"内部"，但它们却有力地跳跃，并暗示了火山般的能量。在瑞士著名雕塑家和画家贾科梅蒂的后期绘画和"火柴男人"或"火柴女人"中，从肖像或人物身上剥（或抹）去的体积和密度才是其本质。他们所缺失的但被推断出来的"情况"——"屹立，环顾"——是生动的且又具有实质性的。因此，在贾科梅蒂的作品《还原》（*reductio*）中，有一种神秘而又完全有说服力的感觉（它像风的化身一样压在我们身上），那就是最小的浩瀚。或者思考一下某些早期设计的方式,它们或抑制或修改建筑的结构元素,在沙特尔大教堂(the Cathedral of Chartres)中展现它们的力量和它们所隐藏的需求,就像我们现在理解的那样。人们在远处的树枝上,能听到埋在地下的树根的声音。创造也是能量的最大守恒。

艺术还有其他的方法来表明未确定的东西。维米尔(Vermeer)和夏尔丹(Chardin)用画笔描绘寂静。他们的寂静在有光或有影的空气中涌动,就像中国画中半透明的水帘一样,它们本身就是寂静的艺术表现。在雷东(Redon)的《萨摩亚村街》(*Rue de village à Samois*)中(现藏于阿姆斯特丹的梵高博物馆),寂静的压力使得街道空旷,灯光也因此弯曲了。很恰当地说,语言无法翻译或改写这些缺场的种种紧张氛围之表现,但它们却是明显的。也许更难以定义的是绘画展示时间流逝的能力。风景不仅提供相关信息,也为法国著名画家普桑(Poussin)作品中的"前置性"(foreground)神话和叙述赋形,所以背景述说了时间的冷漠主权。正是这种时间性,交织在穿越田园深处的光和云影的运动中,使得神话既古老又永恒。普桑的伟大继任者塞尚(Cézanne),阐明了时间在物质上的流动,以及岩石和树木所经历的时间对赋形的建构性和侵蚀性功能。塞尚晚年的"圣·维克多山"系列是一个无与伦比的年表呈现物。在描绘将来时态的某些"天使报喜画"(Annunciations)——如位于圣马可广场的弗拉·安吉利科(Fra Angelico)的作品和洛伦佐·洛托(Lorenzo Lotto)的那幅与怒猫相伴的画作——中几乎都有一种触感。再者,这个事实既不受语言直译的影响,也不受技术分析的影响。但它在感觉和认知上却都是显而易见的。绘画和某些雕塑表现音乐声音的能力,其本身就是重要的篇章。同样,维米尔,还有乔尔乔内和蒙德里安在纽约时期的爵士乐也是如此。尽管这种"响亮度"(sonority)经常会在对乐器或表演的描绘中出现(或产生),但它却不需要这样。一个无可置疑的声音世界——一个歌唱的声音,一架街头风琴,一支花园乐队——向我们走来,仿佛在马蒂斯的庄园里透过敞开的窗户迎接夏天的到来,或是在迪菲(Dufy)的波光粼粼的水面上穿行。

在所有这些情况下,创造都肯定它与不存在之间有密切的联系;同样,它也与未被启用的存在之间有紧密的关联,尽管其"背景辐射"(background radiation)使艺术得以呈现,而且在某些方面可以与生命相匹敌,甚至超越了生命。请记住瓜尔迪(Guardi)在绿色环礁湖上的护身符式的狭长小船吧:寂静过后的沉默,消逝的时间,一种初起的音乐,它也是远处地平线上城市的白骨阴影。所有的缺场都在发挥作用。

最激进的是那些美学传统和能与虚无谈判的艺术家。也就是说,他们是那些在其作品中包含了非存在之表现性存在的人。通过这样做,这些艺术模式和空间策略将感知导回它们在虚无中的起源和它们未曾存在过的自由。我认为这种非存在的自由和它在绘画、雕塑或建筑设计中的现象性是对创造的定义。不足为奇的是,充满能量的空虚之美学与那些关于绝对、关于白光和完全黑暗之神秘的神学-形而上学的冥想运动有关。这都是我前面提到的。这种在虚空中的沉浸（immersions），在禅宗佛教中，在对永恒的新柏拉图主义的比喻表达法中，在犹太神秘主义教派对神圣的退缩和消极性的比喻中，都被一再地实践化。无论语境如何不同，这些学说都是"极小"（minimal）美学和诗学的共同背景，其中"极小"象征着一种不可通约之自由和潜力的丰富性。

这是一个精心设计的虚空性（emptiness），即处于众多有形状的孤独之间的空白处（blanks）——单个花瓶和岩石——它们产生了日本室内和寺庙花园中的宁静和张力。这里有一种与虚空性（亦即在古代犹太教中已经提到的"神圣中的神圣"之特质）一致的神秘和谐。在最具说服力的日本建筑线条和沙石群岛（其实际规模可能会令人不安地受到限制）中，静默被点亮，光线就成了寂静。在现代艺术中，一种尝试去触摸虚空的类似行为激发了指挥动作和理论。我们现在知道，马列维奇、利西茨基（Lissitzky）、罗德琴科（Rodchenko）的画作，诸如《白色上的白色》和《黑色上的黑色》等极简主义画作背后的冲动是多么的多样，其历史根源是多么的悠久。一般而言，这些作品创作于第一次世界大战前不久、其间和之后。神智学的概念、光线的神秘性以及最终为新柏拉图式或伪酒神式的概念，它们为这些极简主义的整体性做准备并与之相伴而来，将一直延伸到艾德·莱因哈特（Ad Reinhardt）、埃斯沃兹·凯利（Elsworth Kelly）的实践，以及与西北太平洋相关的美国"虚空之光"（illuminates of the void）学派。

在蒙德里安（他本人以神智论著称）的作品中，向丰富（fulness）疏散的过程或许可以以最大程度的逻辑和深思来相伴。蒙德里安最初的画面感或现实主义逐步产生，并通过海洋和沙丘的越来越抽象的水平画面，达到纯粹的线性。在一个众所周知的序列画作中，密集描绘的树首先成为其结构的最小线性，然后在一个没有树干和树枝的空间中形成一组仍然有活力的标记。但这是一个由七幅画组成的系列油画，其创作日期大约在 1931 年到 1938 或 1939 年之间，这让我们得以了解蒙德里安对空虚动态的日益自信的，也就是说有节制的掌控。1931 年出现了《红色构图》（*Composition with Red*，1931），一年后又有了《黄色和双线》（*With Yellow and Double Line*，1932）（两条线之间的间隔呈现出一种创造性的力量）。《蓝白》（*Blue White*，1935）、《白与红》（*White and Red*，1936）和《蓝色构图》（*Composition with Blue*，1937）似乎构成了一个"三和弦"，逐渐走向这两种主导。同时，也有 1938 年创作的诸多绝世佳作，如《八行红菱形》（*Lozenge with Eight Lines and Red*，1938）和《红色构图》（*Composition with Red*，1938）。原色几乎被否定，并被迫形成了正式的边缘性，但蒙德里安让原色在人们的触感或流淌认知中宣告了白（whiteness），以及中心区域的空白（blankness）。在蒙德里安最好的作品中，"非"（which is not）宣告了被掌控之存在（the mastered）以及中心之深刻的生成性自由。在蒙德里安最后的作品中，从期待的空虚中涌现出百老汇（Broadway）和布吉-伍吉爵士乐（boogie-woogie）的代数式的表征版本。然而，这是一种妥协,也是一种较少的快乐。在 1931 年至 1938 或 1939 年的变调中,我们肯定了那种雄辩和那种从"还未存在"的平静眩晕中跌落和回归的感觉。

因此,可以论证的是,非客观性的和极简主义的艺术形式将我们带到了最接近创作结构的地方。抽象艺术,尤其是当它包含或直接与活动中的虚空性或光明与黑暗的绝对性相联系时,只要这种联系可行,就能自由地与意向性交流。它实现了亚里士多德所称的"生命的本源"(entelechy),即潜在形式的纯粹展现。它与生成力保持着开创性的联系,尽管它们"没有形式和空虚",艺术却由此而生,其存在和成形的无限模式都是预先设定的。非具象的和最小限度的艺术总是"预想"(pre-figuration)。它暗示着,它是一种将要出现的表征的无限可能性和某种告示;蒙德里安作品中心的"空白"(blancs)或"银河尘埃"(the galactic dust)在莱因哈特的《黑色上的黑色》中聚集紧实,就像是"敞开的房子"(open house)。正如从韦伯恩(Webern)到约翰·凯奇(John Cage)和莫顿·费尔德曼(Morton Feldman)的音乐中创作和编排的沉默——济慈的"听不见的旋律"——引出了"非存在"或"原存在",亦即原始的寂静,而所有的音乐都从这种寂静中产生,也都从这种寂静中消失。

因此,抽象艺术和极简艺术恢复了表征我们特定宇宙的具体空间的和短暂性之选项的先前状态。他们推断出可能性和替代性的无限——一个至关重要的无限包含了根本不存在的无限——我们的世界就是由此编选而来的。无论我们每天对它的丰富性的印象如何,表象(representation)必然见证了现实的镶嵌,即一种在形式上和存在上的还原和赤贫的镶嵌。表象是对所作出的选择的说明,而抽象则是讲述在这些选择之前和包含在这些选择之中的完全自由的深渊。

数学元素在许多非客观和极简美学中具有诱人的意义。它们暗示了这样一种概念:纯数学的原点为零,它在原始存在的漩涡中占有一席之地;它的"原理"(principia)先于人类有限的智力而发挥作用。柏拉图、笛卡尔和莱布尼茨似乎凭直觉就发现了这个悖论。纯数学属于创造领域,正如应用数学属于发明领域一样。

再一次,绝对的两极可能是虚构的。在赤裸裸的抽象和摄影式的现实主义之间,在空虚和拥挤的组合之间,存在大量的层次。在古典主义表征中,存在频繁使用抽象或反现实主义的情况:蒙德里安式的正方形和菱形给乌切洛(Uccello)的战斗碎片赋予了毫无生气的强度。另一方面,在非客观的绘画中,存在令人信服的重复暗示:杰克逊·波洛克(Jackson Pollocks)的某些作品强烈要求人们对特大都市和意大利面条式交叉点(spaghetti-junctions)的航空测绘予以解读。有趣的是,在这些作品中,从具象叙述到抽象和空白的过渡和重复本身就是主题。想一想特纳(Turner)对剧烈的光线的研究,以及他在晚期对威尼斯的描绘——这座城市难以置信地从那里升起,却又消失在大海中;或者,思索一下莫奈(Monet)在其作品的最后阶段对可阅读形式的分解。在这种情况下,模仿解构自己,进而回到了"非正式"

的创造。令人不安的是,那些走向存在之源的分解,在以最坚实的素材和呈现方式为媒介的情况下是可以实现的:看看在某些作品中从字面到抽象的过渡。但是,在本体论上,差异依然存在。

在运载媒介是语言的地方,它与非存在以及与创世的关系(我认为这是创造的一部分),引发了一些难以解决的问题。

艺术创造的先在性和可能性

所有人类构造都是组合的。简单地说,它们是由预先存在的元素的选择和组合而成的*艺术品*(*arte-facts*)。我们已经看到了神性或"*无中生有*"(ex nihilo)中进行天体物理创造的问题是多么棘手。这种选择对人类是不开放的。组合可以是新颖的,且没有严格的先例。异类结合在一起,或雌雄同体的一代,可以呈现并导致无限的伪装。但即使是最具革命性的设计、色彩组合、新色彩,也不可避免地要使用现存的材料,而这些材料本身又受到我们视觉神经的限制。即便是最"未来主义的"(futuristic)音乐作品和最自由的无调性,它们都使用先前的声音,也受到我们的听觉接收方式的限制。表演上的新奇——丙烯酸颜料、霓虹管、当年的萨克斯管和如今的电子音乐——掩盖了这一基本事实。他们的"新"是旧的重新组合,即以不同形式完成的混合。它们以变形的方式开发和生成的东西被给予了原材料,它们本身几乎是令人沮丧地限制在我们生理学的窄带上,或者可以说局限在光谱学上。就我们所知，进化并没有增加这种能力（嗅觉意识可能已经被废弃了）。往往，现实已经在那里了，只等人开口询问。思想和艺术同科学一样，都是它的质疑者。

颜色确实带有联想性和象征性的信号。白色和黑色的符号学场域似乎与价值观、辨别和象征系统一致，它们可以深入到人类心灵的深处。正统的犹太人用白色表达对曼德拉的哀悼，无政府主义者用黑色表达对曼德拉的希望，他们是在向压倒性的常规提出"反寓言"。红和绿的分界线似乎跨越了两种本能性，或可能为前意识的认知——红色禁止、绿色许可——和文化历史惯例。有些人试图颠倒所有的红绿灯，以使红色成为胜利前进的颜色，但这种疯狂的逻辑最终还是失败了。在基督教的圣母玛利亚崇拜中，蓝色代表一种特定的仪式性和寓言性的祝福。在一些传统中，黄色作为日光色，宣称是皇家专用的颜色。

触觉的含义附着在材料上。因使用不同材料而释放出的符号，如黄金、铜、花岗岩、雪花石膏，以及玻璃在雕塑、建筑、装饰艺术等方面的应用，与特定社会的审美符码、内在反应、手和身体在与物体接触时的"感觉"有关。

但是，尽管这些联系意义重大，而且可能是深层次的，它们仍然具有很大的普遍性。它们的相对地位和不确定性提供了几乎无限的组合与再组合谱系。艺术家在文化生理规范的基础上自由发挥。他能像贝尼尼（Bernini）一样使青铜或大理石奔流起伏。木材可以由布朗库西（Brancusi）制作成宝石，也可以由德国巴洛克风格的菩提树雕刻师变成抛光金属。在埃尔·格列柯和苏丁（Soutine）的作品中，都有因绝望而闷烧的绿色物。简而言之，所有艺术创作的元素和组合物确实是预先存在的；在某些情况下，它们的确会带来决定性的"附加税"（surdétermination），但创新嬗变的空间是广阔而无限的。

什么音乐？再说，神经生理学和文化传统之间的界限非常难以划清。在这种情况下，调性、不和谐的解决，抑或向主导性的回归，确实满足了心理-肉体起源的期望。哺乳动物对调性和非调性的反应表明了这一点。但关于生理和音乐意识之间的关系，内耳和心灵之间的关系，还没有得到很好的映射（mapped）。到目前为止，我们更多的识别反应似乎是由文化规划的。作曲家和听众将激起情感的灵韵归因于某些键、和弦和韵律，似乎是历史的和常规的规定。它们在欧洲、印度和非洲的音乐体系中有着明显的不同。

更能说明问题的是，音乐的声音和记录它们的音符在本质上是第一手的。它们可能在以前的作品中被使用过无数次；它们可能从人类诞生之初就被听到了；但是，它们属于"新的现在"；它们是自由保有的。有时，拥有非凡力量和人格的作曲家会采用特定的音色、调式或器乐效果（瓦格纳、马勒、斯特拉文斯基也是如此）。对于一个咒语来说，那些使用这些材料的人，无论有意还是无意，都会引用、模仿或戏仿（肖斯塔科维奇就是材料二次使用的大师）。但是，这个咒语会消散。新的鲜明特征也会出现。因此，音符，甚至会以比颜色更激进的程度，不包含词汇和句法的前决定因素。它们允许它们的使用者对任意性持有几乎赤裸裸的自由。莫扎特的《平静》(*Pace*)和 G 小调，无论今天还是明天，都能让人开怀大笑。E 大调会从《魔戒》中恢复过来。

语言不是这样的。语言是它自己的过去。一个词的意义是它的历史，有些记录下来了，有些却没有记录下来。它们是这个词的用法。先前的用法没有或只是非常特殊地赋予任何颜色或音乐声音的特殊意义。单词表征意义。从最严格的意义上说，意义就是词源。当我们学习和使用一种语言的时候，每一个字都带着某种或多或少无法估量的先例来到我们面前。当它涉及日常用语时，它就被思想、口头和书面表达过无数次。这种优先性和循环性决定，甚至过度决定了它的意义和价值(meanings)。"总"(total)字典，即包括所有字典的字典，包含并定义了所有意义的原子粒子。这些粒子围绕着它们通常无法再现的核心——最初的词汇是什么，隐喻是如何开始的？——沿着文法绘出的道路运行。语法确实会变化，但变化非常缓慢，而且只在表面上发生，仿佛它的基础确实是与生俱来的。因此，博尔赫斯寓言中的无限图书馆，其中搁置了所有过去、现在和未来的书籍，只是所有语法的最终词典和语法。他的文字里隐藏着所有的句子，也就是说，虽然形式上是无限的，但所有可以想象的组合可能性都隐于其中。

但除了无意义押韵或达达主义的发声之外，所有这些可能性都不可能是新生的。话语和句法模式的先验意义，作为过去意义的产物之现在意义，是其可解性的条件。交流是具有历史意义的。理解是之前的定义和布局的产物。我们不能"查找"颜色或音符,以确定一个具体的和单一的意义。当遇到或使用一个词时,我们可以,也经常必须这样做。意义的房子总是过分布置(有时令人窒息)。它似乎是无限组合潜能的监狱,而这些潜能的构成、内容和执行手段都在我们之前就存在了。它们既存在于语音上(人类喉部可以发出的声音),也存在于语义上,还存在于遗传意义上。即使是最有才华的文字大师,如拉伯雷、莎士比亚、乔伊斯,也只是给它们的遗产增添了极其微小的一笔。尽管通常是对现有词汇的类推或延伸,但新词却因此融合在一起,词汇和短语的变化也被创造了出来;所以,字典以毫米的速度在增长。当然,它也会变薄,因为退化导致渗漏。某种特定词汇和语法的粒子和轨道,就好像从可见的、相互碰撞的能量中消失了(尽管它们可能,而且也经常会在一个演讲者或作家将休眠的、古老的语言加速到新的亮度时重新出现)。但在自然语言的总和中,这种增加或损耗实际上是微不足道的。

如果沟通是可理解的,所有意义的手段便是*指定的遗产*(*prescriptive legacy*)。它们是过去的沉淀。一种由科幻小说或文字处理程序重新生成的"新语言"是完全没有意义的(而且语言怎么可能没有意义呢?)。仅仅翻译成我们可以理解的语言,只有双语词典和关系语法才能赋予它意义,也就是说,这是一个具有约束力的历史。我想回到时间和意义纵横交错的网络之中。然而,我立即要说的是,对于狂想曲和海德格尔的断言,有一个完全实用的、可验证的(确实是公理的)真理,即"我们不说语言;

语言说我们"。

我们是多么地不注意意义的有机奴性，不注意意义表达的规定性。我们很少注意到这样一个令人信服的事实：文字是一种货币，永远被陈腐、肮脏和古老的流通所取代；最新、最亮的铸币厂只适用于以前的面额（"定义"）和交易规则。在日常生活和情感场合中，存在情绪和忧虑的运动，尤其是当词语"不能胜任我们的思想"（fail us）时。从物理上来说，当我们碰到语言的围墙时，它们就包围和限制了意义。但即使是这样的体验，我们也必须预先包装好；正是在我们为之筋疲力尽的那些表达中，我们试图定义我们受到的限制，或者定义那种在我们可触的范围内无法清晰表达的亮度和深渊。我们的性爱和性的话语，哪怕是最私密的那种，或是通过私底下秘密的幻想而被个人化了的"婴儿谈话"，都被可悲地公开了。数百万人在我们之前就已经在那里了。共享狂喜的低语是合唱。

严肃的作家，尤其是诗人，是一个处于完全矛盾的语言环境中的男人或女人。他或她会特别适应词汇的历史和语法资源。他将从话语里听到遥远的回声，听到来自渊源深处的探测。但是，他或她能够听到并能够注意到围绕着话语振动的弦外音、含蓄音、内涵音、亲属关系（莎士比亚的"完美音高"和对语义场整体的聆听仍然是无与伦比的）。然而恰恰在同一时刻，诗人会几乎绝望地意识到，词汇语法代码的规范性规定，以及他或她手中的硬币因普遍使用而被磨平、贬值或完全贬值（陈词滥调）的方式。有时，"创造新事物"的冲动和挫折，会引发发明前所未有的词汇的甚至句法的实验。在俄罗斯未来主义和超现实主义诗学中就有这样的例子。但是，在罕见的最好情况下，成功只是短暂的(但丁《神曲》中虚构的两句地狱话语)。即使是在充满活力的抒情诗中，沟通也要通过对等和释义(尽管是部分的)来提供通路，就像字典所做的那样。在言语行为中，如果言语行为的目的是可理解的，那么"私人语言"就变成了词汇性的和共享性的(因此维特根斯坦拒绝了语言隐私这一概念)。我们将会看到，诗人的目标是那种新奇的组合，它会向听众和读者暗示一种光环，即一种具有可感知意义和辐射能的崭新领域，从而使其立即被理解，并增加(超越)现有的东西。正是在这种深层的和生成性的意义上，始终罕见的和某种程度上"反事实"的诗歌是隐喻的。

那么，如何才能有新的想法呢？如何才能从材料——词汇、句子——本身"预先强调的"和无可挽回的二手材料(我们用词汇思考)中创造出新的思想？当新哲学的唯一执行形式是语言话语时，它怎么可能出现和存在呢？它只是代数性和象征性符号的非语言或元语言媒介，对之赋予了形式或数学逻辑的能力，进而在公理系统内允许某种发现。再者，在我看来，这个困境，亦即认识论中最具挑战性的问题之一，只是得到了短暂的关注，且通常也只是传统意义上的关注。

我们有必要对其第一个特性予以厘清。不言而喻，一个前苏格拉底式或学究式的思想家不能以电话为例来阐明他对逻各斯的本质和命题的相关观点。笛卡尔的认知模式的基础是光学的某些发展。人类语言在哪里指称，在哪里想象，在哪里举例，它就在哪里随着世界的物质而进化和变化,它本身也不断地受到新奇事物的影响。(然而,引人注目的是,许多新的提名——"电话"、"电视"、"原子"、"生物遗传"——都是从最古老的词源学的木材中挖出来的。可理解模式是极端保守的;他们利用文化之根。)在叙述、记录、分类和分析人类语境以及他们变化的文化陈设和现象之现实中,语言有了新的变动。它谈论和说明以前的文化和习惯无法理解的新事物。

从表面上看,这似乎是一件很平常的事。但真的是这样吗?尽管"telephone"一词的组成部分和古希腊语一样古老,但是任何包含这个词的句子在亚历山大·格雷厄姆·贝尔(Alexander Graham Bell)之前都有创新。但这是一种创新,是对口头定义的字典的补充吗?或者,严格来看,它是不重要的吗?我们要在这深水中不断摸索。我想问的是:在探究"真理"的可交流性时,或者在探究一个人对他人心灵认知的认识论的中心问题时,以何种方式(如果有的话)提及电话,进而改变(更不用说解决)这个问题了?关于声波、电磁功能以及与电话的发明和完善有关的金属和塑料的知识增长显著。语言因这种增长而丰富,也应对此负责。但是,对于这个问题的实质性质疑——感觉的表达和接受,外在他者或自我之心灵的可及性如何呢?我们说的是新的本体论吗?我们是在阐述对柏拉图或康德的解决方案的改进路径吗?他们的问题过时了吗?这些问题难道不是——"太阳底下没有新东西"——由我们正在提供由旧单词和继承的语法组成的语义单位,以或多或少的新组合建构起来的吗?我们试图做的仅仅是将马赛克中的石头重新排列成不同的图案,即千年间不断传承和重组的意义、联想、范式和比喻的一种整合图案吗?

一个更令人困惑的不确定性由此出现了。即使是最具"革命性"和最有灵感的思想家,又如何能确信自己的思维是新颖的呢?被记录下来的话语是表面下深不可测的巨大冰山的微观一角。对于每一个发声和记录(记忆)的言语和陈述行为,在过去和当下都有无数的未记录的、未发声的语言使用(例如,无声的自言自语在每个人的心灵中产生意识流)。一个人怎么能知道他或她所思考的东西是否已经被思考过无数次,而且很可能是用同样的词语和(或)句法结构,或者是用非常类似的词语和语法?从根本上说,什么是"新思想"(在旧的词语和语义基础上无限普遍)?我再说一遍,这是一个在真正的新思想和仅仅在物质-历史指称意义上的新思想之间的差异。然而,我完全意识到这种差异的脆弱性,也意识到这种差异存在的极度困难,更意识到这种直觉的可信性,即在新语言中,有意义的思想是古老的,所以,就像语言本身一样,它也受到可获得意义之遗产的限制。

当然,并不是所有的哲学都涉及这个问题。在斯宾诺莎那里,这是至高无上的。斯宾诺莎不仅非常怀疑自然语言的模糊性和多义性的不确定性,而且也怀疑内在的形而上学前提和自欺行为,认为它们是由神学的词汇、语法和哲学文本所带来的。因此,他决心清除自己从拉丁语那里继承下来的知识增长,清除其误导的回声和先例。为了做到这一点,斯宾诺莎在他的论文中融入了明确的词汇和一套详述的严格定义，几乎可以说，这是一套透明的语法代码（他打磨镜片）。但是，即使是这种清洗也只是初步的。斯宾诺莎的命题结构尽可能地接近数学。隐藏在下面的矩阵是欧几里得的数学定理。在斯宾诺莎的《伦理学》中，通过公理、定理、引理和证明进行论证的目的就是为了把语言抛在脑后。公式、说明和演示都是代数的。斯宾诺莎的作品是一种英勇的尝试，通过超越语言，他力图重复思想和真理。

这一努力是为了打破继承来的话语的束缚，以揭示真正的创造性和前所未有的见解。在尼采看来，这无疑是艰苦的。他既为自己对修辞的精通感到自豪，又为自己对语文学的丰富和对词源的密切了解感到害怕。尼采的哲学作品总是盘旋在诗歌的边缘，就像蜂鸟觅食时那样。它们追求一种抒情警句的体裁，并被平庸的局限所困扰。因此，从《斐多篇》到《查拉图斯特拉》的连续越界，是跨越语言边界的飞跃。当苏格拉底即将死亡时，他创作并演唱了抒情诗。学者们对这种策略感到困惑。但是，这还不够清楚吗？即使是最具启发性的口头或书面形式的神话，也不能满足苏格拉底力图揭示新真理以及从死亡中发现新光明的冲动。就在他热火朝天地执行使命（赐予这个世界"从未有过的想法"）时，查拉图斯特拉反抗语言的牢笼，反抗由过去的词汇和语法建构而成的那缄默的灵魂力量。虽然诗歌是"超越性的"，但它也是不够的。查拉图斯特拉（尼采紧随其后）必须"摧毁他的愿景"。终极的哲学革新只能被轻视。

然而，脚步本身不像人类那样古老和饱经风霜吗？尼采的永恒回归学说的一个主要元素,不是他对递归性和思想中最令人狂喜的静态的承认吗?

人尽皆知的是,早期的维特根斯坦发现语言对于哲学事业来说是普遍不足的。无论在伦理学还是在形而上学中,对人类状况的理解和需要是最重要的,它超越了口头或书面形式的表达。维特根斯坦的《逻辑哲学论》中真正重要的一半是不成文字的。不幸的是,无论如何拐弯抹角,他都没有说明在"言语的另一面"中,可以找到怎样的洞察力以及对本质问题的可传播的进程。在他最后一本关于可见与不可见的未完成的专著中,梅洛-庞蒂(Merleau-Ponty)确实试图走得更远。他顽强地暗示了人类身体和前语言时代的现实世界之间的无声相遇。这些相遇将抛弃那些被侵蚀的假设,遗弃我们继承下来的语言中固有的循环。但是,这种创造性沉默的例子(将来会吗?)还没有出现。

在西方哲学史上,海德格尔的话语是对沉默之外的语言最合乎逻辑的颠覆。人类话语与原始存在的真理之间那共生的"闪电"(lightning flash)已被终极乏味的表达方式所抵消。超越逻辑和理性的柏拉图式和笛卡尔式的错误程序控制着语言,因此,潜在的洞察力也被奴役了。要突破这些千年的限制,就需要一种新的语言,即一种对前苏格拉底学派之后已然被僵化了的一切进行语言唯信仰论处理的语言。虽然在莱茵兰神秘主义学派中有先例,尤其是在迈斯特·埃克哈特(Meister Eckhart)的研究中以及荷尔德林的意合用法(parataxical usages)里,海德格尔的讲话在许多方面是*自成一派的*(*sui generis*)。他的新词、他对已知术语优雅严谨的重新定义（"非定义"）、他对句法的违背，以及他有意采取的不可靠的翻译策略，都产生了一种有时令人着迷、有时令人厌恶的习惯用语。海德格尔几乎野蛮地提出了这样一个问题：那些受困于失察的隐晦之处的人，如何才能理解这个新习语。早在他1919—1920年关于宗教经验现象学的演讲中，海德格尔就宣称，只有当他的听众没有理解他或错误地理解他时，他的教导才会卓有成效。风险是显而易见的。随着时间的推移，在马丁·海德格尔极具影响力的作品中，有相当一部分可能会被证明是或多或少的私人性独白（尽管是一种独特的共鸣和响亮的声音）。

只有诗人式的小说家才能最接近于从概念上理解哲学创新的问题。如何仅仅重新组合已建立的存在以及已经具有无限关联性和隐含性的标记（笛卡尔、卢梭和弗洛伊德所论及的自我）而产生新的理解？赫尔曼·黑塞（Hermann Hesse）的《玻璃球游戏》（*Glass Bead Game*）或《总督鲁蒂》（*Magister Ludi*），几乎用比喻的方式表达了它们对语言的"超越"，以及它们对媒介的弃绝。值得注意的是，这种媒介因政治上的不人道和大众市场的流通而不可挽回地沦为肮脏和空虚之物。游戏的语言是一种关于音乐和数学的毕达哥拉斯式的理想。在这种理想中，新的和真正的真理（迄今未被察觉的映射）的组合相互作用，也因此获得了无尽的自由。但可以肯定的是，这一引人入胜的虚构本身只是一个比喻。

因此，关于创造力和思维中的创造的整个问题，在我看来仍然是难以捉摸的。它根植于语言之中，并抵制来自内在的澄清。它不可能从阴影上面纵身越过。那么，在诗歌中又会怎样呢？

创造的预制性构件和原型性对象

"组合术"（*ars combinatoria*）是指发明和再发明（re-invention）。正如我试图给它下的定义那样，它不包含创造（creation）。然而，文学，尤其是诗歌，始终坚持要创造。我们回忆起保罗·策兰的那句话："我从未发明。"创造的口头和书面形式的文本的来源及其证据在哪里？这些文本几乎全部由既有的单词和语法组成（这一事实概括了由杜尚的"找寻对象"提出的基本挑战）。

预制性构件（the pre-fabricated）的主权强而有力，远远超出了字典和语法规则。我们的存在和自我意识都被扔进了语言里。然而，我们并没有选择这种语言的权利。只有聋哑人的谜团可以为之提供一个避难所，即一个"境外之域"（outside）。我们可以努力改变我们的语言。我们可以故意放弃母语。但是，这不过是进入那间陈设齐全的房子的另一间屋子而已。根据神经胚胎学的某些理论，也许更早的时候，即从婴儿时期开始，我们就把存在和世界转化为语言元素、语法约束条件和创建序列，且这些东西已经存在并强加在我们身上。这种翻译可以通过对规则的固有认知和规则约束的转换（乔姆斯基模型）来实现。在这种情况下，强制和约束更具约束力。世界以预先设定的词汇-

语法规则为我们翻译自己。我们试图打破文字和世界之间的契约，并对之进行重新磋商，因为我们都不是契约的一方。这要么导致自闭症和非理性的沉默，要么，如我们将要看到的，它会引导亲历者创作诗歌。但它们只是某种尝试，注定会或多或少地表现出显而易见的失败，因为它们也是语言上的组织，它们只能对自我和他人进行叙述。确切地说，自闭症儿童看穿了陷阱，拒绝进行这样的叙述。

然而，在自然语言中，承载意义的语言语法手段从来都不是完全纯粹的。正是这一点区分了自然语言与符号逻辑、计算机代码和数学公式。每一个单词，实际上每一个清晰的发音及其潜在的意义，都有其非语言的语境。"肢体语言"（Body-language）是一种速记法，并以之来限定身体姿态、手势、动作的众多组成部分（它们伴随、限定、同时经常破坏或反驳言说者口头所说的话语）。音调变化、重音、重读、语速、音量对任何信息都是不可或缺的。场所、历史社会背景、性别、暗示或排斥的习俗，都是意义的工具。在最具体的意义上，它们与"体格"（physique）一起，可以使形式上相同的声明完全不同，甚至颠倒过来（在不同的文化和情爱习俗中，围绕着"是"和"不是"的无限复杂的环境范围）。

因此，语言既包含在其累积的过去中，也包含在具有生理、时间和社会修饰语的多种现在之中。即使是在最不经意的、无文化的层面上，人类说话的行为和行动在某种程度上也是修辞性的。他们渴望被倾听，也渴求通过自觉或不自觉地使用与词语和句子相关的工具来说服别人，但他们却没有经过严格的语言考虑。纯粹的语义学引入了符号学，也引入了生成和交流意义的现象学。因此，在语言为了"抹除其意义"而把自己抛弃之前，语言从根本上来说就是舞蹈和"多媒体"。

然而，在这里，我们的肉身疆域（bodily range）、外界的和已建立的信号编码给我们带来的压力，也使我们的创造力受到质疑。有多少全新的、前所未有的和具有可理解意义的行动，被我们添加到这个体系中呢？除了——可以肯定的是，这是一个巨大的排除——苏格拉底无法接触到的"电话"，在我们的话语模式和沟通功能中有多少指称（the referential），会让古代的苏美尔人或希腊人感到完全陌生呢？这就是阐释性迁移、本意的解释和翻译为什么是可能的，尽管它们数千年来总是不完美的。关于赫克托耳（Hector）对安德洛玛刻（Andromache）的悲伤、摩西的愤怒、大卫对约拿单的爱，我们增加了什么，又"创造了什么"呢？即使是最古老的信号中可识别的"背景噪音"仍然像远处地平线上灯塔的闪光一样生动。

在某种绝对的生成层面上，我们在出生的陈词滥调中开启生命，又在死亡的老生常谈中终结生命。我们在预设的主题上有无数的不同，但在本质上却很少有不同，而且总是由预设的语言的真实性来重申。就像美国诗人艾米·克兰皮特（Amy Clampitt）所问的那样：

借着
一个个言语片段，

163

　　　　　抑或

　　　其他的某种先在，

　　　　　我们重构

　　　　历史的曲解。

　　　　哭声停止时，

　　　麻木或隐或现地临到，

　　　——如果可能的话，

　　　　　　除了，

　　　脆弱者的心灵，

　　　　　因为，

　　　趣味正在那里发起伏击。

尽管重组（re-combination）的发挥可能是无限的，但它如何能满足奥西普·曼德尔施塔姆（Osip Mandelstam）就创造所描绘出的优雅精美形象，即"对时间的原始土壤的渴望"？

　　在类似的艺术创作形式中呈现的主题、动机、叙事和戏剧性场景的递归性和"永恒回归"的感知，孕育了有趣的猜想。

　　罗伯特·格雷夫斯（Robert Graves）慎重提出的格言是："一个故事，有且只有一个故事"（每个诗人都屈从于那"永恒的女性"，即缪斯女神的故事）。这句话在结构人类学和形式主义叙事学中找到了对应物。对神话和民间故事进行分析的人士认为，通过他们口述史诗、戏剧和后来的散文小说，所有这些故事的原始细胞都是可识别的，且在数量上也是受限的。探寻、迷失或被弃绝的孩子和堕入地狱，都是后来的诗学中影响深远的核心元素；它们虽在此基础上不断变化，但都遵循着根深蒂固的形式和结构原则。即使是一组严格限制的语音符号也会产生无限可能的口头及书面组合，所以，所有的文学，即所有关于故事和世界的讲述，都是从一组原型数据（*données*）产生的。"主题与变奏"不仅是一种音乐手段，而且是总体文学（literature *in toto*）在语言学上命定的动力。再者，根据相对论，这个令人联想的类比将是宇宙：一个没有边界但有限的时空。

问题是：这些原始"数据"（*figurae*）的来源是什么？它们是如何跨越时间进行传播的？结构人类学，尤其是列维-斯特劳斯，试图建立一种神话逻辑（a *mytho-logique*）。这些故事在地球上被反复讲述，尽管有当地的变种，但却反映了人类物种的生物性和社会性常数。它们将人类共同的本能性和脑神经性的认知过程进行具体化和形象化。更具体地说，它们使人类的心灵能够与之共存，对无法解决的挑衅和矛盾作出反应，例如，那些由乱伦禁忌、我们与自然和动物环境的暧昧关系，或不可避免的死亡所造成的挑衅和矛盾。如果神经生理的进化确实发生在人类自我定义和表达能力的诞生之时，那么，它在本质上是未被察觉的。现代的身体和神经系统继续存在并邂逅原始的命令。科学确实讲述了新的故事——那些改变"范式"的故事——但并没有深入到像爱、恨或死亡这样原始的决定性因素之中。这些仍然是以前讲过的故事在不断重复的对象。伟大文学作品给人的震撼是一种似曾相识的感觉。

对此，精神分析将会探究得更加深入。它的考古学试图挖掘意识的地层，并寻找其床岩。许多经典神话和它们的文学变体和变形被证明是持久的，被永久地重复的，因为他们在受控的表达形式和想象的理性之光下，展示在其他方面受到压抑的前意识和潜意识之元素的需求和火山般的推力。这些关键的故事是关于个性化以及我们的婴儿和性的存在的梦幻真相（dream-truths）。《李尔王》和《卡拉马佐夫兄弟》中的"三位一体"（trip-licities）是普遍存在的灰姑娘民间故事中的类型变异。哈姆雷特只是回到了俄狄浦斯的噩梦中。

在《图腾与禁忌》（ Totem and Taboo ）以及《摩西与一神教》（ Moses and Monotheism ）中，弗洛伊德和他那些尴尬的助手们一样，直觉地认识到某种生物-躯体传播模式和某种集体无意识式的神经运作机制。他知道，对于这种传播不可能存在生理学解释。但是，对弗洛伊德来说，原始故事的压倒性魅力，它们的普遍性，它们远远超出个人心理的认可，似乎令人信服。荣格直言假设了原型的集体继承，基本的形象和叙述模式。我们的艺术、文学、宗教信仰和梦想都是遗产。他们利用了比理性更古老的原始图标，并在大学的灵魂中切割（乔姆斯基的转换生成语法有更多的荣格思想）。因此，通过艺术、文学或梦境情境，认知想象回到了家，回到了共同的基础上，回到了共同的诞生，尽管它可能会从所有分析实证主义的角度相信它从未存在过。失明的年老父亲会千百次地靠着年轻的、有护身符的女儿穿越荒芜之地。这个孩子曾被称为安提戈涅（Antigone），另一次也被称为科迪莉亚（Cordelia）。同样的暴风雨在他们可怜的头上电闪雷鸣。两个男人会从早到晚，或者在狭窄的渡口或桥边战斗，又在战斗结束后给对方起不同的名字：雅各（Jacob）/以色列（Israel）和天使，罗兰（Roland）和奥利弗（Oliver），罗宾汉（Robin Hood）和小约翰（Little John）。同样，没有一丝科学证据可以证明任何这种拉马克式（Lamarckian）的"ur-"记忆的传播。（种族的）潜台词是可疑的。然而，哪位诗人，哪位敏锐的文学读者，会对荣格的（字面意义上的）深度完全不感兴趣呢？

文学是语言，无论其是口头的还是书面的形式。正如马拉美提醒德加（Degas）的那样，文学不过是由文字构成而已。它的组成元素是由双方同意的用法、先例的意义和内涵预先或过度确定下来的任意语音单位。它的主要主题似乎符合**诉求**定律（law of *ricorso*），也符合维科（Vico）和乔伊斯援引的"奔流"上游（the "riverrun" upstream）定律。独创性的确意味着回归本源。因此，文学会是最具创造力却又最缺乏创造力的人工制品吗？难道主要的一致性是存在于作为文学实质的虚构与虚构之间的一致性（我们已经注意到虚构与虚构之间的密切关系）吗？

这个悖论值得进一步研究。

存在的客体性和主体性特质

在语言艺术中，"创造"的概念最直接地依附于人物或人物角色的概念，这主要是通过如何在虚构故事中使之呈现来进行例证的，无论是诗歌、戏剧、小说，还是虚构出来的男人、女人和孩子，乃至动物。即使是在幻想或超现实的流派中，这种陈述也能就它们的重要内容和存在分量说服我们。在但丁的冥界和弥尔顿的天界中，人物角色也有一种明显的分量和一种有机的丰满。认知的众多谜题和叙事模式在生产虚构人物的生命力时的未知动力系统，用它们的证据向我们施压，并否定了我们解释的最终性。奥德修斯（Odysseus）最初是用狂想曲的声音塑造成形的；他天生的特质是充满活力的空气的声音和人耳所能捕捉到的声响。乔伊斯的《尤利西斯》最初是作为一张纸上的字母标记序列出现的。从物质上来看，那个来自伊萨卡（Ithaka）的人和利奥波德·布卢姆（Leopold Bloom）只不过是口头的和书面的符号、象征物、词汇语法单位的一个组合和编码，它们通过声波或文字进行编排和传播。艾玛·包法利是用太多太多的墨水在太多太多的纸上不断消耗的结果。

然而，任何这类定义的彻底不足，都与它所要定位和说明的存在的震慑成反比。一件丑闻（真正的神学和认识论），无论是压倒性的重要事件，还是每天都发生的日常琐事，都诉说了珀涅罗珀（Penelope）、奥菲利娅（Ophelia）或唐璜（Don Juan）的"生活"——这个词是每个问题都要问的。在回应性的听众、旁观者和读者中，以及在整个历史和社会中，这种生活都可以相当残酷地胜过和超越我们自己。它在时间的长河中就是这么做到的。我们的尘世性存在是短暂的，也是有终结的。然而，由作家（或画家、雕刻家或作曲家用语言塑造的人物形象）所创造的人物角色可以延续数千年。任何短暂的时间都不能消解摩西的暴怒、哈姆雷特的延宕，以及堂吉诃德的风采。法国著名寓言诗人让·拉封丹（La Fontaine）的狐狸先生在几个世纪里都经久不衰。作者可以匿名；他送到这个世界上的人物的"存在"（the *Da-sein*），可能不仅在其创造者死后的很长一段时间里都持续存在，而且超越他或她赖以出生的地方和文化，即通过翻译甚至在生育他（或她）的语言死亡之后依然在别处继续存在。无论是荷马的希腊语还是阿拉姆语，我们都不太熟悉，但阿伽门农和最后晚餐上的客人强化了他们不可遏制的存在。

对作家（见证过福楼拜的死亡）来说，这种永恒既是荣耀，也是愤怒。对于我们这些要求进入迦太基的狄多（Dido）、《魔山》（*The Magic Mountain*）中的匹克威克先生（Mr. Pickwick）或汉斯·卡斯托普（Hans Castorp）的小生命的人来说，两种相关的存在类别之间的明显对比只能是一种反复出现的，或许也是令人遗憾的惊奇。但问题不仅仅在于时间。史诗、风景或虚构的主体，即戏剧化人物的包容性角色，不仅具有生命力，而且其密度也往往超过任何有气息的活物。在某些方面，巴斯（Bath）的妻子、莫里哀的达尔图夫（Tartuffe）、普鲁斯特的阿尔贝蒂娜（Albertine）都比我们中的大多数人更有意义，这既明显又难以解释。通过翻译、模仿、戏仿、重现和插图（克利奥帕特拉的"千变万化"），声音、手势、心理暗示、多样性和适应性都变得更加直接。根据莎士比亚的模板衍生出来的"哈姆雷特"是不可枚举的。他们在戏剧、歌剧、芭蕾舞、电影、抒情诗、绘画和造型艺术中充满活力。他们将加速语义性和符号性事件和媒体的到来。从蒂尔索·德·莫利纳（Tirso de Molina）到萧伯纳和马克斯·弗里施（Max Frisch），唐璜的意义都是一种形象或语言音乐元素的压缩，被其自身的生命力和本体论的**力比多**（*libido*）或对只作为一种偶然性表达的情爱之渴望所咒诅。在托尔斯泰的《战争与和平》中，娜塔莎的生命脉搏和动感的精神，似乎让我们人类自己的大多数传记都变成了幽灵般的灰色。

作为赋予我们才华的交换，想象之物向我们索取的价码是多少？当福斯塔夫（Falstaff）和司汤达（Stendhal）《红与黑》中的于连·索雷尔（Julien Sorel），住进了我们毫无特色的住处时，我们的内心会在多大程度上同时受到充实和暴露呢？"非真实"（什么意思？）是在对日常生活的真实性进行形而上学和心理学上的报复吗？史诗歌手和吟诵者声称他们像苦行僧一样，被他们讲述故事的人的声音和身体所吸引。演员们却很乐意见证他们自己被戏剧人物中吸血鬼的造访所吸引。巴尔扎克、狄更斯、福楼拜以非隐喻的方式讲述了他们自己的体格、梦想、有意识的思想、行为的最内在动作和反应，都受到了他们在纸上摆弄的男女角色的强势影响。有一次，福楼拜宣称："艾玛·包法利是我！"在另一张照片中，他咆哮着说，他愿意做任何事来把这个"可恶的小讨厌鬼"赶出他的工作室。

显然，事实很清楚。但是，最好的情况是，我们对它们的理解是由直觉和图像构成的。这里所讨论的，无非是认识论中不可动摇的核心。现象学中对现实或非现实的内部和外部感知的归因是什么意思呢？对在这个星球的数百万人来说，贝克街第221B号是伦敦"最真实"的地方——它本身就是一个不透明的、逻辑上不能令人满意的超级豪宅。无数的信件和访客都在寻找它。福尔摩斯的门牌号在哪些方面是不真实的，抑或是不存在的？不同的形而上学、不同的命名理论、不同的认知论、不同的心理学都分别给出了不同的答案。在经验和想象之间，在可验证的客观性和主观性的自由发挥之间，他们提出了不同的边界。从德国的唯心主义到胡塞尔，在柏拉图思想的终极模型之本身中，哲学家们主张完全摒弃主体与客体之间的朴素、直观的分离，以及感知-解释的自我的进程与"外部"世界之间的分离。除了这些抽象的论题，从纯粹的内省到临床的心理学，我们都提高了对中间状态的认知。梦、幻觉、强迫性幻想，以及由精神失衡或损伤而产生的大量（显然）毫无根据的现象；它们在自我和客体之间，也在被认定为事实和被称为虚构之间，划定了一个边界地带，其本质广阔而模糊。所有的界限都是流动的："这是我眼前的一把匕首吗？"

我们很可能无法回到亚里士多德或笛卡尔关于确定性的纯真无知的认识论上来。确切地说，这些都是由神圣的真实性、人类智慧与可实证性分析的宇宙之间关系的最终合理性和可理解性的假设所支撑的。在卢梭、尼采和弗洛伊德之后，对于视觉和经验的内在化的感觉，以及非理性在视觉和经验中的重要作用，我们所做的太引人注目了。通过叔本华，我们知道我们的世界是"表象"（*Vorstellung*）；即使是理论科学和应用科学，尽管程度较轻,也可能是基于人类皮层的特定结构和神经生理学的模型,而不是基于任何有保障的、不变的、独立的真理。换句话说,我们对现实的不确定性仍然是那些最早的系统思考所试图表达的内容。希腊哲学家色诺芬尼(Xenophanes)嘲笑说,如果牛有宗教信仰,它们的神就会有蹄子,这是无可辩驳的。

从内心来说,我们可能会感到,我们和其他"正常"的情感一样,也有"常识";我们发现,文学和艺术中的人物确实属于现实的一个不同分支,而不是我们在地下群起反抗的那些人。然而,仍然存在这么一种挑衅:另一种现实可以在我们的意识上,在我们的日常生活中,产生一种存在的压力、一种侵入性的影响和一种完全超出我们定义为"实际"的有形记忆。这三个规则是决定性的。像克吕泰涅斯特拉(Klytemnestra)和麦克白夫人这样身处黑暗中的姐妹们,也会在我们睁眼和闭眼之间呈现在我们的面前;对我们认知的触角而言,她们的重要性远远超过我们在"现实生活"中遇到过的绝大多数的各色男女(语言无处不在地将我们囚禁在那个我们试图恳求语言对之予以阐明的迷宫中)。由富有洞察力的艺术家——布莱克的弥尔顿、多雷(Doré)或达利(Dali)的塞万提斯——所作的戏剧或电影展示,可能会以更有力的轮廓给我们提供个人性的直接体验。事实上,我们可能对这些伟大的"想象者"预测或限定我们自己概念化的方式感到不满。但是,文本本身就可以并且往往更加富有深刻性。它把小说刻在回应者心灵的蜡板或铜板上。一些非常近乎物理性的东西也正在发生。

文本的侵入性加剧了这一猜测。孩子不能轻易地从噩梦中摆脱出来，也很难从他去卧室时必须穿过的那片黑暗中挣脱开来；同样，他也难以从童话故事中赶走那些怪物。即使在令人恐惧或不安的地方，小说也会很生动地占据一席之地。他们是面对着没有灯光的意识和潜意识之窗的面孔。从荷马到博尔赫斯，所有被文学所熟知的长篇小说，在绝对的本质上都是一个鬼故事；在理性-实用主义意义上，那些叙述性或表演性的人物都是幽灵，但他们被赋予了一种我们无法随意解释或证明的深刻的"存在性"。在浪漫主义的欧洲，许多人都想认同歌德的维特和哈姆雷特。在某种字面意义上，我们被"接管"了（这种着魔和对音乐的着迷有什么相似之处？）。想象的东西是不会迁出的。巴尔扎克在弥留之间呼唤着《人间喜剧》里的一位医生。非实质性的内容和侵入性影响直接与记忆有关。小说使人难以忘怀。这可能会瞬间发生。只要听过或读过一次，扫罗面前的大卫就不可能不被记住。伦勃朗的版本只是一种证实，即一种确信的光辉。只要听过一次梅尔维尔（Melville）笔下的伊什梅尔（Ishmael）的声音，约翰·西尔弗（Long John Silver）在木制腿上的敲击声，以及劳伦斯（D. H. Lawrence）故事中狐狸冰冷的吠声，它们都会深深扎根在内耳里。这些声音可以像最重要或最亲密的个人经历一样令人难忘——通常更能让人久久不能忘怀。当我们考虑到消极的一面时，这个过程是如何开始的就变得更加令人困惑。为什么会有受过良好教育和富有想象力的人类对这种或那种想象的存在的魅力保持完全的免疫或敌意，他们为什么会对这个或那个主题、风景、戏剧性的场景感到冷漠？维特根斯坦对歌德和托尔斯泰有着强烈的回应，却"对莎士比亚一窍不通"。他觉得，莎士比亚笔下的人物，作为标准的试金石，都是虚伪的。

　　某些程序是可以被制定出来的。正如亚里士多德所言，模仿的需要和模仿的乐趣，对猿和人都是普遍的。镜子是一个无穷无尽的迷人窗口，即使是在它嘲笑的地方也不例外。在代表性的艺术中，或是在文学中，而最明显的是在戏剧体裁的初始形态中，模仿可能都是其创作源泉。人们有一种本能的冲动，即想要在洞穴的墙上作画，去讲述和重新上演故事和情景，再现景观和其中的人类或动物；简而言之，人类想要以可识别的生命形态重新创造生命。因此，现实主义仍然是顽固的节点，是一种本能性繁衍需求的遗产（后遗症）；即使是在最奇异的、非客观的装置中（半人马仍然是半人半马）也是如此。特别值得一提的是，模仿观察培养了性格。虚构的模仿者注意、记录和探索现实。在某种程度上，所有的艺术都是打开世界的钥匙。对于它的来源以及其现存的多种原料而言，它或多或少都是透明的。人物形象通常像马赛克那样由不同的碎片组合而成。除了漫画或立意于人身攻击的讽刺，艺术不是一对一的摹本。拼贴（*Collage*）和蒙太奇（*montage*）是比荷马更古老的模仿手段。同样，这个模仿过程也是组合的。没有人，包括作者在内，能够说清一个阿喀琉斯（Achilles）的组合或马伏里奥（Malvolio）的酝酿，用了多少内在的和外在的生命碎片，以及多少自然资源。

越接近摄影,越接近无缝的"粘合",一个角色就越远离自主的秘密,也就越远离跃入其自己的轨道的量子跳跃。大师们将不对称、粗犷甚至是有机的矛盾性都隐晦地表现在他们的生物身上。永恒的架构融入了不规则。正如我们所看到的,模仿、复制和再创造也具有更广泛的功能:千差万别的语言、艺术和音乐,归根到底,可能只是一个有限的主题集。《星际迷航》(*Star Trek*)也只是希腊神话中阿尔戈英雄的某种变异的表现形式。因此,实证主义的和令人感动的幻灭的案例一般认为,即使是最生动、最令人难忘的美学作品,也可以被归类为模仿,或许在某种程度上它还是不成熟的游戏(这是弗洛伊德的观点)。原创性这个概念的真正本质,也就是从头开始(*de novo*)的概念,只不过是一种自欺欺人的幻觉和白日梦。无论哲学和科学如何定义,既定世界,无论是宗教性的,还是唯物主义的赠予或先在存在的概念,都将永远是虚构的控制源和库存。在美学中起作用的照相机镜头,无疑比光学所能想象到的任何镜头都更微妙、更深入、更丰富。但当我们相信自己在想象,更不用说创造时,我们就会拍照。

唯心主义或浪漫主义风格的艺术家、作家、哲学家(席勒、谢林、柯勒律治、爱默生)则不然。柯勒律治对幻想和想象的区分直接产生于模仿组合、重组和微小发明与真正的创造性之间的鸿沟,以及与伟大的艺术家、诗人和剧作家得以塑造生命形式的"想象"力量之间的鸿沟。它们是有机的和超然的,因为无论是对它们的组成要素进行解剖,还是对它们的孕育和可能的来源进行技术上的肢解，都不能说明整体的生命力；同时，整体的生命力的总和从根本上超过了一切可分辨的部分。用尽所有对历史社会背景、语言学、形式和文体方面的洞察力，搜寻作者的传记、他自己的读物及其在文本中的遭遇——作者"呈现"出来的、而你却无从得知的角色的生命秘密。就像男人、女人和孩子一样，他们遵循"他者"（次要的？）"现实原则"（在弗洛伊德的划分中，这有点令人不安）。

作家们让我们进入个性化的作坊，进入傀儡的制作过程，这是一种无穷的魅力。维克多·雨果对他或她进行"措辞"之前，他通常都会绘画和蚀刻他的人物形象。巴尔扎克是一个点彩绘画家，通过对场景、街道或房屋的细致刻画，预先勾勒和刻画了他们的身体和精神面貌，让其形象出现在人们的视野中，使其具有沟通的可理解性。我们可以循着一段一段的节奏，痛苦地寻找语音节奏和合成节奏、协奏曲和调调等这些矩阵，因为艾玛·包法利和弗雷德里克·莫罗正是在它们之间艰难地呈现了出来。语法式的和谐组合是福楼拜作品的区别性特征，是其情节的展开和叙述所基于的架构。在普鲁斯特的作品中，我们可以展示整体存在的影响是如何从动词时态即"未完成过去时"（*imparfaits*）和"简单过去时"（*passés simples*）中产生的，而它们就像重力在相对论中使光线和空间弯曲那样使阿尔贝蒂娜（Albertine）或斯万（Swann）进入某种动态之中。在西默农（Simenon）的笔记本里，虚构人物的身高、体重和确切称呼都被写上了。错综复杂的剧情就产生于这些"警情通报中对某人相貌特征的简要描述（police-blotter *signalements*）"。名字似乎就放在后面。另一方面，亨利·詹姆斯（Henry James）则在专有名称的列表上徘徊。兰伯特·斯特瑞塞（Lambert Strether）和亚当·维尔沃（Adam Verver）就是从这些恒星尘埃中凝聚而成的发光物质。在某些方面，《米德尔马契》（*Middlemarch*）反映了这个喜好抒情却又撒谎成性的角色，字母也在主人公的名字和命运中扮演了重要角色。

无论触发的冲动是什么，无论生成的转向是什么，作家们坚持他们的主要化身——反抗的，甚至是反叛的自治。男男女女一次次进入他的《人间喜剧》这个拥挤的空间（这种重新进入本身就是他们在时间中继续存在的不可否认的证据），他们的思想和行为出人意料地扭曲，令巴尔扎克愤怒不已。在小说的结尾，托尔斯泰痛苦地抱怨自己无法控制安娜·卡列尼娜的声音和行为。她已经"从他手中逃脱"，并蔑视先见之明。他们坚持认为，这些并不是神人同形同性论（anthropomorphism）自满的隐喻。我们不理解"基因学"，但来自原定情节内部的反叛的冲击，让作者和读者都感到不安。普鲁斯特是有多晚、又在多大程度上违背他自己的意愿，才"发现"他心爱的圣-洛普的背叛和肮脏？

对于这一谜题，期待的听众、观众或读者都是同谋。正是由于虚构接受的开放性和共情性，它才得以被证实，并扎根于个人记忆和文化传播之中。应对手段是果断的合作。当它们不出现或朝生暮死时，作品就会消亡。如果没有出版、没有演出，莎士比亚的《哈姆雷特》就会和莎士比亚一起死去。在某些博尔赫斯的疆域上,可能存在着一个充满了杰出人物和各类虚构作品的空白地带,且它们也从未走出梦想、私密幻想或失落的文本。在我们的感觉和心理中,接受心理学和反应心理学是可以立即被人察觉的,却也几乎是无法解释的。我们已经看到,它们包括自我认同和读者对人物角色的认同;我们将模仿人物角色的荣耀、痛苦、社会、道德、情爱、智力状况,并将之"消化"到自己身上(对于虚构的符文来说,手淫不仅仅是肉欲性行为)。独撰的虚构故事是我们幻想的镜子,是我们最隐秘的梦想和野心的镜子。当然,它们也可能是噩梦的种子。不仅仅只有儿童或青少年在书籍、戏剧和电影中关注恐怖。萦绕不去的回忆从一口井里涌出,其深处可能与性有关,或是与某一种具体的颤音或灵魂深处的某一战栗相关。在这种错综复杂的联结和深渊之处,存在着对我们从悲剧中获得快乐这一恼人问题的答案,也存在着我们在想要重新体验关于痛苦和灾难性损失的小说时所表现出的冲动。

因此,在创造者和观众之间的审美协作中,存在着识别和退缩、模仿和回避的基本能量。每一个观众、听众、读者,或多或少地在知情、歧视、背景警戒等层面上,将小说融入其中。剧作家和小说家挑起了事端。他或她引发了一种悖论:富有创造力的回声,响彻每一个接受者的心灵,也穿越了时空。这种呼应充实并互赠互换,使艺术、文学和音乐作品不仅实现并丰富其意图,而且(理想地)用意义丰富其意图,而意义是作者、艺术家和作曲家可能没有意识到的并且更新的连续统一体。辩证法产生新的真理，这就是最好的例证。维吉尔的特洛伊城紧随德累斯顿城之后被焚毁了。就像表演者——演员、音乐家、舞蹈演员一样，觉醒的参与式读者也具有执行功能。他也像法语里说的那样，"在页面上用手示意"。或者就像彼得·谢弗（Peter Shaffer）对阿诺德·韦斯克（Arnold Wesker）所言：

> 通过形下之形（唯有如此）得以汇集的早期激烈能量重新组成自己，就像其接受者的大脑和心理中的能量一样剧烈。因为你的缘故，它要自我重组。随着观众共享想象力的不断增长，剧作家心中燃起的火焰一定会越来越暗淡。你的任务是用容器传递圣火。你可以说，看着那艘在舞台上冒烟的器皿："多惨啊。我曾见过火山，但我所能捕捉到的只是一只可恶的火舌。"但是，如果把那火舌放在合适的位置，并把它集中在上面，那就是火山。你为观众集中火力的能力会让他们感觉到，并让他们为之燃烧，即使他们不了解火山，甚至永远不会知道……一个人写的东西会在观众的脑海中引发共鸣，就像第一次把它写在纸上一样……

我们想象的人物、风景、情景和物品在朝我们自己内在进行输入的实际过程常常比外部世界的对应物要更多样、更令人难忘。这就是接受的心理学（神经生理学？），但它却在我们的意识中遁隐得无迹可寻。我们如何"制造肉体"——圣餐的比喻显然是相似的——的语义暗示？我们究竟是通过什么样的认可或让步才能赋予它们真理的价值,即存在如此可信以至于让我们在"外面"遇到的许多男男女女和经验事实变得像幽灵一般可怕?当雪莱宣称那些曾经爱过索福克勒斯的《安提戈涅》的人将不再像从前那样爱任何一个活着的女人时,人们不禁会想起他那狂喜的悲伤。我们对虚构事物的概念化在多大程度上是通过我们的日常经验来实现的呢?我们沉浸在事实中会"充实"想象吗?当一个伟大的插图画家——多雷(Doré)或拉克姆(Rackham)——如此机敏地"为我们想象",使他对人物和背景的演绎从此变得不可避免的时候,我们对合作所拥有的自由又被剥夺了多少呢?(儿童版的经典著作不应配上太多插图。)

这些实现了的工具——"使之成为真实之存在"——可能是在慢慢地累积。每当我们重读小说或观看戏剧表演时(即使是最好的电影,由于某些不清楚的原因,这种存在感在多次观看后就会消失),我们都增加了当下之存在的密度,即"现在感"。我们可能会忘记这个或那个人物和事件,这个或那个名字,只是为了让他们在以后的生活中重新闪现,就像在世俗事务中一样。与此同时,他们住在哪里呢?对于许多作者和读者来说,人物角色主要是形象。对另一些人来说,持久的切口是一种声音和一种矫饰主义的言说。与隐喻相对的是,在犹太反传统的遗产中,弗兰兹·卡夫卡令人望尘莫及的是,他的人物形象逐渐变得空洞,同时让人完全忘记了他们的声音和影子的沙沙声。在每一个接受美学的行为中,都有集体的和个体的文化元素。这正是不朽的艺术和文学的标志。它呼唤着再现和生成,也呼应着普遍和特殊。但是,反应的病因学和所涉及的精神活动同诗歌行为本身的病因学一样难以被理论化。

因此,我已经强调过,人们总是诉诸于神学寓言。这些都被《创世记》中的晦涩所认可。除了按照启示、神圣的公理和关于上帝"按照他自己的形象"创造了人的命题,我们还没有令人信服的解读。上帝创造了人,亦即上帝的摹本。根据我们对人类动物(the human animal)的了解,任何这样的假设几乎都是亵渎神明。认为是人类按照自己的凡人轮廓"创造了上帝"(米开朗基罗在西斯廷天花板上画的长着胡须的族长),这样的假设总是更有可能。这种颠倒完全是在拟人化的逻辑之内。

然而,诗学所依赖的,是《圣经》中的断言和神话中无处不在的人物,抑或是陶工大师对泥土的塑造,以及给生活注入的活力。在作家和艺术家创造的虚构之物和充满生命属性的形象中,美学理论和实践发现了一种类似于神创造的有机形式。诗人、剧作家或小说家给他笔下的人物命名,就像亚当给他周围的动物命名一样;无论在哪种情况下,提名都需要真理和"真实"的存在。成功的剧作家、说书人或画家是"上帝"的缩影。他或她从想象中,从前世的一些尘埃中进入这个世界,他或她随后的命运和行动的自由,就像上帝赋予其创造物的神秘自由意志一样,可以挑战造物者。

当这些戏剧人物有男有女时,他们可能确实,或至少在某种程度上,是按照工匠自己的形象画出来的。在伊阿古和考狄利娅身上,肯定都有莎士比亚的影子,即一种自我投射的普遍性;

它在兰姆和黑兹利特（Hazlitt）看来就像上帝一样，但其中立性却令托尔斯泰和维特根斯坦惊骇不已。艺术和文学之所以有可能，是因为它们像哑剧一样；虽然是在一种明显谦卑的水平上，但这种谦卑是一切虚构与真理即与上帝的命令对立的那种。即便对于上帝的孤独以及他希望创造人类来作伴，这种卡巴拉式的比喻，在艺术家对"人类这个小世界"的渴望中也有其对应的东西，亦即对他来说既熟悉又抵触的神情。大仲马以父亲般的骄傲神情注视着一排排锡兵，而这些锡兵给大仲马所塑造的人物军团画上了视觉标记（他为他们的"死亡"而哭泣）。作为娜塔莎和安娜·卡列尼娜的父亲，托尔斯泰开始怀疑自己的必死性。

这些寓言类比对于艺术家和诗人的理论家来说都是护身符。它们指向"创造"，并远离"发明"。它们推断出被造物的有机性及其给予生命的自主权，而不是将成为受造物之特征的装配、组合、"空想"（柯勒律治的分解）。正如我们所看到的，**创作**主张原始创造。在缪斯女神气息的熏陶下，荷马史诗吟诵者、史诗诗人以及为歌德的《浮士德》的在天堂写序的作曲家，将一种充满活力的、侵入式的、令人难忘的**生命冲动**注入到字里行间。神圣的先例剧本，让他或她有能力使那最内在的源泉仍然无法穿透的过程富有成效。反过来，这个先例也证实了接受者的经验，而接受者也"暂停怀疑"，并允许浮士德或梅菲斯特（Mephistopheles）在自己内心定居。因此，在超越隐喻的某种意义上，艺术家对他自己和公众来说，确实像上帝一样。他创造了万有。

这种用话语的历史修辞意义进行表达的比喻现在是否受到了压力？那些"伟大的故事"会继续被讲述吗？那些展演这些故事的角色也会继续诞生吗？

第四章

形上纯粹性创造和形下现实性创作

数学的形上纯粹性创造及其美学内涵

一个人不去探讨数学和主要源于数学的科学就质疑心灵的生活是不可想象的。对柏拉图来说,这是不言自明之理。自伽利略和笛卡尔以来,这无论在理论上还是实践上也都是无一例外的。正是在数学和科学中,创造和发明、直觉和发现的概念才表现出它们最直接、最明显的力量。

然而,困难却是双重的。为此,数学家和科学家们不得不"继续攻关"。就像传说中对内省性瘫痪异常警醒的千足虫一样,他们始终竭力避免对其学科的认识论基础进行过于严密的审查。对于那些顺利获得明显进展的具有正当性或颠覆性的前提条件,他们并没有对其进行深入的探究。在世纪之交,要做的事情实在太多,即使是关于纯粹数学的公理性和逻辑性的基础以及公理系统的内在一致性的辩论等最基本的挑战也都被搁置了。反过来，哪怕是将深奥的数学理论应用于自然科学和技术，也会增强人们的经验主义信心。不管它的起源深处有多么神秘或晦涩难懂的哲学玄妙，起码"这个东西管用"。

第二个困难是认知的路径。作为科学领域的局外人，非数学家们很难去掌握像数学科学的创造或发明的性质等方面的论题，更不用说协调和权衡其争论和争议了。由于对数学语言以及对其在精确科学和应用科学上的翻译的无知，关于数学运算的对象在本质上是不是直觉性的精神产物和存在意义上的现实，他们对这类争论的基本原理几乎是一知半解。一个人需要相当熟悉数学的象征符号，他才能追溯和探究各类相似的争议。在纯粹数学中，是否有"发现"或先验的自主发挥，似乎是重复而系统地产生于人类智慧的内部和根深蒂固的本能，甚至游戏者的这种本能超脱了世俗的投机游戏。像伽利略所说的那样，如果大自然和数学对话，那么，我们中的绝大数人都会像聋子一样听不懂。

尽管亨利·庞加莱（Henri Poincaré）关于数学创造的论文已有近一个世纪之久，但它仍然被视为经典之作。庞加莱在其杰出的研究中极其注重代数直觉的动力学和解决方法，并为之生产出了非凡的智慧和自我观察的技巧。他的自传记录了那些看似危险的瞬间和环境，他那有关福克斯函数的著名回忆录（庞加莱正把脚放在一辆省级公共汽车的站台上时，突然有了一个开创性的预感和随之而来的解决办法）也是由此而生。至今，这些自传仍然是这类著作的典范。"闪电"源于一个无意识或潜意识的漫长的先前工作。显然，这是分析技术过程的集中结果，它低于庞加莱对白天的感知。庞加莱认为，令人费解的是，潜意识中的自我不知何故充斥在代数的冲动中，且所具有的某种机智和微妙的运作"绝不逊于有意识的自我"。尽管有规则约束，但正是在这个潜意识的层面上，人们依然在各种可能的组合之间做出决定性的选择。"发明者的真正工作在于在这些组合中做出选择。"但是，潜意识是如何选择的呢？庞加莱的回答并不完全令人满意："那些容易进入人类意识的特殊无意识现象，无论是直接地抑或间接地，都最深刻地影响着我们的情感感受。"

引人注目的是向美学的转变。外行人所不知道的"特殊的敏感性"（special sensibility）定义了富有创造性的数学家。"有用组合"（useful combinations）中的"有用"表示可催生更多深层次的命题、相关性的理论和定律的生成性力量，所以这样的"有用组合"也必定是最美的。如果一个错误的想法或某种导致僵局的直觉"具有真理性，它就会满足我们对数学优雅的自然感觉"。因此，像费马（Fermat）的"最后定理"等问题可能有多种解决方案，但我们所能追寻那个也必将是最美丽的。

在这种情况下，"美"不是从艺术中借用的模糊类比，而是像济慈的等式一样，它严格地等同于真理。它具有次序的经济性、演示的透明性和潜在的分歧性，它们都赋予"美"某种实质性的意义；然而，这一意义却又像音乐那样无法被翻译。上述论证因为是美的，所以也是真实的；同时，因为它是真实的，因此也是美的。

作为一个数学盲，我无法理解"真-美"（truth-beauty）的光明国度。因此，我发现没有什么比这种无能更令人沮丧和羞愧的了。我只能通过尝试性地去体验和分析，模模糊糊地模拟某些象棋大师在化解某些终极博弈和棋艺问题时所展现的风格美。但是，在某些复杂的方面，此处的真理之美也是微不足道的。就数学中的类似情况而言，事实却不是这样的。再者，音乐进入了这一逻辑辩证。我们该如何用编码、形式结构上以及与数学和国际象棋在心灵起源上可能的亲和性，去定义**它**的非凡性和极端严肃性呢？国际象棋中的某些组合显示出明显的美感，但它也可能是不合理的。在上述一系列的相关想法中，人们该如何对这个令人不安的事实作出解释呢？数学性的错误没有美可言。

在《一个数学家的辩白》（*A Mathematician's Apology*）中，哈代（G. H. Hardy）像庞加莱一样引发出了同样的审美共鸣。像画家和诗人一样，数学家也是模式的创造者。因为"这些模式由思想构成"，而它们的真实性和一致性可以永恒地屹立不倒（笛卡尔担心这种永恒会使神的全能丧失），所以哈代认为这些模式比文学或艺术中的任何模式都要更持久。以国际象棋为例，哈代发现了数学模式之美；例如，欧几里得以一种透明的**归谬法**（*reductio ad absurdum*）证明了无穷个质数的存在，而这一论证超过了任何象棋游戏或难题。区别在于**严肃性**和结果的利益性以及最终的应用性；尽管最终的应用性是一种偶然性的红利，但它对哈代这样的纯粹数学家来说多少有点可疑。然而，心灵地图或结构的纯粹之美，以及模式的审美品质之美是最重要的。可见，那些不能感知到这种体认以及它所传达的快乐的人是音盲（tone-deaf）。

哈代将完全的、无私而纯粹的主张推到了颇具挑衅性的极端之处。为了反对这一主张，约翰·冯·诺伊曼（John von Neumann）提出了经验主义的案例。即使是最深奥的数学前沿进展也不是完全独立于某些经验性的基础和源自于现实世界的需求和冲动。"与经验科学或哲学或两者都有联系的非数学的"元素，在"本质上"确实进入了数学体验之中。但是，约翰·冯·诺伊曼同意哈代的观点，认为在物理学和数学中，成功的标准和选择正确道路的依据"几乎完全是美学的"。一连串数学推论的朴素特质和优雅品质旨在满足所有创造性艺术的共同标准。无论数学家的构想经验和事实根源是什么，他工作的氛围（"氛围"［atmosphere］是冯·诺伊曼的术语）都最类似于"纯粹而简单的艺术"。

问题在于，这些权威的论证并没有区分创造（creation）和发明（invention）。在日常用语中，我们确实听到数学家将创造力（creativity）置于发明的能力（inventiveness）之上。然而，据我所知，这种区别是印象主义的体认，而不是定义性的明确认知。确切地说，这个特殊用法（ad hoc usage）的基础正是我提到的认识论的不确定性和基本的争论。尤其是在微积分和非欧几里得几何之后的数学运算，是否与虚构的架构亦即我所说的"真实虚构"（truth-fictions）有关呢？尽管他们的运算是极其严格的演绎，但它们也会产生任意和武断的幻觉吗？或者，无论运算是多么精炼、多么抽象、多么理论化，它们都是对"外面的世界"的反映和描述吗？在什么样的情况下，实数是"真实的"，以及有待被发现的超限基数（transfinite cardinal numbers）恰如地图上未被标明的黑暗空间中的岛屿和星系呢？

只有在这个极具挑战性的问题上达成的某种协议，才能为创造和发明概念的使用提供可论证的实质。即使对那些在哲学上无忧无虑的数学家来说，奇妙之处在于调变（modulations），即往往完全出乎意料地从自主精神游戏或令人愉悦的"无用之物"调变到随后的物质应用之中。事实上，列维-奇维塔（Levi-Civita）的张量演算（tensorial calculus）在无可指责的渊暗中是某种代数性的平铺性路径（an algebraic by-way lying）；因为相对论的介入，它直接导致了种种噩梦和核能的福利。如果纯粹数学起源于潜意识性的直觉（就像语法模式在语言的转换生成理论中已经根深蒂固），如果代数运算产生于完全内在化的编织模式之中，那么，它在那么多的点上是如何与世界的物质形式相对应的呢？想象的地图如何成为日常生活的地图集？"发现"（discovery）的概念能解释这个显然自相矛盾的偶合（莱布尼茨提出了一种"预先确立的和谐"[pre-established harmony]）吗？

而作为数学科学的外行人，我们能不能更接近数学家们自己对其技艺的美学理想的坚持，对其技艺与诗歌的原始相似性的坚持呢？

纯粹性创造与应用性创作之间的辩证关系

　　纯粹数学和应用数学之间的界限永远都是不固定的、互动性的和可协商的。无疑,这对文学是有启发性的。到目前为止,大部分的文学都是"应用性的"(applied)。它产生于具体场合或时机,并对其进行述说。它叙述、调查、概述、粉饰、讽刺和唤起记忆,努力给"被给予性"(the givenness)和我们的存在语境,即"存在"(*Da-sein*)赋予可理解的形状。即使在浪漫主义、超自然的召唤和超现实主义的拼贴画等虚构最含蓄的作品中,文学在本质上仍然是现实主义的。正如亚里士多德在动词是(is)和所有的预言中看到的那种反柏拉图思想一样,这种普遍的现实主义是如此的根深蒂固,其本质类似于应用数学中的相关情形。无论是建造金字塔还是发射星际火箭,应用数学也可以对世界物质的有效运动进行校准、分类、形式化和设定。

　　我们已经看到,文学的生产方式是组合性的。通过组合和重组,词汇、语法和语义等继承性组件进入"表达-执行"(expressive-executive)的言语建构逻辑。组合性的排列所富有的自由度是巨大的,但并非没有限制。尽管是力图创新性的拓展,但在意义的界限上却仍然存在一些公理性的约束。我们知道,演艺性话语在某种程度上试图寻求被理解。因此,超现实主义或自动写作是与生俱来地琐碎。就像在应用数学中一样,文学中也有假设和常规算法,如韵律形式,或诸如诗歌、史诗、散文、小说等可识别的体裁。应用数学表征了人类实践，也同时刺激了人类的实践。文学也是如此。那些由人类意识和人类处境的模仿物（imitatio）建构而成的地图是极富活力的。它们改变了风景。但丁之后就有了一个新奇的爱神，莎士比亚之后便有了人类关系的深层政治学，战争地形学在托尔斯泰之后也发生了变化。

请哈代①见谅，应用数学，也就是"非纯粹"数学的成果，作为巨大的推动力，影响着我们的生活。数学应用于一英亩土地的测量或一个核反应堆的设计，其本身就体现了理性。反过来，建构了我们如何使用空间的代数几何和函数分析——没有它，经济学、社会学、科学技术就难以成为可能——作为应用性的学科为人类进一步地深入各类问题及其解决方案开辟了道路。文本与语境以及话语与世界之间的辩证对应关系也是如此。应用数学和大多数文学都栖息在平庸之人的天赋中，并激发了他们的天赋。作为一个范畴，进步（progress）为科学和技术提供了信息；然而，正如我们将要看到的那样，它不会与文学有任何直接的关系；但发展（development）和几乎可以被称为"运动定律"（laws of motion）等概念的范畴却与之有直接的关联。文学时期、文学和艺术运动以及激进主义和对个人作品的接受，都为之后的作品风格和内容做好了准备，实际上也迫使人们接受。再者，作家与语言以及传统与个人才能之间的能量交换，就像在热

---

① 哈代（Godfrey Harold Hardy，1877—1947），英国著名数学家，著有《纯数学教程》《一个数学家的辩白》。哈代将纯粹数学视为真正的数学而与应用数学划清界限，认为纯粹数学就总体而论显然比应用数学有用。——译注

力学中一样也会存在某种损失。也就是说，美学中存在信息熵（entropy）。信念源自像英雄史诗、骑士传奇或诗体戏剧等主要的文学星群。令人费解的是，就像某些相关的言辞表达已经令人厌倦一样，民族文学也像碎木屑那样渐渐腐烂。它们慢慢变得毫无活力（inert），至少在相当长的一段时间内都呈现出如此疲态。

关键在于：在我们的社会史和工业技术领域中，"发明"（invention）一词在广义上通常就是应用数学。正如爱迪生所强调的那样，发明是为了满足具体的需要和实用的可能性来进行，因为它们都是由新材料供应的可及性或其具体生产所决定的，如毕尔巴鄂（Bilbao）的博物馆所需的加固性混凝土和现代都市普遍使用的钛合金。就像元素表中的稀有金属一样，发明填补了整体进化中的缝隙。在最好的和最充满活力的意义上，发明既是"有趣的"，也是"有用的"。发明者寻求专利权（patents）。

也许，文学和艺术中的"发明"在某种程度上是极其相似的，但这也是极富启发性意义的。美学意义上的发明，如十四行诗、赋格曲、油画或尖拱门等新形式，都是感性的技术（尽管有人恐惧于斯大林将真正的作家定义为"灵魂的工程师"）。当意识寻求认知和自我认知时，美学发明为意识提供了意符形状和原始材料。无论是心理上还是物质上，被柯勒律治称为"幻想"的创造力（inventiveness）与现存之物态保持着一种不间断的对话。也就是说，创造力供应了存在（being），情如技艺（technē）装备了房子。在常规却又短暂的层面上，比如，在大约 90% 的当代小说和通俗文学（*Unterhaltungsliteratur*）中，它要么是**媚俗的艺术品**（*kitsch*），要么是用来消遣之物，抑或是用于摆阔的炫耀性消费品。但是，在最好的情景中，文学的发明极具启发性地指导我们对普通的和未经审视的居所的界限进行丰富化和复杂化的建构。由此，我们不妨说，文学的发明给其安装了一扇扇明亮洁净的窗户，进而让我们有可能看到外面的新地貌和新光源。文学所讲述的一个个故事，让我们听到了我们个人和集体身份的声音。由此，我们能够确切看到的是，"巴别塔图书馆"（library at Babel）以及如此坚实地扎根于漫画的几何学图形结构中的博尔赫斯幻想，既取之不尽，也用之不竭。

但是，诗人说："我从不发明。"

有人怀疑，纯粹数学家也不会发明。纯粹数学史的存在应该是（狂喜的）惊奇得以发生的时机或场合。即便是在最理想情景下，有关物种的记录也必然是被扭曲的和多变的。如果真是这样的话，我们就接近了奇异兽性的时代。但有四个领域的可能性相互关系和亲缘关系是该研究的核心，且男性和女性在其中也似乎超越了他们自身的条件和状况。当达到柏拉图、斯宾诺莎或康德和纯粹数学的高度时，它们就具有音乐性、诗歌性、艺术性和思辨的形而上学性。和音乐一样，纯粹数学在无关紧要的层面上可能是我们如此可疑地存在于这个世界上的最大谜团。

然而，严格意义上来说，纯粹数学不是或不需要是这个世界的"一部分"。尽管我们无法理解量子跳跃（quantum leap）的文化心理动机,但凭借量子跃入无用之存在的奇特尊严中,古希腊人从实用功能、应用经验和实证体验中构想出了公理性结构或其他什么"想象性存在"(imaginaries)。但是,对于有天赋的智者而言,现实的公理性结构是如此的明白无误和不言自明;同理,美的真谛也是如此,进而给出足以证明人类灵魂可与超验性存在沟通的潜能以及某种可超越所有肉身生活模态的逻辑与和谐。这正如柏拉图所暗示的那个必要而又充分的证明。在纯数学的领域,尤其是在数论领域中,作为凡胎肉身之人的心灵在发挥着极其重要的作用。人类的心灵给自己强加了最严格的规则和约束;然而,它也体验到了某种自由和对妥协(来自所有那些被剥削的近似而有利可图的庸俗化的东西)的克制;否则,它只能被赐予诸神了。因此,传说毕达哥拉斯(Pythagoras)曾认为,当人类从事纯数学的工作或亚里士多德对数学和神性进行认同时,其灵魂就在"舞弄音乐"(at music)。

我们看到,这一困境至今仍未得到有效解决。确实有一种理念认为,纯数学家遇到的是一种特别谨慎的和抽象的现实,但这一现实在其研究发生之前就早已存在了。这显然是柏拉图的观点。然而,有一种与之相反的信念认为,纯数学创造了它的材料,其处理过程是通过规范的心灵直觉对个体普遍化的内在运动中的问题和定理逐一进行加工。其中,每一个有价值的概括反过来都对新的具体事物进行指导和分析;这就像一棵树的枝杈结构图一样,它的中心树干和网状交叉形枝叶都是自发地从远处某个未知根系生长出来的。哈代(Hardy)对这种自主性感到欢欣喜悦，但冯·诺伊曼却对之感到惶恐不安。确实，因为在纯数学对平常之事所持有的漠然情态中有"非"人（""non"-human）性的存在，所以其中就存在某种否定性（"in-"）的东西吗？对柏拉图和笛卡尔来说，非数学家（non-mathematician）也都不可避免地是非哲学家（non-philosopher），从根本上来说，他们几乎都是缺乏思想之辈。他所能试着去做的，就是为自己画出一幅粗鄙的精神画像，以说明什么使纯粹数学得以可能并充满活力，进而不断地向更复杂的真理和我们所确信的更美善的真理进发。

我在恍惚之间发现了一个悖论。数学中组合的可能性似乎是无限的，抑或像爱因斯坦的宇宙那样既是有限的却又是无限的。数学家的品质在于他所做出的选择，就像国际象棋大师从无数可能中选择了某一步棋一样。隐含在这种选择中的经济原理和抛弃原则与解决方案的美是不可分割的（到目前为止，国际象棋计算机倾向于使用所谓的"蛮力"[brute force]）。显然，人类很难完全摆脱这样一种暗示，即数学运算的众多元素在某种意义上确实是先在性的存在，它们也因此是外在于和先于人类智力而存在的。宇宙的宏观或微观世界中是否就不存在我们人类至今未曾见过，且极有可能永远都不会被我们人类看见的广阔空间呢？

然而，还有另一层同样富有逻辑连贯性的意义。正是数学想象的行为使无限严肃的游戏过程之本身得以成形，并使其生成模式的要素和规则有了自己的存在（existence）。正如"旋律

195

的发明"是萦绕在列维-斯特劳斯心中的最不解的谜团一样，创造了万有的恰恰是发现（discovery）。也就是说，唯有感知才能赋予存在（伯克利［Berkeley］）。纯数学创造（creates）了它所发现（discovers）的存在，但也同时发现了它所创造的存在。费希特（Fichte）的本体论唯心主义是一种与上述窘境和难以判明的悖论极易协调共存的哲学猜想。可见，建构我们将要发现的那个世界的正是我们的自我、意识和潜意识。尽管它们的起源和逻辑关系是人类心灵的某种建构，但它们却构建了一个可论证且又引人注目的现实，亦即被费希特称为"非我"的某种存在。认识论从未圆满解决的是关于人类意识和"外在"活跃镜像之间对应关系的突出问题。

神学性的乃至神秘性的隐喻从这种悖论和二重性逆向生发出了大量的智性财富，它们或遮蔽或点亮了数学哲学。就神祇的数学倾向而言，由其派生出的假设自身往往也是戏谑而无助的讽刺。柏拉图、笛卡尔、莱布尼茨和爱因斯坦也同样持有类似的观点。这表明，不管素数之存在的本质或者哥德巴赫猜想的解决方案是什么，素数的存在都与"第一推动力"（Prime Mover）有关（在我看来，亚里士多德的术语所运用的双关语在这个例子中是可接受的）。这种关系比人类的任何其他追求都要强烈。因此，即使是纯数学中最坚定的无神论者或不可知论者，也会对上帝有某种隐秘的记忆或颂扬。

理解了数学家对诗歌和审美标准的重视，外行人可以再近一点去看一看他们的工作室吗？

从形上纯粹性创造走向形下现实性存在

在纯数学的世界中，对世俗性的弃绝被铭刻在代数编码里。因为不受经验性和感官性限制的浸染，多义性和不精确性没有入侵的必要。即使他们的创始（inception）在某种意义上被认为是直觉性的体认，函数分析或代数拓扑的相关研究发现也可能是极端情态下的反直觉性认知。"常识"留给了天真的、具象主义的、平凡的和通俗的幻觉。乐谱渴望类似的纯洁性。它也能够将世俗和物质抽象化，亦即将自身从世俗和物质中抽离出来，但其程度却不及纯数学。因为即使是最正式的自主音乐模式在听者的接受中也会引起一连串无意识的意象，且这些意象或多或少是天真的，但它们却难以抗拒地与外部世界及其浪花般的声音关联在一起。无论自觉与否，我们的聆听在有意识或潜意识的层面上都被电影所吸引。作为意义的可视性图形，绘画的表征性回声也从中悄然响起。在较低的纲领性层次上，音乐的声音和乐器激起了大量感官的、历史的、私人的联想和内涵。它们以声音表征我们的世界。随之，无论是在最正式的音乐作品中，还是在超脱世俗的音乐作品中，如巴赫的练习曲或韦伯恩（Webern）的 a 调微小曲，任何一种"节目单"的可能性都会存在；想象的内容可以被翻译或转化成某种模仿，但纯粹的数学却不能。走向图解和应用的冲动性势能总是潜伏性地存在着。

对于入侵性的现实主义和不纯性（impurity），语言完全是脆弱的。也就是说，完美是不可能的。证据表明，系统性新词、自动书写和句法中的超现实主义等方面的实验都以琐碎和平凡而告终。我们已经见证到，即使是最具创造力和革新精神的作家都既无法摆脱他所继承或获得的语言的地域性和时间性，也无法逃离词汇-语法先在的天然状态和历史。语言具有无限的饱和性。从用法、先例、文化和社会内涵来看，词汇、语法形式、短语和修辞规范都已经饱和，几乎已到了音素的层次。讲话的声音会发出同心状的和形式上无极限的和音（chimes）。它在一个回音室里与每一个邻近的语义微粒元素相碰撞，就像威尼斯教堂的钟一样，有些不怎么合拍，而另一些走了调，并且也彼此不同步，进而互相撞击，发出和谐而又相互冲突的声音，飘散在周围的空气中。语言大师可以激发媒介进入量子跳跃。然而，新的轨道又充满了与其选择毫无关联的联想。"这个世界对诗人来说太重要了"并不是世俗诱惑的结果，也不是短暂和适时的自我投资的成果。这是语言本身不可避免的必然之果。无论我们愿不愿意，它都将世界运送出去。语言中的纯数学只能保持沉默。

然而，从现存的束缚中解放出来，并锲而不舍地追求纯粹性，确实存在于文学之中，而抒情诗更是如此。像纯粹的数学、严肃的音乐以及构成形而上学的抽象思想之诗学一样，诗歌追求的只是它自身。它将留下一个充满渣滓和污垢的世界，亦即一个被无限的诱惑所困扰的诗人莱奥帕尔迪（Leopardi）所言，"泥是世界"（*e fango è il mondo*）。诗歌会为自己划定一个自由的自我参照区。这种渴望定义了柏拉图主义及其在西方的神学哲学遗产。它让我们始终要与超验性存在进行一场令人困惑不解的纠缠。

然而，失败或多或少都是注定的。语言不可能完美无缺。最纯洁的抒情性文本和最抽象的斯宾诺莎元几何式命题，都不能完全打破它的系泊，从而使之摆脱拉丁文圣经外义-内涵之不洁的束缚。词汇和语法以及历时性和共时性用法的锚定物，拖慢了语言的自主更新。然而，诗歌中最重要的是从强加的、借用的、侵蚀的参照中争取解放的力量。尽管散文在这方面的表现较少，但它也能置整个城市（*orbi et urbi*）于不理。这是一种刺穿不可言说之物以及冒着极大的风险穿过它的火圈的努力，就像在《天堂篇》的结尾，那位雄辩无语的朝圣者一样。通过对反叛强度的分级，绝对纯粹之域（the realm of the *absolute*）就存在于那平淡的必然要求之外。萨特曾这样评价考尔德（Calder），"他什么也不代表……他手中的动态之物（mobiles）没有任何所指，只代表它们自己：它们就是它们自己，仅此而已；它们是绝对真理。"因此，我所说的"绝对的"诗歌构成了一个激进的悖论：它用自己的语言摆脱历史-社会的负担和现成物。在伟大的抒情诗中，语言是充满敌意的。更确切地说，诗人的目标是跨越其（所有）语言的边界，从而成为真正的"第一个冲进寂静之海的人"。

这种备受谴责的悖论是文学中创造力的标志吗？即使是最成功的诗歌，也不过是一个跛了腿的影子，或是一种对被渗透了的话语的誊抄吗？在此情况下，诗歌的说服力以及它在我们反复阅读中所申明的某种主张，将包含诗歌中潜在的存在和最贴近的某种张力，但我们在表面上却觉察不到它们的存在。这种形式上缺场的和尚未如约呈现的却又总是初露显像之力，是宗教性和神秘性体验的核心所在，也恰如唯心主义哲学一样。显然，它以诗歌详细述说了绝对存在（the absolute）。我们是否能够以纯数学家的思维来谈谈它的源起呢？

　　严格意义上来说（*stricto sensu*），不曾有定稿的诗。我们可及或可用的诗包含了它自己的原初版本。草稿、被删减的版本和工作表内化了莱布尼茨所说的"伟大的神秘之处"。这既有积极意义也有消极意义。在牛津，查尔斯·兰姆（Charles Lamb）看到弥尔顿的《利西达斯》（*Lycidas*）的草稿时，一想到这首诗可能不是这样，他就感到惊骇。相反，可以说，如果诗歌能得到完全呈现其意图的手段，亦即对其媒介的超越，我们所拥有的诗歌将会引发我们对诗歌的本质产生某种或多或少的忧虑。当莱布尼茨影射那个尽管近在咫尺，但是"永远也不会"的费解之谜时，尽管它就在眼前时，我们也回想起了他。文本越丰富、越持久、越生动、越明显，这种潜在的自我超越的感觉就越进入一个绝对自由的领域。"阅读我，审视我，倾听我"，文学、艺术和音乐等领域中的重要作品曾说道，"你将分享我的不完整所带来的喜悦和悲伤，以及不断更新的奇迹。你将从这种不完整的行动中得到收获来证明存在于我的最高境界之外的人类精神"（《天堂篇》又一次最清楚地阐明了这种临近感）。

　　如此临近的缺席，以及熟悉现今的挥霍无度，又难以将其描

述的表达方式,是莎士比亚十四行诗第122首诗中隐含的隐喻:

Thy gift, thy tables are within my brain
Full charactered with lasting memory,
Which shall above that idle rank remain
Beyond all date, even to eternity;
Or, at the least, so long as brain and heart
Have faculty by nature to subsist;
Till each to razed oblivion yields his part
Of thee, thy record never can be missed.
That poor retention could not so much hold,
Nor need I tallies this dear love to score;
Therefore to give them from me I was bold,
To trust those tables that receive thee more:

    To keep an adjunct to remember thee
Were to import forgetfulness in me.

你赠我的手册已经一笔一划
永不磨灭地刻在我的心版上,
它将超越无聊的名位的高下,
跨过一切时代,以至无穷无疆:
或者,至少直到大自然的规律
容许心和脑继续存在的一天;

　　　　直到它们把你每部分都让给

　　　　遗忘,你的记忆将永远不逸散。

　　　　可怜的手册就无法那样持久,

　　　　我也不用筹码把你的爱登记;

　　　　所以你的手册我大胆地放走,

　　　　把你交给更能珍藏你的册子:

　　　　　　要靠备忘录才不会把你遗忘,

　　　　　　岂不等于表明我对你也善忘?①

请注意,在"gift"、"date"、"given"、"yield"、"give"、"adjunct"、
"import"等词中,有关捐赠的主题具有双重含义。十四行诗包
含了多余却又不可或缺的记忆操练,这些记忆操练是它自己早
期的版本和成为公众性存在的驱动力。在"遗忘"(razed oblivi-
on)中有"抹音"(erasure),这非常接近于当今解构主义理论中的
相关思想。一个不可避免的悖论正是接受遗忘对"超越所有日
期,直至永恒"的赌博合法化。正如海伦·文德勒(Helen Ven-
dler)所言,记忆在我们的文本中无处不在。重音"*re*"的声音一
次又一次地震荡着。但是,莎士比亚的一个特点是,我们所记得
的,也许是最重要的,也就是未来。这首诗直接超越了我们在书
页上看到的那首通往完美之旅的诗。它是无法达到却又不可否

---

　　① 中译取自梁宗岱译本《莎士比亚十四行诗》,上海:华东师范大学出版
社,2016 年,第 252 页。——译注

认的存在,并将"持续存在"和超越任何"自然能力",也将使自己摆脱时间的陈词滥调,"直至走入永恒"。爱,比任何在场都更能热烈地感受到缺席,更能表达希望的承诺。

如我们所见,成品(the finished work)的内在化可以在草稿、草图和初步塑模的程序中被建构出来;其中,"完结的"(finished)也许是"完成"(completed)的对立面,是先前的、替代的、被丢弃的表现性对策。最终的来源连同冰山般巨大的隐性努力以及试验和错误,在一开始就是潜意识的。因此,任何有关创作过程的记录,无论它多么零碎,多么神秘,都已经是在相当晚的阶段才出现的。它是前意识行为暂时受纪律约束的残余和追踪器。贝多芬的著名随笔是如此,提香的作品,其初步设计也是如此,常常经历彻底的修订的痕迹清晰可见。通过 x 射线和红外线对提香作品的表面进行检查,便可发现。此外,艺术家、作曲家或作家的"手稿"被保存下来的相对较少。但是,如果这些草稿确实保存了下来,并且保留了创作者竭力表达的同时所进行的删除和修改的痕迹及其所体现的犹豫的心理状态,其见解也是引人入胜的。

不妨想一想叶芝"摇篮曲"(Lullaby)中的"粗粮"(roughage)吧。创作诗歌的胚胎细胞由五个垂直摆放的单词组成:①

---

① 这些草稿在柯蒂斯·布拉德福德(Curtis B. Bradford)的《工作中的叶芝》(*Yeats at Work*,1965)中被复制过。

sleep

alarms

deep

bed

arms.

这一"关乎可能性的俳句"（haiku of possibilities）已经概述了创作的各个阶段和即将成形的诗。在一系列的草稿中，好像是通过听觉和主题性力量、背景性的关联和（言语性的和神话拟人式的）人物形象，使这些细胞性的词语（cellular words）富有引人入胜的魅力。"节点晶体"（the node-crystal）从内部生成了一个个小琢面。"母亲唱着摇篮曲进入了梦乡/她的乳房正喂养着怀中的婴儿"，"这是一个充满爱的深沉睡眠/就像勇敢的帕里斯那样。"对于探索过程中的一个阶段，帕里斯使重大的行动具有了活力：

The sleep that Paris found

Towards the break of day

Under the slow breaking day

That first night in Helen's arms

当强壮的帕里斯在一张金色

床榻上，在海伦怀抱中沉入
酣眠的第一个黎明时分，
全世界的警报对他算什么？[①]

没有标点符号，任何时候也不会有。韵律和节奏的偶然性被延迟。触发词（the trigger-words）必须允许不受限制的电路和碰撞越过阴影线，这些阴影线区分了创作的阈下和阈前的意志测试。"手臂"（Arms）将"警报"（alarms）拉得更近。"睡吧，亲爱的，睡个好觉/在你喂养的地方入眠/忘记那世上的警报"。"feeding"（喂养）和"bed"（床）调节成了"fed"（喂养）、海伦的"arms"（怀抱）和那些英勇战士的"arms"（武器），以及和着歌声的甜蜜睡梦的深沉，它们都在相互激活的网络结构之中，就像从风中获得能量而快速旋转的叶片一样。

第三个神话人物进入语音和韵律的情节之中。"睡眠，至爱的睡眠/降临到猎人特里斯坦（Tristram）身上"。"功利主义"在干预，似乎是为了帮助读者。叶芝写道：

Sleep beloved the sleep that fell

On Tristram the famed forester

When all the potion's work was done.

---

① 《叶芝抒情诗选》，傅浩选译，昆明：云南人民出版社，2011年，第264页。——译注

睡吧，亲爱的，睡个好觉，

就像那狂野的崔斯坦所体验：

当时，春药的作用见了效。①

正如叶芝经常所呈现的那样，古典的和荷马式的遗产常常与凯尔特文化形成对比。从卑微的**原始书写**（*Ur-wörter*）和无名母亲的摇篮曲中，庄严而伟大的幽影悄然升起：帕里斯和海伦，以及特里斯坦和伊索尔德（Yseult）。在它美丽而清晰地向前进发中，它的根源却仍然隐匿着，直到某个语音的宏亮度以及由元音和原初措施构成的某个指示延伸到了辩论的程度。特里斯坦神奇的睡眠带来了这一切："鸟儿会唱歌，鹿儿会跳跃/橡树枝和山毛榉枝会颤动/世界将重新开始。"就像惠特曼写的那样，一首摇篮歌，或一首催眠曲，完全变成了一首**抒情器乐曲**（*aubade*）。尽管**新生命**（*vita nuova*）与这对命中注定遭遇不幸的恋人令人不安地共存，但那乐曲却在参与和庆祝着新生命的不可思议的奇迹。

"世界的重新开始"将在后续的创作草稿中被抛弃。它讲述了可能早已存在的诗，我在想象中将其作为我自己较为喜爱的曲子，亦即叶芝爱到不能自已的音调。就像《丽达的四肢下沉》（*From the limbs of Leda sank*）一样，《摇篮曲》中的睡眠也是如法

---

① 《叶芝抒情诗选》，傅浩选译，昆明：云南人民出版社，2011年，第265页。——译注

炮制。正如《乐词》(*Words for Music*，1932)中所呈现的那样，这首诗写得更为紧凑，但它在我看来，这首诗写得更为传统。现在，帕里斯、海伦、特里斯坦和丽达都是象征，或者说是纹章，象征着睡眠的朦胧优雅，颇有婴儿式的和情色式的特质。但在一个不那么公开和重要的节点中，曙光的来临和新生的主题仍然存在——"牡鹿可跳，獐鹿能跑"(Stag could leap and roe could run)。在麦克米伦版正典中所能找到的，是一种折中的文本(参见布拉德福德[Bradford]的分析)。

我们看到，这是所有诗歌的起源状况，无论我们能否记录下来并试图重建它的胚胎及其后期的发展。叶芝的抒情诗之所以如此具有启发性，是因为诗歌从创作伊始的那五个词到出版都具有可见性。同样有启发意义的是，他建议严格规范个人典故。对叶芝来说，海伦和帕里斯的出现，也就是说由于特洛伊灾难的神话叙述，似乎迫使他引入丽达。在这个关键时刻，在我看来，所取得的经济效益和音乐性是发明创造的成果，也是对确定的技艺进行先前投资的诉诸。在"世界的重新开始"之际，存在着创世之光。也就是说，Creation 一词在此处采用的是它的一般性含义和圣经神话的含义。然而这些在诗作中都被丢弃了，从而让我们不确定地意识到这首诗本来可能是什么样的(新生的幻想肯定会在叶芝的其他诗歌中有所体现)。

有些文本似乎是现成的。作为**发现之物**(*objets trouvés*)，确实，它们几乎不需要任何修改。大体上，这些文本都是短小的抒情诗。但拜伦证明了冗长的诗节序列组合在单一而明确的情绪中几乎不可能被改变。当然,无论是短小的抒情诗,还是冗长的诗节,我们都不知道在真正发声或书写文字之前,其内部起草和形成记忆的过程。这样的即时性(拜伦的《唐璜》中就体现了这一点)确实有一些共同的特点。它们结合了视觉"快照";它们是即时的备忘录;他们表现出智慧(造物主上帝会开玩笑吗?)。他们就像闪电般地解决一个数学方程式或国际象棋问题一样,具有围堵和终止论证的乐趣。诗歌可以是简练的,因为它把它所涉及的世界、已知的情感、社交场合或历史背景作为它所指的对象,即使它是拐弯抹角地或间接地这样做。属于发明的正是智慧的特性、经验和认知的数据嵌入性特质和推理特质。

菲利普·拉金(Philip Larkin)的《电线》(*Wire*)是"一气呵成"的:[1]

> The widest prairies have electric fences,
> For though old cattle know they must not stray
> Young steers are always scenting purer water
> Not here but anywhere. Beyond the wires
>
> Leads them to blunder up against the wires
> Whose muscle-shredding violence gives no quarter.

---

[1] 托利(A. T. Tolley),《工作中的拉金》(*Larkin at Work*,1997),第144页。

Young steers become old cattle from that day,
Electric limits to their widest senses.

最宽阔的草原上有电网，
虽然老牛知道不能走失
小牛总是能嗅到更纯净的水
不是在这里，而是在任何地方。电线无处不在

导致他们误撞电线
他的肌肉撕裂的暴力是毫不留情的。
从那一天起，小牛变成了老牛，
电限制了他们最广泛的感觉。

这是一个关于无能的极简主义式的讽喻，或许，主要也是一种对
"r-"音的严肃而刺耳的潜文本的诗意操练。在这首诗歌中，
"牛"（the cattle）被称为"老牛"（old cattle），具体展现了典型拉金
式的"衰老"主题。"嗅"（Scenting）更纯净的水取代了"瞥"
（glimpsing）。第四行的前半部分有些犹豫。"任何地方"（Any-
where）取代了"世界"（world），这是一种明显的"拉金式的"音调
的变低和渐弱（diminuendo）。下一节中，"痛苦"（agony）让位给
了"暴力"（violence）。语法学家认为："痛苦"是经历的，而"暴
力"却是被施加的。起初，这首诗让人读起来有些别扭："电线围
绕着他们最宽的感官"（Electric wire staked round their widest

senses)。人们天真地想知道,最狂野的(wildest)(无疑具有浪漫色彩和优化了的平庸感)是否就是"最宽广的"(widest)的讽刺性缩写。后者是一个更发人深省的解决方案,也代表了拉金挑剔的超然态度。

拉金其他的诗行小片断被重新创作(re-worked)。在诗行创作的过程中,"如何"(How)让人们"分离"、"广泛地分离(widely separated)"或因为"孩子们/那双浅浅的眼睛充满了暴力"(of children / With violent shallow eyes)而分离(parted)。在最终版本中所做的改动看起来微不足道,但却很有说服力:

> How few people are,
>
> Held apart by acres
>
> Of housing, and children
>
> With their shallow violent eyes.

> 有多少人分离
>
> 因几英亩的房产分离
>
> 因孩子们,
>
> 他们的浅浅的眼睛充满了暴力。

也许,只有同辈诗人才能给我们强调"英亩"或插入诗行"他们的"的暗示力量。但是,这些经过反复修订的草稿以及我们所知的文本,都以其完整性和透明性(例如,拉金最著名的诗歌中的

"高窗"[high windows]),诉说了发明(invention)的真谛。具有讽刺意味的是,它们坚定地植根于日常生活的本质之中,其实质便是强调英语的某种精神。他们为自己设定的"电限"(electric limits)是尖酸辛辣的和自嘲性的狭隘。只有"年轻的掌舵者"(是罗伊·坎贝尔[Roy Campbell],或是迪伦·托马斯[Dylan Thomas]吗?),才会撞上那些碎裂的电线。甚至所使用的暴力都是肤浅的,这可能使情况变得更糟。

像拉金这样具有一致性观点的注释者,他的创作记录几乎程序化地排除了对未来的赌注,对当前言语和现成的可理解性的赌注。在一流的诗歌和艺术中,赌注是有危险性的,且往往达到了某种权限。诗歌中还未曾被人创造出来的诗歌,以及"不会完成"(will not be)的诗歌施加着迫在眉睫的压力(柏拉图思辨地将非存在包含在存在之中),划定了发明(invention)与创造(creation)之间的界限。就理性和清醒的常识发现而言,本着对世界散文的尊重,拉金认为,此种柏拉图式的悖论是可疑的蒙昧主义或公然的自命不凡。如果有的话,它们必须通过实例来证明,比如对发明持否定态度的保罗·策兰就曾提供一些实例。

策兰的诗是某种纯粹的存在,尽管他本人认为这是不可能实现的。这是一种与语言、文学以及与主流的沟通标准和实践都完全格格不入的纯粹存在。

通晓并熟练使用数种语言的策兰是一位精通六七种语言的翻译大师;继荷尔德林之后,他是最具创新性和最具深远影响力的德国抒情诗人。策兰几乎无法忍受自己对德语的依赖。难道他不能或不应该用罗马尼亚语、法语或最好是用希伯来语来书写吗？德语是屠夫们的语言。操持这种语言的人诛灭了他的父母，以及策兰赖以成长的那个无比仁慈的世界。德语是那种能够明确表述仇恨犹太人之行为和史无前例地铲除犹太人之意愿的猥亵语言。它从自身的内部发出非人的咆哮，同时却又自称拥有杰出的哲学-文学遗产，并使之在许多层面上和日常的家庭生活中继续正常运转。对策兰来说，可以在德国清除地狱病毒的净化剂和遗忘药是不可能存在的。彻底解构德语的想法暗示了其本身的存在，但同时也是完全不切合实际的。近在咫尺的是沉默的另一种表征。策兰在此处所遭遇的困境在卡夫卡所经历的"虚假母语"（false mother-tongue）的折磨中已有先兆。

因此，策兰的文本是一种充满了难以形容的痛苦和尴尬以及"无法言说的"内部矛盾的场域。尽管诗歌或散文有着偶合性的精妙之处和仿入魔法之境般的极致和精准，但其持久的缘起和潜台词却浸透着奥斯维辛和此后犹太人幽灵般的生存境况，那么，这样的诗歌和散文又怎么能够装饰、丰富和延续德语的生命？对于保罗·策兰来说，怎么可能让出自地狱之门的语言，进入他所构建的潜意识以及他生命最深处的塑造需求呢？与荷尔德林诗歌相关的类似存在自始至终都是某种护身符，但也总是要重新进行协调，进而达到抒情诗的新高度。还有人仿效荷尔德林创作德国诗歌吗？如果把这种情况定性为"讽刺"，那就是在轻视它。地狱是个极具决定性的因素。在表达行为和直接的表现媒介之间以及在表达（该说什么）的需要和"词汇、语法和语义"等层面的表达手法之间，它决定性地强化了某种自杀性的张力。除了卡夫卡，没有作家认为，无论多么有灵感、多么令人难忘，一部文本的生产都是如此昂贵的屈辱（只是因为那灵感和记忆）。因为德语是文本的公共工具，所以它（再一次）大行其道。因此，在策兰的作品中，创造力的运作是一种挫败性的否定。诗歌将自己从其语言的现象性中解放出来，只在烧焦的草地上留下一个无声的阴影。当策兰的诗歌根本谈不上纯粹之美时，德语就占了上风。然而，策兰的诗歌无论在哪里获得了其纯粹性，德语都获益匪浅。此外，"讽刺"在其诗行中是一个超级浮夸的概念。

相对而言，策兰的抒情诗与"文学"以及文学生活的各个方面之间都存在着苦涩的矛盾。它在赞美"伟大的作品"和它的继承者时畏缩不前。在关于"文学-学术"的闲聊中，策兰所表现出的轻率和虚荣显得极其脆弱，他对**文学家**（littérateur）和时髦的艺术大师的蔑视更是成了传奇。他将真正的诗歌定义为某种"荒诞"（absurdity），不仅因为诗歌无法改善人类的行为，也因为它们更倾向于美化和掩盖这种行为。握手可与任何一首诗相媲美，甚至更重要。然而，诗歌也是一种不可或缺的荒诞，就像我们呼吸的空气一样不可或缺，也像一种很可能永远不会到来的救赎。现在，诗歌的任务到底是什么？"去仔细想想，得出合乎逻辑的结论，马拉美说。"

我猜想，通过这种方式，策兰是为了表达某种纯粹性或绝对性的诗歌和打破就语言而言的语言租期（les mots de la tribu）且又符合世俗话语要求的文本性。策兰曾说，绝对诗歌（即"荒诞"）的任务是"不只是表现自己"（not，only to be itself），而是"代表他人"说话（出自安德伦·萨希[Anderen Sache]语）。这个"他者"可以是一个活生生的存在；实际上，它通常是那些不被记住的和无名的受害者，他们的灰烬被劲风狂吹直至被遗忘。一首真正的和纯粹的诗仅仅"在它自身的边缘"即边界上揭示和宣称自我。然而，我曾试图将这条边界定义为必要的越界标志，定义为迄今为止已知的和可理解的边界线。

策兰似乎刻意地像他过去在诗歌中表现的那样，将这一点呈现为不宜翻译："*es ruft undhohltsich，um bestehenzukönnen，unausgesetztausseinem Schon-nicht-mehr in sein Immer-nochzurück*"（马丁·海德格尔的语言特点往往潜藏于保罗·策兰的言语表达之中）。我们不妨将其大致直译如下："为了能够继续存在，诗歌不断地呼唤自己，并将其从已经不复存在之态以及转瞬即逝和易遗忘的根本特性中拉回来，恢复到静止的永恒之态中"（in order to persist，the poem calls on itself，it conveys itself from its already-no-more，from its in-built ephemerality and forgettability，back into its every-yet）。诗歌恢复了走向终极永恒的自我存在。这种自我召唤或"自动神召"（auto-vocation）使诗歌置于"孤独之中"（in solitude）；当然也使诗人置于孤独之中。诗歌"孤独地前行"（solitary and under way），通向某个不确定的集结地，却往往又会错过这个点。但是，无论怎么说，诗歌的感召正是它自身不可回避的秘密及其*存在的理由*（*raison d'être*）。

所有这一切都使诗歌的完成具有深刻的终结性,这种终结性就是我所描绘的绝对的诗歌与其前语言和潜在的替代品之间的关系。绝对的诗歌、文学文本、艺术作品和音乐结构都在朝着未来的方向发展。策兰说,诗人是旅途中的"伴奏者"(*mitgegeben*)。

最后一种矛盾是最难以阐明或证明的。特别是在其后期阶段,策兰的诗歌可能与可理解性不相一致(尽管他自己极力否认这样的赫耳墨斯神智学)。什么正在被诉说?引用马拉美的先例具有欺骗性。由于马拉美的飘忽不定,他的含糊其辞常常是有策略的。它关乎的是深奥玄秘的传统和意志的宝藏。在马拉美的书中关于保密的修辞或反修辞需要人们去解读。对策兰进行不透明的公正衡量确实与这种审美有关。不可理解性会屈从于对传记和相关背景的了解,屈从于对确切时间和地理位置的了解。事实上,保罗·策兰的私人生活、令人担忧的遭遇以及精心挑选的风景和历史纪念日(比如说,荷尔德林逝世的日子),诸如此类的细节是可以与荷尔德林或济慈诗歌中的古典神话相媲美的潜文本。但是,有些诗歌似乎没有外部信息和偶然的情况牵扯其中。到目前为止,它们在本质上仍然是封闭的,即使是针对有争议的解释也是如此。正如我在其他地方试图说明的那样,①它们的不可理解性是本体论的,也就是说,这是它们被创作的依据,或许也是它们被创作的动机。

---

① 参看《论困难》(*On Difficulty*,1978)。

关键在于,策兰对当前任何类别的交流都愈加不信任。交流,或者更准确地说,交流的意愿和表达者的意图,不管是公共的还是私人的,都存在致命的缺陷。乐于交流都是弄虚作假,更不用说雄辩了。语言是麻风病,充斥着陈词滥调,充斥着个人和社会的虚伪和油嘴滑舌的不精确。它(出色地)满足了种族灭绝和政治奴役的要求。它保留着辩解、谎言、虚假的修饰和失忆,似乎取之不尽。语言可以说:"没有奥斯维辛"或"策兰是剽窃者"(这种歇斯底里的指责使他晚年感到厌恶)。语言在最亲密的爱情和友谊面前会不断地背叛自己。那么,语言是否可以借用一种极具启悟性的数学概念即绝对的诗歌通向真理和"超然"的至高无上的道路上呢? 口头话语和言语行为如何能成为指向超越它的事物的合法指针呢?

策兰在 1959 年 8 月的散文寓言《山中交谈》(*Gesprächim Gebirge*)中讽喻了这一困境:这是(与阿多诺[Adorno]的)一段曾经设想过但从未发生过的令人痛苦的交流的精确记录。由于其绝对必要性,因此,这是完全不可能发生的事——在经常被轻视的评论中,阿多诺曾对奥斯维辛之后的抒情诗的有效性表示怀疑。人们再一次想到莱布尼茨关于"is"的概念,因为它永远不会存在。在海德格尔看来,症结在于"reden"和"sprechen"之间的光年之隔,前者是"交谈",是闲聊,后者是"说话",试图表达真实的意义和**语言**。后者被充耳不闻,它把自身描述为"什么也没有,什么也没有","什么也没有"是策兰在提到大劫难时对"上帝"绝望的缩写。我们的作品和生活充满了**话语**和闲聊,而这些话语

216

和闲聊都是喋喋不休和"明目张胆的阴谋"。这种刺耳的喧嚣振聋发聩。因此，策兰越来越沮丧地呼喊："什么时候……什么时候?"人们如何能再听到欧西坦语的声音? 这些声音曾经是如火的语言，现在已化为无声的灰烬。大山里不会有会话，只有矛盾冲突(*Entgegenschweigen*)。"保持沉默"，是海德格尔在写给策兰的最后一封信中新创的词语，它既是一种对抗，也是一种"遭遇"。

要做什么吗? 陈腐而平庸的异议是："为什么要写诗，如果写好了，又为什么要出版呢?"这一异议确实有它的力量。策兰也病态地受此异议影响。他一次又一次地讽刺或痛惜自己的使命，只有在无法逃避的追忆以及为无名死者命名的重担方面才彰显了这一使命。然而，在另一些时候，他把他技术的神秘性看得比其他任何努力都重要。矛盾必定变得无法克服，不对称的问题无法得到解决。由此，我建议，进入不可理解的黑暗之渊或者"光景(*Lichtverzicht*)"中。策兰的新词是不会弄错的：*夜间玻璃*(*Nachtglast*)这一障眼法术语(*Sperrzauber*)表达了夜晚的意义、暴力和封闭性魔法行为。现在，诗歌必须艰难地穿过摇摆的石门才能到达黑暗，而黑暗"充满着必然性"：

> ein von Steinwutschwingendes Tor noch,
>
> gesteh's der
>
> notreifen Nacht zu.

> 一扇大门仍在摇晃着石头的愤怒，
>
> 忏悔吧
>
> 在情况紧急之夜。

观察"石头的愤怒""石印术"和石头上的书写。"石头语言"是重要的策兰主义语言，现在，它的沉默的真理否定了人类的喋喋不休。它可能是顿悟的先兆之一。我已经引用了策兰所调用的"未来北方的语言"。在这种语言能被说出，更重要的是能被听到之前，绝对的诗歌需要延迟任何确定的意义，延迟可理解性的秩序，这种可理解性即使是断断续续的，也可以被直译或意译。所有那些真正的诗歌以及艺术和音乐中最绝对的东西都在说："和我一起去呼吸/去超越。"（"kommmit mir zuAtem / und drüberhinaus."）这种字面上的超越就是我想要定义的：正在走向现实的运动，这一运动必然使不完整合情合理。不完整（in-completion）是对"完成"（finish）的一种否定，它有"润色"、"修饰"和注释的含义。

因此，在可理解的（"应用的"）领域及其各种成就和用途上，发明几乎已经实现了可理解性。创造极其罕见地能够打开"灵魂的未知领域"（柯勒律治），而且事实上确实如此，其途径也是无迹可寻的。正如瓦尔特·本雅明所指出的，它可以等着我们追随它并且赶上它，尽管我们不太可能这样做。"钥匙的力量已被黑暗笼罩。"就像卡夫卡的寓言《法律》中所说的那样，一扇锁着的门是开着的。倾听语言本身的行为，而不是我们对语言的理解,可以证明救世主的存在。

　　勒内·夏尔(René Char)是被策兰理解的诗人之一。夏尔
和策兰都向海德格尔看齐。没有哪个诗人比夏尔更陶醉于诗
歌片段中隐含的希望。他最好的诗歌大都是以散文的形式表
现出来的,也是与未知世界订立的契约。就像在特勒局和解
码的故事里一样,它们的边缘被撕裂了。只有找到相匹配的
另一半,它们才会产生相应的意义,才会揭示它们的信息。在
"结合"之前,含糊不清和选择的摇摆不定,都是不可避免而又
合法的:

> Demain commenceront les travaux poétiques
>
> Précédés du cycle de la mort volontaire
>
> Le règne de l'obscurité a coulé la raison le diamant
>
> dans la mine

> 明天将开始诗歌创作
>
> 在自然死亡的周期之前
>
> 黑暗的统治使钻石沉默的原因
>
> 在矿井中

夏尔的诗学思想强调创作的开放性。就直接性而言,它们的陈
述和理解都是谨慎的,暂时性的。"诗歌应该与可预见的、但尚
未制定的内容密不可分。"诗歌生活在"永恒的失眠中",以免屈

服于纯粹的梦的创作力（尽管超现实主义画家继续给夏尔灵感，但是，夏尔已经把他们都抛在了身后，那些被夏尔落下的超现实主义画家培养的人就是如此）。诗歌必须保持清醒，以便为契约双方的会晤做好准备。谁是契约双方？

就像海德格尔一样，夏尔有时也会祈求"神"：

> Nous ne jalousons pas le dieux, nous ne les servons pas, ne les craignons pas, mais au péril de notre vie nous attestons leur existence multiple, et nous nous émouvons d'être de leur élevage aventureux lorsque cesse leur souvenir.

> 我们不羡慕众神，我们不侍奉他们，也不惧怕他们，但是，我们冒着生命危险证明它们的多重存在，当他们的记忆消失时，我们会被感动，成为他们冒险的衍生者。

然而，在其他时候，与文本相匹配的部分却被死神所掌控，夏尔在与死神抵抗的过程中逐渐与死神浪费的资源亲密无间。或者，用勒内·夏尔的"反现实主义"习语来说，在去往德尔斐神庙的十字路口，去往以马忤斯的路上所遇到的是猎户座（stellar Orion）恒星。

诗人的首要任务是与有限的诱惑和约束作斗争。因此，

Orion,

Pigmenté d'infini et de soif terrestre …

猎户座

充满了无穷无尽的尘世的渴求……

正如与海德格尔的约会一样,命中注定的约会地点可能在虚空(见下文)的边缘之上。真正的诗人,作为具有洞察力的密探,都有一种危险的特权,这种特权使他的跨越既隐秘又光明,从而成为一种追求圆满和成就的激励。如此看来,这种措辞具有抽象意义上的预兆性,但是,在夏尔的文本中,它们却呈现得极其清晰。"路过"黑暗,听起来就像是明确无误的音符:

Dans un sentier étroit

J'écris ma confidence.

N'est pas minuit qui veut.

L'écho est mon voisin

La brume est ma suivante.

在一条狭窄的道路上

我书写我的信心

不是任何人都可以成为午夜。

回声是我的邻居

迷雾是我的下一个目标。

在第三行中，宝石般的骄傲来之不易。并不是每个人都有权利在午夜时分来到未知的无人区里一座不安全的房子里。绝对的诗歌诞生于对"未来的召唤"（*l'appel du devenir*）。它必须冒险进入"充满反叛和孤独的矛盾世界中"，这是夏尔将其与赫拉克利特的高深莫测联系在了一起。在创作经受考验的地方没有选择，因为"人们如果没有眼前的未知，该如何生活？"

形下个性化创作中形上纯粹性创造之美和真

只有数学家才能在数学运算过程中评估创造、发明和发现的各自思想主张。只有数学家在写数学论文的工作簿和草稿中，才能判断这些概念是否适用，是否可以区分它们（实际上，这些材料被保存了下来）。我没有资格这样做。如果我试探性地在音乐的主旨中引证一个"数学时刻"，正如我所提到的，那是因为数学家们在他们的工作中自身坚持诗意和审美的冲动。因为数学家和数学哲学家邀请我们在他们的结构和诗人、艺术家和作曲家的结构之间寻求类比。外行人能评价甚至是天真地评价保罗·埃尔德什（Paul Erdos）（他被同行视为 20 世纪最伟大的纯粹数学家和数字理论家）的骄傲假设吗？

数学是唯一无穷无尽的人类活动。可以想象，人类最终会学会物理学或生物学的一切。但是，人类肯定不可能在数学中发现一切，因为这门学科是无限的。

观察对"无限"的技术性和一般或形而上学的调用的重叠。保罗·埃尔德什不安地讽刺了在他所谓的"书"中整体解决方案的存在，这本所谓的"书"是由上帝掌控的，上帝既慷慨——他创造了无穷个质数——又邪恶——他不让我们了解的诸多属性。理论家中的魔术师拉马努金（Ramanujan）从相反的角度提出了同样的意象："方程式对我来说没有任何意义，除非它表达了上帝的思想。"通向诗人和形而上学家的桥梁是什么？通向巴赫定义音乐的起源和目的的桥梁又是什么？数学家再一次见证了上帝的存在。

关于所谓的阿贝尔积分，米塔-列夫勒（Mittag-Leffler）写道："亚伯最好的作品是具有真正崇高美的抒情诗……这种崇高就话语的一般意义而言，比任何诗人都更能超越世俗，更直接地发自灵魂深处。"埃德加·奎内特（Edgar Quinet）也同样说过：

> 如果说我被代数迷住了，那么，我也被代数在几何中的应用弄得眼花缭乱了……在我看来，用代数术语、用方程表达直线和曲线的可能性想法就像《伊利亚特》一样美丽。当我看到这个方程在我手中发挥作用并解出的时候，可以说，它迸发出了无穷无尽的真理，所有这些真理都是无可争辩

的，都是永恒的，都是光辉灿烂的，我相信我拥有的护身符可以打开每一扇神秘之门。

这些都是具有浪漫主义气息的升华。在数学的历史中，感性的风格和惯例并不亚于文学或艺术。代数分析既有它们的浪漫主义时刻，也有它们的巴洛克和古典时刻。在某种较低的程度上，有个性的数学家会调用个人的方式，使用可与作家或平面艺术家相媲美的签名。那些有判断能力的人会说，他们几乎一眼就能分辨出柯西（Cauchy）写的代数论文和黎曼（Riemann）写的代数论文。特定的手是可见的。因此，奥尔德斯·赫胥黎（Aldous Huxley）所称的"疯狂的代数舞蹈"有其多样的节奏，甚至在某种程度上还有个性化的节奏。

埃瓦里斯特·伽罗瓦（Evariste Galois）的作品也是如此。无论从总体上还是从技术形式上来说，他都处于革命浪漫主义的核心。许多人曾经试图证明解五次代数方程是不可能的，但是，伽罗瓦找到了解决 n 次方程的标准，从中他也证实了五次方程确实是不可解的。几乎整个现代群论（the modern theory of groups）和代数拓扑学（algebraic topology）都是由这一发现产生的。许多以前不相关的问题都被伽罗瓦证明是"合成的"。合成取代物的过程显示了它们的基本亲缘关系以及可溶性和不可溶性的共同条件。伽罗瓦的洞察力就是他的巨大遗产。他的观点以及他的暗示仍然是最前沿的。

伽罗瓦这位年仅二十岁就成功"迸发出无限真理"的火花的

数学家,他写给巴黎科学院的代数方程的解因为晦涩难懂而遭拒(这就是对既定概念的进步)。伽罗瓦陷入了一场决斗之中,这场决斗很可能是警察为了消灭一个臭名昭著的政治激进分子而安排的。同时,伽罗瓦清晰地预见到了致命的结果,因此他用余下的一个晚上的时间整理了他的文件并宣布了他的发现。1832年5月29日晚上,他在给朋友奥古斯特·舍瓦利耶(Auguste Chevalier)的信中就这样做了。这份奋笔疾书写下来的文件是人类心灵记录中最鼓舞人心而又最辛酸的。甚至从直观上来看,伽罗瓦临死前写的信类似于济慈最后的草稿或者被判死刑的舒伯特的信件和草图。

伽罗瓦完整的数学著作已由罗伯特·布恩和阿兹拉(J. P. Azra)于1962年出版,这些著作具有纪念意义。其中包括伽罗瓦死亡前一天晚上所写的几页副本,以及它们的旁注和涂鸦。在代数符号的洪流中,出现了诸如*欺骗*(*mentir*)和*手枪*(pistolet)等话语,这些都和伽罗瓦非常相关。他所能得出的结果,也就是他现在必须要告诉别人的结果,已经"在我脑海中"存在了至少一年。但是,没有时间来详述他的论证:"这一点已得到论证"(On trouvera la démonstration.)。

正是这两次被记录下来的"我没有时间"的呼喊使研究这些艰涩的抽象代数几乎无法忍受。普希金在决斗之前就已经充分发挥了他的天赋。但是,埃瓦里斯特·伽罗瓦却没有如此幸运:"但是,我没有时间了,而且我的想法还没有在这个巨大的领域得到很好的发展。"(*Mais je n'ai pas le temps et mes idées ne sont pas encore bien développées sur ce terrain qui est immense*)。埃瓦里斯特·伽罗瓦向舍瓦利耶宣告了他的洞察力同时存在"美和困境"。他涂鸦了一幅画，也许是自画像，是他死后的遗物。但是，外部世界，也就是他自杀的根源，侵扰了他。"共和国"这个词在代数符号的洪流中以优雅严谨的字体涌向我们。在某种程度上，内在的辩证法，纯数学和政治之间的相互作用变得具有启示性，这是我所知的其他任何文献都没有的。

在处理 $(fx)^2 + (a-a)(Fx)2 = 0$ 的函数分析时产生了不可分割（*indivisible*）这个词。其次是团结一致（*unité*）；共和国的不可分割性（*indivisibilité de la république*）。接着就是：自由，平等，博爱或死亡（*Liberté，égalité，fraternité ou la mort*）。此时，代数符号恢复。

关键的启示是：不可分割，团结一致，平等显然具有共和革命的修辞性和政治色彩。它们属于数学的概念习语和革命，也属于"激进的"——该词本身就是一个代数-政治术语——理论，即群体理论。在伽罗瓦所强调的生成性意识中，语言和概念化的两股潮流是合流的，甚至接近融合。就像内部听写一样，伽罗瓦在口头和代数上同时进行思考。将自然语言符号和代数标记符号进行网格化处理。在意识的门槛上，政治影响着数学，数学也影响着政治。"融合"在普通的坩埚里"白热"化。

这种融合延伸到涂鸦，延伸到了页面空白处的讽刺素描。后来在这页上，我们发现："没有阴影"（*Pas l'ombre*）的话语。我认为，这里指的是习语"毫无疑问"。这句话既适用于伽罗瓦的公理论证,也适用于他毫无疑问地陷入了政治陷阱。我们还可以在代数中找到另外两个斜体词:"*Une femme*"(一个女人),这两个词指向了凶残的垄断联盟捏造的卑鄙动机。

这些书页由于不完整而令人绝望,但是给"科学带来了我们所知道的最重要的时刻之一"(参考雅克·阿达马[Jacques Had-amard]的开拓性专著《数学领域中的发明心理学》)。在可用的概念上,伽罗瓦定理需要用 25 年或更久的时间来预测关于某一类积分的周期性。在某个只有部分意识的层面上,这些概念对伽罗瓦来说是存在的和具象的。"平等"作为一种技术指称,是否可以与平等的乌托邦政治在同一水平上?

如果是的话,伽罗瓦的研究成果无疑是关于自我发现的。代数和意识形态在精神的前进运动中是一致的。同时,莱布尼茨也是一个能够预言未来的人,他断言"艺术是内在和无意识算术的最高表达",这证明了他的洞察力。

形下创作的社会性

绝对诗歌和纯数学中关于创造力的类比直觉上是可信的。数学想象力可能与音乐和艺术一样,来自前意识迷宫中的相同区域。当爱因斯坦宣称"人们走向艺术和科学的最大的动机之一是逃离日常生活中痛苦的粗鄙和无望的沉闷"时,他是在转述叔本华的话语(也可能是引用了莱奥帕尔迪的话语)。柏拉图和埃尔德什说得更有道理:真正的诗人、数字理论家和戈德堡变奏曲的作曲者,与哥德巴赫猜想的设计者一样,都拥有无限的灵魂。他们的追求具有共同的重要意义。

尽管如此,分歧仍然很大,需要加以澄清。

理论科学和应用科学的研究协作得非常好,这在实用主义和社会学的研究也是如此。从一开始,就有一个调查、研究和提议的团体。即使在竞争中,即使在追求知识优先权和物质利益(诺贝尔奖、专利)的激烈竞争中,科学家们也会在相互感知的"网络空间"中进行交流,这种交流早于如今的即时信息网络。科学技术的发展与孤独成反比。实验室、研究所和国际研讨会是集体的必要条件。尽管纯数学仍然是一个独立的范畴,但是今天,在这个领域中出版物在很大程度上都是共享的。对于那些有幸与保罗·埃尔德什签约的人来说,一个完整的神话已经开花结果了。在天体物理学、分子生物学,理论和应用热力学方面,论文的作者多达 30 人或更多。在五花八门的动机背后,也许隐藏着职业晋升和互助的肮脏动机。然而,潜在的条件是真实的:科学问题的调查、假设的形式化、相关解决方案和技术实现的发现都是向着前沿进行的。许多同样装备齐全的专家和从业者同时在发达国家开展工作。即使在最深奥的领域,随着质疑的工具在物质上变得更加庞大,在经济上变得更加贪婪——研究亚原子粒子所需的加速器、探测宇宙边缘的无线电和 x 射线望远镜、生物遗传学的基因组计划——团队合作是唯一可行之路。反过来,出于军事、意识形态或商业原因而试图保密的做法已经被证明是适得其反的。

在某些历史时刻,这种科学共同体(communitas),也许同西方社会历史上的任何一种政治一样,接近于一种成熟的政治和无私的进步。启蒙运动的精髓既是由科学交流的理想和实践所激发,也是由关于自然和制造的百科全书式的秩序的理想和实践所激发。思想和发明的交流跨越了政治和行政边界和不同的宗教分歧和不同的文化和情感的传统。从伦敦的皇家学会到帕维亚和那不勒斯的解剖学家,从巴黎天文台到圣彼得堡的"自然哲学家"聚会,他们在信息、争议和合作建议上各取所得。科学杂志和传播的大量通信为知识分子创造了一个国际大都市。从梅森(Mersenne)和莱布尼茨,到孔多塞(Condorcet)和孔德(Compte),一个积极而有益的真理的联邦理想,超越了宗教、王朝和种族仇恨的血腥和幼稚的冲突,这个理想似乎触手可及。随着我们步入新千年,科学研究的巨大成本或许会普遍性地耗费。科学家们日益蔑视各种形式的强制保密和审查制度,日益蔑视自身受困于意识形态或商业限制的情形。科学真理和技术解决方案的"所有权"是一个幼稚的概念。正如开普勒(Kepler)所说,在宗教战争的大屠杀中,椭圆运动定律不属于任何人或任何公国。

这是否意味着个人天赋不起作用? 关于这一点,历史学家和科学心理学家有很多争论。我们能忽视阿基米德、伽利略、牛顿、法拉第、达尔文或者爱因斯坦在学术上的重要作用吗? 完全有可能。历史学家指出了某些著名的同步性例子,例如,牛顿和莱布尼茨(微积分),或华莱士和达尔文(自然选择和物种起源)都是差不多同时取得重大进展的。突破和分析想象的彻底的重新定位"悬而未决"。伟大的发现或许迟早会被那些有才智的人以及不怎么有天赋的观察者和实验者所完成。蛰伏已久的洞察力被挖掘出来。哥白尼模型在古希腊就已经存在，18世纪就有人提出人类是由灵长类祖先进化而来的。也许，起决定性作用的是政治-社会权力关系的转变、世俗的逐渐许可以及由于隐喻的侵蚀而变得僵化的思维定式的放松（被称为"范式的改变"）。如果笛卡尔再工作几十年，他可能会发表一些"异端"学说。在20世纪20年代和30年代，文化-社会失调的环境氛围、爱因斯坦的技术意义上的"相对论"以及道德和审美价值上的"相对论"产生了原子理论、不确定性原理和互补性理论，这些理论以难以置信的速度迸发出生命力。确切地说，在1914—1918年的大灾难导致人类事务中信心和理性决定论崩溃之前，很难想象一个不确定性原理会被讨论。爱因斯坦对秩序的保守信念永远不会屈服于量子物理学的不确定性。就像西方文明本身一样，某种混乱再次出现。

因此，无论个人天赋如何被激发，科学进步的总和都是呈指数级地超过其个体所做出的那部分。这种进步——我将回到这点——确实是惯性的和广阔的。由于内在的逻辑和推进的必要性，它在许多方面都不受个人主动性的支配。这种前进的态度可能会因宗教审查等文化-政治的突发事件或资源短缺而受阻或加速。这些负面因素融合起来也许确实可以解释非洲、伊斯兰和东方世界相对缺乏科技进步的原因（参见李约瑟[Joseph

Needham]对中国早期辉煌之后"落后"的反常现象的大量调查)。然而,随着时间的推移,正是由于这个过程的合作性和多元性,人们强烈认为科学理论和发现可以被认为是匿名的。潮水涌来了。

保罗·瓦雷里在书中针对这些所做的描述不无神秘色彩:

existences singulières dont on sait que leur pensée abstraite, quoique très exercée et capable de toutes subtilités et profondeurs, ne perdait jamais le souci de créations figurées, d'applications et de preuves sensibles de sa puissance attentive. Ils semblent avoir possédé je ne sais quelle science intime des échanges continuels entire l'arbitraire et le nécessaire.

众所周知,他们有着奇特的存在,他们的抽象思维虽然非常活跃,而且能够表现出各种细微和深刻的特征,但是,他们从未失去对其所包含的创造、应用和敏感证据的关注。他们似乎掌握了一些关于任意性和必要性之间持续交流的亲密科学。

瓦雷里宣称,列奥纳多·达·芬奇是"优秀者中最优秀的"。这可能是真的。列奥纳多没有在他的(基本上没有的)笔记本上描绘和编码他真切的洞察力,但是,飞行机、潜艇、液压螺旋或者对漩涡的理解都已经实现了。科学发现自身。

艺术史告诉我们,许多画作都是由多人共同完成的。一些被认为是这个或那个大师最具特色的作品,实际上都是合成的。助手、门下弟子、画室或市政委员会的手工艺人提供了背景,并且画了随从人物或图案,甚至可能完成了整个画布。在文艺复兴时期和巴洛克时期的主要壁画中,大师的素描和整体设计都是由他的助手完成的。铸造厂对后来的亨利·摩尔(Henry Moore)来说是至关重要的,它大规模地铸造了那些小型的并且几乎是试探性的模型。在建筑中,多种多样是规则。建筑师、建造者和相关材料的供应商——今天,计算机的全息建议和解决方案——都从事着组合企业。在音乐领域,创造和发明的合作无疑是非常少见的。我们知道一些轶事,诸如由多个作曲家合成的混合乐谱;诸如莫扎特的《安魂曲》、普契尼的《图兰朵》、布索尼(Busoni)的《浮士德博士》、贝尔格(Berg)的《露露》或马勒的第十交响曲等都是由作曲家的学生或崇拜者完成的。更普遍的是,早期音乐和巴洛克音乐大多是由概括性的旋律和主题组成,由其他作曲家和执行者来赋予其低音。但是,从本质上讲,大多数音乐的确起源于个人的情感,而不是工作室的集体。

即使是最"自闭"的审美行为和最生动的奇点,在现象学上也是社会性的。它是在现有媒介的已有压力和约束下产生的。语言就是集体矩阵中最明显的例子。历史决定了想象力的选择。一个人几乎不需要是马克思主义者(尽管有时会有帮助)就能理解社会、经济和意识形态的数据是如何在形式上限制和塑造艺术、音乐或文学的。古代史诗，就像以不同的方式产出的散文小说一样，是高度专一的民族、经济以及政治需求和机遇的间接产物。荷马的氏族环境和普鲁斯特的世俗环境一样具有重要影响。我们已经看到，即使是最绝对、最超凡脱俗的抒情诗也会受到心理和社会环境的玷污。交流是情感和思想的脉搏，是社会性的。独白在使用语言时也是如此——超越了所有隐私的社会－历史手段的——使自己成为另一个人。哈姆雷特的大声独白真切地彰显了自我的社会学思想。

正是这些日常真理构成了现代"接受理论"思想的基础。毫无疑问，听众、观者和读者都是辩证地牵涉到文学、音乐和艺术的起源和持续存在之中。观众的反应，相继传播的诠释记录，表演、展览和出版的社会史——何时、何地、对谁而言是可理解的或是经典的——它们一旦被外化，一旦意识打破沉默，都必定属于美学和论述的组成部分。诸如布莱希特（Brecht）在戏剧中创作党派场景时就会邀请观众干预，约翰·厄普代克（John Updike）为自己正在写作的作品从电子网络上征寻章节的备选结尾，他们以一种寓教于乐的策略，强调了创造性模式中社会参与的持续性。而且，在创作的大部分历史中，创作一直都是无名的。阿尔塔米拉（Altamira）的洞穴画家、金字塔的建筑师、民间音乐的作曲家、流行音乐的作曲者以及几个世纪以来的编曲者都默默无闻。同样，口述史诗和典型的寓言的开创者毫无疑问也是不计其数的，他们在《伊利亚特》和《奥德赛》的"荷马史诗"中衰变为固定的（和想象的）作者。我们对个人作者身份的痴迷、对艺术家签名的痴迷、对作曲家的人格和指纹的痴迷以及对剽窃的追查都是很晚才开始的，而且我认为，它们都是即时性的反应。他们宣称，文艺复兴和浪漫主义的自我戏剧化是最重要而又最内在的表达。可以想象的是，在莎士比亚的作品中，当然也在巴赫的作品中，工艺的概念和正式创作的概念非常专业和不自负以至于我们很难去体验。即使是主要的作品——就莎士比亚的作品而言，我们必须排除十四行诗——都是一种概括和共享的技术实践，并且远远超越了自我意识的范畴。伊丽莎白时代的大部分戏剧都是由许多人共同创作的。这些人都是在工作，通常是临时的，并且经常在相同的脚本上蚕食以前的材料。莎士比亚开始是《亨利六世》（*Henry VI*）三部曲的合作者，最有可能是《泰特斯·安德洛尼克斯》（*Titus Andronicus*）和《爱德华三世》（*Edward III*）的合作者。他最终成为出演《亨利八世》（*Henry VIII*）中博蒙特（Beaumont）和弗莱彻（Fletcher）的角色的富有灵感的替补演员。这一点，确实可以类比科学的参与性。与其他美学流派相比，剧院总是具有某种实验室的特征，它的大门是对社会敞开的。

尽管这样的类比很有启发性，但是，它们远不如分道扬镳那么重要。在艺术、音乐和哲学中，在几乎所有严肃的文学中，孤独和独特是必不可少的。创造行为是因人而异的，也像在自我的城堡里一样根深蒂固，也像一个人永远不会与他人合作和互换死亡一样。我们将看到，创作与死亡、审美-形而上学的个体化以及个人消逝的孤独之间都具有最重要的亲密关系。我们通过互惠性来定义这两个过程。我们创造或接近创造，然后在本体论的孤立中孤独地（*soledad*）死去。"孤独"一词与贡戈拉（Góngora）的诗歌联系在一起，完美地凝聚了相关的价值。它的词源是拉丁词"solitudo"。该词代表着孤立，放逐到自我的荒原，就像隐士一样与他人的存在隔离。它暗含着"灵魂的午夜"，这是对神秘主义者、形而上学者和诗人来说都很熟悉的另一种巴洛克式的精确表达。作品的诞生带来了光明，也带来了更幽深的黑暗。用贡戈拉的话说，造物主的孤独就是*混乱*（*confusa*）。它同时也是一种空虚，一种精神的荒漠，一种孕育着塑造冲动的潜在丰富性。诗人和思想家都是孤独的，并且无法言说，同时他们又处于各种可能性的压力之下。在他们内心沉默的门槛处，激荡着初始的形态和表达意志的渴望。柯勒律治笔下的水手，可以充当通往命令式表达旅程的阐释模型，他在拥挤的海上是孤独的，甚至孤独到了疯狂的地步。

自古典时期起，生成性孤独的夜晚就被土星赋予了象征意义，被诗人和艺术家描述为"阴郁的"（saturnine）①。弥尔顿生在暗淡的星光之下，活在忧郁之中。他的《沉思者》（*Penseroso*）将传统而标志性的主题与令人难忘的简洁结合在一起。哲学家和诗人的灯"在午夜时分/仍在某个孤高的塔楼上燃点"（蔡乐钊译）。出于需要，但也出于厌倦的欲望，沉思者将成为一名隐士。

---

① 经典的研究仍然是雷蒙德·克里本斯基（Raymond Klibansky）、欧文·潘诺夫斯基（Erwin Panofsky）和弗里茨·萨克森（Fritz Saxl）的《土星与忧郁》（*Saturn and Melancholy*，1964）。

无论是敌对还是保护，小说的赞助人，即隐居的创作者都会与柏拉图以及"伟大的赫尔墨斯"进行精神交流，他们会在繁星满天的夜空"经常望见大熊座"。罗伯特·伯顿（Robert Burton）专注于沉思崇高的真理、美和神话，专注于与思辨相结合的想象，这是三重性的主要来源。极度的孤独会导致人类进入虚无的状态：虚无（*et nihil sumus*）。但是，自己心甘情愿要孤独也会让理性黯然失色：它"像塞壬或者像狮身人面像一样温柔地进入不可逆转的深渊"（注意伯顿的超现实主义的炼金术）。然而，也有一些能言善辩的人见证了孤独带来的狂喜，证明了只有在极度孤独中才有可能感受到生命最强烈的脉搏跳动。他将"*孤独*"（soledad）等同于一流的思辨性和建设性劳动的可能。我们看到，这是蒙田在他的塔中反复强调的信念；就像尼采笔下的查拉图斯特拉在正午绝妙的孤独中所持守的信念一样。

孤独的范畴和类型部分地重叠，正如它们将美学的信息动态与科学的信息动态区分开来。但是，有五种模式或许值得加以区分。

孤独可能是人们自己选择的，尽管这种选择很可能会受到心理和社会约束的影响。蒙田就是典范。他把他的周围环境变成了远离尘嚣而又富饶的避难所。提布卢斯（Tibullus）的诗句可以作为他的座右铭："*生活在孤身一人的世界里*"（*in solis sis tibi turba locis*）。像普洛斯彼罗（Prospero）一样——与蒙田有相似之处——蒙田用书籍的声音填补了他的沉默。因此，蒙田的大量引文既有合唱式的也有个人式的；甚至他书房里的屋梁上也引用了《圣经》中的名言，其中一些还有些微妙的错误。当蒙田写《随笔》的时候，当他沉浸在他的初步阅读和论辩的幻想中时，蒙田甚至不让那些与他最亲近的人靠近。经典的训令出现在第一卷第三十九章：

> 应该给自己保留一个后客厅，由自己支配，建立我们真正自由清静的隐居地。在那里我们可以进行自我之间的日常对话，私密隐蔽，连外界的消息来往都不予以进入。要说要笑，就像妻子、儿女、财产、随从和仆人都不存在，目的是一旦真正失去了他们时，也可以安之若素。我们的心灵要能屈能伸；它可以自我做伴；它可以进，可以退，可以收，可以放；不怕在退隐生活中感到百无聊赖，无所事事。①

"在孤独中大笑"：这是一种令人不安的复杂立场——普洛斯彼罗或哈姆雷特引用了蒙田的话。但是，那笑声一定迸发出了不可抑制的智慧，这是蒙田的利维坦独白中反复无常的讽刺。

艾米莉·狄金森（Emily Dickinson）在自己选择的孤独中欢笑，但声音很弱。她经历并且庆祝了孤独的财富：

---

① 《蒙田随笔》，马振骋译，上海：上海译文出版社，2013 年。——译注

另有一种孤独

很多人至死也未体会过——

它的出现不是因为缺乏朋友

也不是由于境遇如何

而是由于天性,有时是由于思想

不管它落到谁头上

谁的富有就无法用

凡间的数字计量——①

在漫长的社会历史中,无论是心理上的还是公众的,这位优秀女性的命运一直都是被迫孤独的。狄金森形容得非常准确:"这是我写给世界的信/世界从来没有给我写过信——。"下面是写于1863 年左右的几句话,读起来很痛苦:

人不敢测量孤寂的深浅——

倒宁肯猜测猜测

就像在它的坟墓里探测一番

来确知其大小规模——

孤独最大的惶恐

---

① 《狄森诗全集》(卷二),蒲隆译,上海:上海译文出版社,2020 年,第 395页。——译注

就是怕它自己看见——

并且从自己前面消亡

仅仅由于一次细看①

然而，艾米莉·狄金森像蒙田一样，她知道自己的孤独中充满了各种各样的存在："孤独一人，我并非如此——/因为许多人会来拜访我——/没有记录的陪伴——开启了尘封——"这些来访者唤醒了诗人的意识，使其产生了罕见的洞察力和活力。他们进入了"封闭"的状态。像其他少数作家一样——相比之下，梭罗在瓦尔登湖畔的隐居生活的确给人以精明公开的印象——狄金森把她的孤独当作燃料，验证了只有这种孤独和与世隔绝才能激起一种光辉的陌生感和其入射角。我想知道，与早期（约1859年）的抒情诗相比，她还有什么抒情诗比早期抒情诗更饱含着对孤独的感受，尽管它们转弯抹角，尽管完全无法阐释和解释。

水，由干渴来宣讲。

陆地——则由所经过的海洋。

快乐——由痛苦来讲解——

和由——由它的战争陈述——

―――――――――――――

① 《狄森诗全集》（卷二），蒲隆译，上海：上海译文出版社，2020年，第214页。——译注

爱情——则由纪念物——

鸟儿——却由白雪。①

在我看来，第一句和最后一句的天才之处是，在诗歌和哲学创作的封闭的拥挤空间（warren）中，它们都浓缩了那宁静无声的光芒呈现出的绝对锐利。

"拥挤空间"一词非常符合路德维希·霍尔（Ludwig Hohl）的状况，他是外人不得而知的 20 世纪德国散文大师之一。霍尔认为，任何基本意义上的创造都是人类无法触及的，他形成了敏锐的观察力。他善于窥探敏感的细微差别和震颤。霍尔体验到的身体和心理现象具有无休止的分裂性。他带着心灰意冷的心情，把这些碎片拼凑成一幅异常清晰的语言拼图。霍尔是在一个名副其实的地下室，即在日内瓦的一个地窖或街面的地下洞穴中创作的。在那里，构成他作品（《札记》[*Die Noti-zen*]）的大量笔记和格言，都被挂在晾衣绳上随时可移动地排列着以便检查和修改。霍尔这个名字本身就是一个预兆，他是一个集沉默和孤独于一身的人。

霍尔把如同窒息和不育的孤独（aloneness）与他在荷兰生活的单调而沉闷的加尔文主义联系在一起，并且把这种孤独与阿尔卑斯山上欢乐而又有所收获的独处（solitude）区分开来。巅

① 《狄森诗全集》（卷一），蒲隆译，上海：上海译文出版社，2020 年，第 96 页。——译注

峰之上的孤独,是一种囚禁,也是一种视野的狭隘,更是一种难以驾驭的局面。在真正的孤立中,释放可以通过偶然的相遇发生,特别是与护身符般的文本的相遇(例如,歌德的《箴言与沉思》[*Maxims and Reflections*]或斯宾诺莎的《伦理学》对霍尔来说都是文本的文本)。矛盾的是,"那些孤独而又最伟大的人却对世界充满信任,"这是如兄弟一般的信任。他们的兄弟情谊是必不可少的。这就是路德维希·霍尔的方法论观点。只有孤独、困难和羞辱,甚至腐蚀才能保护艺术和思想不受腐化。媒体渴望通过社会认可和奖励的方式进行交流,并且操纵话语以获得走向认可和成功,但是,这些都是无法弥补的精神浪费。与他人沟通是次要的,几乎具有不可避免的质疑性。只有当语言努力(总是不完美地)强调其自身的"真实功能"时,它才是真正的语言。卡夫卡的《拥挤空间》的倒数第二个寓言或《迷宫》如此不可思议地预示了路德维希·霍尔的真实存在,与之相呼应的是,霍尔相信只有当听众感到"震惊"时才会有真正的交流。

蒙田的塔、狄金森的女修道院和霍尔的巢穴——每个人都被孤独地囚禁着,但是,为了追求真实,他们都是自愿选择的。

孤独的囚禁可能是无意识的。第二类创造性的孤独是政治性的。纵观历史,主要的文学和哲学分析都是由那些被专制主义、审查制度和镇压所监禁的人创作的。从波伊提乌(Boethius)到塞万提斯,从《堂吉诃德》到萨德,在监狱里创作的不朽作品不胜枚举。舍尼埃(Chénier)的抒情艺术在断头台前的几个小时内达到了巅峰;虽然阴影可以追溯,但是,死刑仍悬

241

在洛尔卡市最优秀的人身上。葛兰西（Gramsci）和哈维尔（Havel）的狱中书信以及从劳改营或死囚营偷运出来的诗歌都是 20 世纪的代表性作品。哪里有暴政——政治上的、教会上的和部落上的——哪里的文学（音乐）就是公开的反对者或者是伊索寓言式的反对者，同时也是颠覆性的讽刺和隐秘希望的代理人。正如俄罗斯人所说，这是"另一个国家"。自古以来，诗人和思想家就被杀害，他们的作品被焚烧、被捣成纸浆，他们发表作品的可能性也被扼杀。在《裘力斯·凯撒大帝》（*Julius Caesar*）中，莎士比亚的讽刺很辛辣："我是诗人秦纳，我是诗人秦纳……我不是反叛者秦纳。"没关系，这个可怜的人会因为他的坏诗句被"撕裂"。每当极权主义变得狂妄自大（这是一种同义重复），它对无政府主义的声音以及文学作品中自由意志主义者的愤怒或笑声所激起的危险的触角很敏感。当斯大林把曼德尔施塔姆在诗歌中提到的"高加索登山者"（*Caucasian mountaineer*）的警句看作无法忍受的挑战时，他并非完全是错误的。启蒙运动和浪漫自由主义的讽刺者，以及对伏尔泰、雪莱、海涅、左拉或索尔仁尼琴的抗议的捍卫者，都曾经遭遇到巴士底狱之灾，也都曾侥幸逃脱。今天，著名的非洲小说家和剧作家正在可笑的独裁者的监狱里慢慢死去。

长期以来，流放一直是造成孤独的一种原因。艺术家被放逐到与世隔绝的封闭之处；他与自己的工作隔绝，与任何可能会与之回应的人隔绝。（想想纳粹统治下的剧作家、平面艺术家、雕塑家恩斯特·巴拉赫［Ernst Barlach］吧，他就是如此）。布尔加科夫和阿赫玛托娃被禁止与外界进行正常交往和交流。系统性的排斥促使茨维塔耶娃自杀。"活埋"是令人作呕的陈词滥调。在这些惩罚性的孤立中，对一个作家来说，与母语的隔绝是最残酷的。当然也有例外。纳博科夫不停地哀叹自己被驱逐出本国俄语的宝库的，同时又精心酝酿属于自己的美式英语。博尔赫斯可以用好几种语言出色地进行创作。贝克特也是。但是，他们很可能是拥有语言意识转变特权的先驱，是母语和诗歌之间新的不连续性自由（我将回到这里）。几乎一直到现在，脱离语言的作家就像失明的画家。

关于被剥夺和被埋没的记录，没有比奥维德（Ovid）的《哀歌集》（*Tristia*）（曼德尔施塔姆正是由于遭受了苦难而借用了这一标题）更富有孤独和凄凉的意味了：

> Missus in hanc venio timide liber exulis Urbem：
>> da placidam fesso，lector amice，manum；
> neve reformida，ne sim tibi forte pudori：
>> nulla in hac charta versus amare docet.
> haec domini fortuna mei est，ut debeat illam
>> infelix nullis dissimulare iocis
> id quoque，quod viridi quondam male lusit in aevo，
>> heu nimium sero damnat et odit opus!

> *放逐者差遣我，忐忑的小书，来到罗马。*

朋友，我累了，能否搀扶我一下？

别后退，唯恐不小心我会带给你耻辱：

这首诗没有一行讲爱的艺术。

我的主人遭遇那么惨，他哪有兴致

给它蒙上一层戏谑的文字？

再说，年轻时他游戏玩过头，写了那本书，

如今（太迟了）他只剩憎恨和厌恶！①

"我是一本被流放的书，满怀恐惧地进入罗马城。祝福的读者，把你的手温柔地伸给那疲倦的人。不要因为怕使我感到羞愧而退缩。书中没有哪首诗歌教导爱的艺术。我的作者的命运是这样的，不快乐的人不能用任何俏皮话来掩饰他。而且，也就是使他蒙羞的那份工作，他年轻时的那份工作，他干得轻松愉快——现在他又恨又骂，可是，唉，太晚了！"现在，最棘手的问题出现了。读者是否关注到曾经让奥维德迸发灵感的拉丁语的缺陷，拉丁语让他记住，这些诗句是在野蛮人的语言和文化中写成的：

siqua videbuntur casu non dicta Latine,

in qua scribebat, barbara terra fuit.

---

① 中译文参见［古罗马］奥维德，《哀歌集·黑海书简·伊比斯》，李永毅译注，中国青年出版社，2018年，第86页。——译注

244

如果有些地方不像是纯正的拉丁语，别忘了创作的地点是蛮荒异域①

奥维德再也听不清也说不清流利的拉丁语。他的耳朵和嘴唇在这个荒凉的世界尽头黑海部落刺耳的嘈杂声中变得粗糙不堪和萎缩。正是这一点使奥维德的被贬谪和永无休止的隔离成为一种致命的孤独。

然而，在极端的压力之下，在政治封锁和意识形态审查之下，在地下出版物中，我们的遗产中产生了如此多的优秀作品，这是不可否认的悖论。这是一个微妙的领域，几乎也是自由主义假设的禁忌。但是，事实上，知识和审美表达的自由以及政治和社会对独立思想家或艺术家的宽容一直都是良性的插曲。苏格拉底的雅典（远离家乡的埃斯库罗斯和欧里庇得斯客死在遥远的异乡），奥古斯都统治下的罗马帝国，中世纪的神权政体，都铎-伊丽莎白时期的英格兰，法国波旁王朝的旧制度（*ancien régime*）以及歌德时期德国的小公国，都以不同程度和不同的技术性禁令来压制精神和艺术生活。从普希金到布罗茨基，俄国文学编年史是一部残酷镇压的编年史。当今拉丁美洲写作的白热化很大程度上源于专制的氛围。然而，正如博尔赫斯所言，在上述每一个案例中，审查制度以及更糟糕的情况都是"隐喻之母"。艺术、音乐、

---

① 同上，第 87 页。——译注

245

哲学寓言和思辨以及尤为重要的文学，都可以在危险中蓬勃发展。当想象和表达的自由遭遇显而易见的现实危险时，文学不需要证明它的重要功能以此来美化它的动机。对于作者来说，这是一种基本的节约。他对自己和别人来说都是不可或缺的。莫里哀和肖斯塔科维奇知道自己处于危险之中。这种危险为他们的作品以及对主题和习语的选择提供了一种即时性的逻辑，不管这种逻辑是如何隐晦或具有掩饰性。相反，专制主义和独裁国家，无疑以人类痛苦为严重代价，带着恐惧和敌意去极度地尊崇诗歌，尊崇它本来要根除的形而上学的质问（苏格拉底，布鲁诺，斯宾诺莎，这些人都获得了不朽的荣誉）。

也许，在一个完全冷漠而又毫无抵抗力的真空环境中创作出卓越的美学和智识作品更加困难。民粹主义民主不一定会追求卓越。大众媒体和自由市场的赞助，以及大众消费的分配机会主义，可能比过去那些吹毛求疵的制度对艺术和思想造成的损害更大。在越战期间，白宫能听到什么样的警言隽语，更不用说让白宫感到震惊了？无知和屈尊俯就能像禁令一样有效地削弱人的能力。

同样，人文学科和科学学科之间的区别也是非常大的。科学也经历过审查、意识形态的敌意和彻底压制的企图，它也有流亡者和殉教者。然而，在伽利略之后，在笛卡尔之后，禁止的机制几乎无一例外地被证明是徒劳的，甚至是可笑的。看看那些反对原教旨主义非理性的达尔文主义所作的努力吧。无论是斯大林主义者对植物遗传学的干预,还是纳粹试图推翻爱因斯坦物理学,它们最终都弄巧成拙。从长远来看,任何极权主义都无法承受科技的原始主义。

此外,艺术作品或哲学作品与科学作品之间存在着一个绝对决定性的区别。即使哥白尼、伽利略的观点还没传播就被扼杀在摇篮里,其他人也必然会获得这些见解。无论是日心说还是孟德尔遗传学都可能被延迟发现(而且可能不会延迟太久)。我们注意到,科学有其连续的必然性。它不能被本土化,因此也不能被**法令**(*ukase*)遏制。另一方面,哲学的反思和美学的实现,完全容易受到偶然事故、有计划的毁灭和创造者的沉默的影响。形而上学的论文(塞尔维特[Servetus]对三位一体的看法)、绘画、交响乐和诗歌可以永远沉默。它们可以被焚烧或粉碎而无法恢复原状。作为一种奇点,它们的复兴和成就总是偶然的、不可预测的,本质上也总是不可重复的,它们是哲学、乐谱和小说中关于个体存在的系统篇章。破坏、扼杀或腐化"唯一的创造者",作品就会被抹杀。事实上,我们对极其脆弱的博彩关注不够,这种博彩决定着重要的文物、经典和我们文化中看似不朽的东西。古代遗留下来的只是冰山一角。我们永远也读不到古希腊悲剧作家散佚的剧本,那一大堆剧名对我们来说就像幽灵般的嘲弄。拜伦的日记、毕希纳(Büchner)的《阿雷蒂诺》(*Aretino*)、果戈里的《死魂灵》的第二部分中,那种熊熊燃烧的偏执或狂躁的悲伤占据了上风。巴赫金(Bakhtin)的理论著作在很大程度上已经在斯大林主义的蒸汽压路机下消亡了。如果勃拉姆斯的第四交响曲在后来丢失了……

我所提到的科学的"匿名性"也是科学的再保险。工作可以完全重做；错失的机会也可以再次出现。科学既不需要也不受益于政治压迫或审查制度的矛盾刺激。与人文和艺术相反，宗教裁判所和尼禄时期或斯大林式的专制不会培育好的科学思想。在一个开放的社会中，无论其内部是精英主义还是精神匮乏，科学都是自由的。每个人都可以使用。然而，诗人和哲学家在孤独而被强迫的边界里必须在他自己的世界和他的同谋者（他的读者）的世界里生活：

> 这儿除了我一身之外，没有其他的生物……
> 我要证明我的头脑是我心灵的妻子，
> 我的心灵是我的思想的父亲；
> 它们两个产下了一代生生不息的思想。①

在"静止"中观察沉默和连续性的完美契合。只有莎士比亚笔下的《理查二世》（*Richard II*）中的谋杀，才能终止这丰硕的成果。谋杀可以做到这一点，而且在我们的政治-意识形态史的荒芜和野蛮中也一直都是如此。但是在科学中，这种不可挽回和终止

---

① 译文选自[英]莎士比亚《朱译莎士比亚戏剧 31 种》，朱生豪译，陈才宇校订，杭州：浙江工商大学出版社，2011 年，第 501 页。

是不可行的。

有些人意识到消极孤独所带来的生产力，因此，他们自己管理孤独的现实和神话。这是我们的第三种孤独（soledad）。

卢梭一再声称，地牢是他情感日益加剧的最佳保障；只有完全与世隔绝，就像一个孤苦无依的父亲，才能保护他免受叛逆社会的诽谤和迫害。在 18 世纪 60 年代，卢梭宣称，从此以后他就像被敌人追捕的猎物隐藏自身一样，过着孤独和隐居的生活，像是被敌人追捕的猎物，被普通的暴民所鄙视。《一个孤独漫步者的遐想》（Les *Rêveries du promeneur solitaire*）中，开头几句话就是宣言：

Me voici donc seul sur la terre, n'ayant plus de frère, de prochain, d'ami, de sotiété que moi-même. Le plus sociable et le plus aimant des humains en a été proscrit par un accord unanime. Ils ont cherché dans les raffinements de leur haine quel tourment pouvait être le plus cruel â mon âme sensible, et ils ont brisé violemment les liens qui m'attachaient à eux.

我就这样在这世上落得孤单一人，再也没有兄弟、邻人、朋友、没有任何人可以往来。人类最亲善、最深情的一个啊，竟然遭到大家一致的摒弃。人们着实是恨透了我，寻找最残酷的法子来折磨我这颗多愁善感的心，并且粗暴地截断了我同他们之间的一切联系。①

卢梭发现自己生活在这个地球上"就像生活在一个陌生的星球上",他是被人从他所居住的星球上推到这里的。卢梭暗暗认为,即便是蒙田的孤独,相比之下也是温和的,甚至是虚假的。难道他不希望他的《随笔》被其他人所欣赏吗?然而,他的《一个孤独漫步者的遐想》却只为作者而存在。它们必须从此远离人类。

卢梭的天才之处在于,他把孤独之旅描绘成具有病态动机,并且源于一种多少有点教养的被害妄想症的一般场景,其影响和后果几乎无法估量。被猎捕的梦想家找到安慰:

soit couché dans mon bateau que je laissais dériver au gré de l'eau, soit assis sur les rives du lac agité, soit ailleurs, au bord d'une belle rivière ou d'un ruisseau murmurant sur le gravier.

躺在随波漂流的小船上,坐在波涛汹涌的湖畔;或是在美丽的小河边听着浪花轻溅、拍击岩石的声音。②

---

① 译文选自[法]卢梭《一个孤独漫步者的遐想》,袁筱一译,南京:南京大学出版社,2017年,第1页。——译注

② 译文选自[法]卢梭《一个孤独漫步者的遐想》,袁筱一译,南京:南京大学出版社,2017年,第80页。——译注

令人着迷的是，这句话的节奏模仿了小船梦幻般的运动。从卢梭的忧郁田园诗中衍生出"*剥夺了所有其他情感的存在感*"（*le sentiment de l'existence dépouillé de toute autre affection*）。毫不夸张地说，这一发现及其措辞是西方意识史的转折点之一。那种"存在感"将通过德国唯心主义和浪漫主义运动转化成海德格尔的情绪（*Stimmung*），它凝聚了大量对自我意识的充分反映，它源于孤独，源于卢梭为我们所认同的孤独的风景。在卢梭的觉醒中，我们在山上散步，我们在森林里唱赞歌，我们在月光照耀下的水面上打盹。我们游客的孤独也是他的孤独。

对尼采来说，极度孤独的地方是至高无上的。然而，卢梭的与世隔绝之旅是在山脚和湖泊周围，而拜伦《曼弗雷德》①（Man-fred）之后的《查拉图斯特拉如是说》，其背景则是在冰川和危险的山巅。有几个因素影响了尼采从平原和普通人的世界中更加惊恐地走入自我放逐。狂喜的生命力远远超越了人类活力，伴随而来的是身体的崩溃和近乎失明。尼采拥有一种被激怒的挑剔，拥有一种贵族气质和谦恭的灵魂，这些使他在所有情境中都很难忍受（庸俗使尼采生病），除了非常特殊的人际交往之外。很快，尼采就被迫意识到，那些他认为具有至高意义的作品，那些他向自己和少有的几个密友描述为可与圣经相媲美的再生之

---

① 拜伦的《曼弗雷德》是尼采哲学的原型（Byron's proto-Nietzschean）——译注。

作却在无声无息和完全的冷漠中燃烧。他绝望地在地平线上寻找回声，甚至是充满敌对的声响。这些书现在是心理直觉和语言表达的杰出成就之一，它们很快就被保留下来或归还给了作者（最初是他资助了这些书的印刷和出版）。这种对回应的排斥在 19 世纪 80 年代早期《查拉图斯特拉如是说》的创作中达到了一个特殊的高度。这项工作所要求的精神张力驱使尼采从一个避难所到另一个避难所，从加尔达湖（lake of Garda）到本宁阿尔卑斯山（Pennine Alps），从艾罗洛（Airolo）和圣哥达（Gotthard）到后来成为他所选择的护身符般的避难所——锡尔斯玛利亚（Sils-Maria）和上恩加丁谷地（the upper Engadine）。尼采宣称，《查拉图斯特拉如是说》是凡人赐予同胞的"最高的礼物"，特别是第四部分。书中几乎一片寂静：

> 在我的查拉图斯特拉所作的那种呼唤之后，一种来自我灵魂深处的呼唤，没有听到一丝一毫的回应；什么也没有，什么也没有，只有无声的孤独成百上千倍地增加——这里面有一种可怕的东西，超出了所有人的理解；即使是最健壮的人也可能会因此而死亡——哦，天哪！我不是"最健壮的"！从那时起，我仿佛受了致命伤，步履蹒跚、摇摇晃晃；我很惊讶我居然还活着。

尼采带着毫不掩饰的需求写信给布克哈特，请求一些关于《查拉图斯特拉如是说》和其他作品的答复，请求一些倾听。布克哈特彬彬有礼而又闪烁其词的反馈，让锡尔斯玛利亚的这位"隐士"越来越感觉到一种使他发疯的深深孤立感。

然而，他知道，正是这种孤立无援的状态既是他地位的来源，也使他的地位得到了证明。钟摆在尼采的内心辩证地摆动着。像查拉图斯特拉一样，他渴望堕落，以此成为社会的一员，甚至有可能的话，成为信徒的一员。但是，他预料到，这样的堕落会危及他狂热幻想的绝对严肃性，危及他所描绘的鹰与太阳之间令人目眩的交流的绝对严肃性："我在自己周围画上圆圈和神圣的界限；越来越少的人跟着我去爬越来越高的山——我正在更神圣的山峰上建造一条山脉。"正如卢梭一样，此处这种极端专业化的甚至是病态的情结对尼采的整个感官产生了非凡的影响。他的孤独和阿尔卑斯精神被几代人模仿——正如查拉图斯特拉所希望和畏惧的。这就是尼采的权力意志，甚至他在无语而错乱的漫漫长夜中的崩溃也被证明是标志性的。就像荷尔德林的理论一样，它对那些试图检验超乎寻常的创造力是否接近非理性的人施加了一种令人不安的魔咒。没有比弗吉尼亚·伍尔夫的令人难忘的见解更真实地反映尼采了："孤独是事物的真相"，尽管是在完全不同的背景下记录的，但这一事实有其悲剧性的适当之处。

头晕目眩的偏头痛也许解释了尼采支离破碎的警句式陈述。孤独的第四层次是由精神或身体上的虚弱强加给艺术家或知识分子的（精神和肉体之间的任何区别往往都是毫无意义的）。这个领域太广泛了，无法简单地加以概括。此外，它还被奇闻轶事和民间智慧所困扰。毫无疑问，早在柏拉图的《伊翁》之前，狂想曲就被认为具有狂躁性。在许多文化和社会中，诗意的灵感总是与或多或少可以原谅的精神错乱联系在一起（"疯子、情人和诗人"是莎士比亚的快乐三连音）。德国浪漫主义思想充斥着文学和哲学的混乱和自杀，作为其思想的继承者，托马斯·曼也继承了荷尔德林、克莱斯特（Kleist）和尼采的思想，他几乎把艺术上的创作天才与疾病相提并论。也有超脱世俗的例外，最明显的是歌德；最伟大的美学成就往往是由心理癌症、过度的感知（布莱克的格言）和病态的技术风险孕育出来的。除了癫痫病人，还有谁能体验到在《群魔》（*The Possessed*）和《卡拉马佐夫兄弟》中的那种光明以及对人类心理和社会历史渊源的二次洞见？

身体上的损伤所造成的孤立和内心放逐是显而易见的。异常艰难的是，如何证明残迹和所产生的作品之间的实际对应关系（如果存在的话）。贝多芬和斯美塔那（Smetana）遭遇了耳聋并且病情日益恶化，令人心碎。但是，他们的耳聋对两位大师晚期音乐的结构、主题、音调以及他们最成功的四重奏有什么影响呢？戈雅（Goya）的失聪是如何转化为所谓的"黑色绘画"（black paintings）中咆哮的暴力和自闭症的呢？梵高在阿尔勒（Arles）和圣雷米（St. Rémy）的画作中的幻觉特质与他信中记录的精神错乱和精神分裂症有什么关系？什么是因？什么又是果？

失明的主题，以视力换取洞察力的主题——比如索福克勒斯的俄狄浦斯、忒瑞西阿斯①的神话，或者莎士比亚的《李尔王》中的格洛斯特（Gloucester）——执著于史诗的历史：荷马，弥尔顿，乔伊斯。但是，博尔赫斯的失明和他经常使用的微型记忆手段之间有什么联系呢？我不知道是否存在什么沉默的诗人，这种情况虽然凭直觉是可能的。托马斯·格雷（Gray）的"沉默而又不光彩的弥尔顿"无论如何都显得极不恰当。

在基于疾病的孤独策略中，普鲁斯特的策略是最有影响的。问题的关键不在于他哮喘的身心病因和肺部有病状，而在于他在长年的世俗生活后无法正常生活。非常富有成效的是，普鲁斯特把自己囚禁了起来（囚禁的模糊性以及遁世的情欲当然是《追忆似水年华》后期的表现场景）。在他那熏蒸的隔音蜂房里，普鲁斯特隐藏了一个庞大的社会，这是一个可以与但丁媲美的思想和情感之城。通过潜意识的簿记——克尔凯郭尔也坚持同样的预算——普鲁斯特把他的肉体生命和这部巨著（*magnum opus*）的生命融为一体。两者都在同一操作时刻终止了。死亡无论在何种意义上都让普鲁斯特回到了尘世。

科学与精神和肉体的痛苦没有可比性和决定性的密切关系（也有一些戏剧性的例外，比如霍金就是例外）。对"疯狂科学家"的讽刺恰恰如此：有一种民间小说，它源于对科学家看似神秘的力量和集中注意力的害怕和恐惧。泰勒斯（Thales）仰望天空，跌进了井里。传说和少数的真实案例都暗示了自闭症患者

---

① 忒瑞西阿斯，古希腊神话中的盲人预言者。——译注

的孤独和痴呆区域,这种孤独可能会影响到纯数学家和陷于绝境的数理逻辑学家。但是,无论是理论上还是应用实践上,理智和合作的几乎都对科学起着重要作用。卢梭或尼采所上演的卑贱戏剧,以及对孤立疾病的忍受和培养是如此的多样,也许,它们在艺术、文学或音乐上是卓有成效的,但是,在科学上却是适得其反的。一定程度的安乐民主似乎对科学进步至关重要。

从孤独中创造的最后一个主题是神学的或先验的,这一既有经验性的,也有隐喻性的,这是我在本研究开始时提到的。

人类的工匠即思想的缔造者,发现自己都是孤独的,但是,在创造的过程中又不孤独。他的孤独感常常到了无法承受压力的地步,而且其本身就是孤立的。正如卡夫卡的寓言所说,自我洞穴里的这种完全的孤独既可以是身体上的和心理上的,也可以是社会上的。它可能源于作品或学说的不合时宜,也可以说源于其原创性。简单地说,没有人"在外部"具备解读表现方式和哲学信息以及风格或逻辑创新的能力。无法回应无限的表达需要和使命(从创新深处向外"发声"),只有反沉默或嘲笑。然而,不可避免地会有一个"秘密分享者"即另一个存在。它既可以安慰作者也可以降低恐怖,或者两者兼而有之。的确,慰藉和恐惧是不可分割的,就像帕斯卡的《午夜》和里尔克的《杜伊诺哀歌》(*Duino Elegies*)(现代本体论孤独的大师文本)。

正如我们所见,在我们的文明中,宗教情感一直处于美学和哲学行为的中心,它或多或少都有意识地记录着它"促进创造"的巨大威力。尝试创造、增加或改变已经无法衡量的东西无论如何都是一种爱的亵渎。它是多么热烈地去颂扬一个已经"充满了上帝的荣耀和伟大"的世界。在真正的一神论中,关于形象创造的诅咒,无论它们是模仿的、组合的,还是系统地论述的(例如在《蒂迈欧篇》中),都只是将那种直觉立法。我们曾经问过,人有多大能力,可以与上帝的创造者竞争? 然而,与此同时,这种庆祝式的亵渎,这种与天使无休止的搏斗都表现出一种前所未有的亲密,这是性爱的论战,在荷尔德林看来,这比什么都更充满精神上的冒险和狂喜。

在 16 世纪晚期和 17 世纪,上帝似乎比近来更频繁地造访诗人的工作室和形而上学者的隐居地。像诗人邓恩(Donne)和赫伯特(Herbert),以及欧洲巴洛克时期富于远见和分析的艺术大师,他们用敏锐的心理符号记录了在创作的那一时刻神的眷顾所带来的震撼和回报。因此,诗歌《十字架上的圣约翰》是在与超验的相遇中对孤独的近距离记录,这一记录既彻底又不堪重负。这种创造性(The creative),几乎可以说是面对面的"创造"(creating),是在*漆黑的夜晚*(*nocheoscura*)没有人的注视下进行创造的。它秘密而隐蔽地发生着。"灵魂最深处的洞穴"因碰撞而变得明亮。诗人的观察是敏锐的:他的精神*太令人羡慕了*(*tan emhedido*),罗伊·坎贝尔(Roy Campbell)精妙地将其翻译成"醉酒眩晕"。在这神秘而又被亵渎的孤独中,在这被上帝的迫近所亵渎的孤独中,令人敬畏却又受人爱戴的竞争者从灵魂的醉意中创造出了诗篇(绘画,大合唱,形而上学的猜想)。火山学家报告说,汹涌熔岩喷发出一种原始的旋律。

这种被入侵的孤独也有与世俗的相似之处。背后的缪斯和恶魔抑制剂使"作家的障碍"成为一个明显的入侵者。当创作文思泉涌时,当形式上的障碍似乎已经屈服,以至于几乎无法跟上奔涌而来的信息时,诗人、小说家和作曲家都说他们是在"听写"下工作的。他们的声音里有一种声音。反过来,剧作家和小说家也会讲述他们与正在创作中的戏剧或小说中的人物会面,这些会面往往充满忧愤,甚至充满敌意。高层次的孤独时刻和现场充满了想象的持续存在。在心理上远远超过拟人化的自负时,角色就会表现出一种超越经验现实的"存在感"。拟人化的虚无缥缈之物既减轻了作者或艺术家的孤独感,又增加了对同伴的尊重。在莎士比亚写这一幕或那一幕戏剧的那一天,那些在街上或家中相遇的男男女女对于科迪莉亚(Cordelia)、伊阿古(Iago)、爱丽儿(Ariel)的后代,会产生怎样的社会影响力呢?

创造性时刻的"醉酒眩晕",以及持续思考第一秩序而导致的自闭性眩晕,都有他们的宿醉。孤独一代一代地在加倍。一些重要的有机的东西被撕掉了。它不再完全属于诗人、艺术家和思想家自己。"去吧,小书",诗人在模棱两可的告别辞中说。作家和画家们诉说着一种凄凉。为了与作者同在,作品被摧毁,理论保持沉默。

可以肯定的是,纯数学以及对形式或数学逻辑的追求可能会导致类似的孤独和催眠般的唯我论(某种程度上的精神崩溃)以及它们所带来的神经刺激。但是,这些与诗歌的相似之处是外在的。世上没有嫉妒的上帝,也没有竞争对手把丢番图方程的解看作是一种挑衅。连续统一体假说的论证或罗素的一切阶级中的阶级悖论的阐明并不具有文学人物的占有和被占有的轮廓。这里没有皮格马利翁。神学戏剧没有意义，同时"超验性"只是一个技术性术语。我相信，正是这种形而上学的中立性，甚至是惰性，在很大程度上区别了数学的创造性和创作。此外，在一般的科学项目以及通过技术实现的应用中，世俗化和社交性既是与生俱来的，也是进步的。科学和技术持续地存在于无处不在的商业中，这种商业与存在主义和公共环境的世俗性有关。科学在本体论上是无关紧要的——因此海德格尔经常误解"科学没有思考"。就其定义而言，它是集体的。

因此，绝对的诗歌、艺术、音乐以及哲学上的不朽，似乎都与孤独以及与我前面提到的那些孤独的范畴是相通的。矛盾的是，这种孤独由于包含了敌对的制造者，即鼓舞人心的或令人生畏的守护神而显得更加迫切。"最值得珍惜的都难如登天，"斯宾诺莎在他的《伦理学》的最后这样宣称。在 17 世纪 50 年代晚期和 60 年代，斯宾诺莎几乎把自己沉浸在完全的沉醉之中。在这种孤独中，他创造了人类理性和正义的蓝图，让灵魂在严酷而又未被超越的真理面前不堪一击，这是迄今为止无人能及的。斯宾诺莎的藏书室中有贡戈拉的《孤独》。

形下创作的时间性

时间的概念如同人类的经验一样多种多样。从现象学上讲,它们就是人类的经验。铯原子振荡的周期是今天科学上用来精确划定时间的依据,与古代东方的焚香计时一样,是一种历史惯例。原子计时器只是在给定的框架内更加精确而已。无论是形而上学还是常识都始终认为"时间"和"持续时间"之间存在着根本性区别,柏格森(Bergson)把两者两极化了,海德格尔把两者融合在了一起。"时间"是在特定社会的特定历史-技术阶段为了公共和实用目的所做的标准化的测量准则。"持续时间"是个人经验的流动,如同意识一样是流动的和无序的。痛苦、噩梦或快乐的持续时间,没有完全共享的、绝对的计时方法。更准确地说,时钟-时间以一种不相关的并行关系与存在的持续时间相关联。在钟面上,手在拷打和做爱的过程中走过相同的分界线。这个同一性可以用讽刺或寓言的方式来唤起。这个同一性也是无关紧要的;它跨越了冷漠的深渊,此处的"冷漠"重新具有了它的中性含义。

数学时间的理想直接与永恒不变的必要假设或虚构联系在一起。运动是由永恒不变的定律支配和衡量的(直到最近的粒子物理学和替代宇宙的宇宙学模型出现)。从柏拉图、亚里士多德到牛顿,许多科学以及神学和形而上学都认为,运动在静止的内部或受静止的支配这一悖论。永恒和普遍性的假设——它本身是与不变性不可分开的概念——继续在确定科学原则和技术规定方面成功地起着作用,尽管像我刚才提到的那样,在遥远的边缘上存在着不确定性和未解决的陌生性。

然而,这些时间性几乎与湍流和漩涡、激流和停滞、反向或循环运动几乎毫无关系,而这些运动是主观的持续的时间的特征。心灵时钟和日历虽然变化多端,但是它们都不可预测地"准时",就像无穷无尽的脉动、向前和向后的冲击,以及在我们内心回荡的断断续续的节奏一样。因此,柏拉图对永恒进行了激烈的赌博,并且厌恶无政府主义的情绪时钟。因此,圣奥古斯丁非常明确地指出,他没有能力为自己和他人定义持续时间。在语义学和语法学上一直存在着动词时态的地位之争。过去、现在和将来在任何非科学的语境中在本质上看来都是语言学的。它们在跨越不同文化的心理和社会经验的步调上并不是同源的,或者不是完全同源的(从政治和象征意义上说,中国时间不是我们的)。在《巴别塔之后》(*After Babel*)中,我试图论说的是,希望的概念与将来时态的发展是密不可分的,而将来时态反过来也有它自己的词汇语法图集和历史。这些与柏拉图式的非时间性有什么关系?

我想要概括的是,时间和持续时间如何帮助我们把握艺术、音乐和文学的创造性动态和科学的创造性动态之间的根本区别。

毫不夸张地说,每一件艺术、音乐和文学作品都产生了自己的"时间-世界"和时间空间。相对论中名义上的"时空"具有像美学和诗歌理论本身一样古老的洞见。在艺术中,时间结构就像产生的形式和对象一样多样和微妙。天真的是,意大利未来主义绘画和雕塑试图表现令人眩晕的速度感和**加速感**。与此相反,许多抽象艺术和不朽的雕塑表达了这样一种信念,即"时间一定有停顿"。就像亨利·摩尔(Henry Moore)笔下的泰坦尼克号静止的轮廓一样,这一信念传达了对米开朗基罗的梦想,时间的静止与沉睡。在艺术家的作品中,不同的绘画或雕塑所赋予的"时区"是完全不同的。蒙德里安使用似乎非常相似的几何划分和颜色编码,既可以暗示完全的休息和永恒,也可以暗示爵士乐和现代舞的疯狂节奏。贾科梅蒂的一些火柴人要么被困在阴冷而窒息的停滞之中,要么游刃有余于其中(或者两者兼而有之)。另一些几乎一模一样的则被"地下"无情的风迅速吹走。保罗·克利(Paul Klee)的臆测的景观源自敏锐的梦中之眼,暗示着脱离了月球背面的某种时间安排。我已经提到了乔尔乔内的沉默之谜,以及他"描绘沉默"的能力。我怀疑这种特殊的天赋与他对持续时间和暂停叙述的演绎有密切关联。在乔尔乔内的作品中,如果涉及歌曲和乐器,持续时间与时间的较量就比比皆是。我们如何解释《三位哲学家》(*Three Philosophers*)中那种美妙而半透明的存在,以及尽管相关但又独特的时间层面或水平上的颤音呢?在画作《暴风雨》(*The Storm*)中,乔尔乔内表现出了田园神话对时间的疏忽以及在遥远的背景中持续时间的主权,乔尔乔内是通过什么精神-技术手段来表达这些的呢?

请不可靠的双关见谅,艾略特的诗句"音乐流动,仅在时间中"只是老生常谈。强度、音高、和声和音色是节奏的组成部分,节奏又是由时间组织的。重音不能与音符的长度或音程(沉默)的长度分开,其中,长度是暂时的。但是,在音乐中,长与短、快与慢,既受时间限制又不受时间限制。节拍器标记与客观和理想化的时间惯例有关。但是,演奏和听到的音乐的长度、音乐单元的节奏和结构是不可能完全系统化和标准化的。复杂的声学因素取决于作品被演绎的实际空间;没有两种乐器能够完全统一。这些因素既与心理预期和接受度相互作用,同时又与具有文化抑或公共性和高度私人性质的执行惯例相互作用。像**快板**(*allegro*)或**柔板**(*adagio*)这样的术语不可避免地都具有历史性、技术性和主观性。一连串紧凑的音乐结构传达出一种**鲜活的**(*vivace*)感觉;当这种构型较少或扩展时,我们就得到了缓慢的印象。然而,在每一个小节,作曲家和执行者似乎都可以颠覆预期的效果。韦伯恩的微型模型,有些都用不到一分钟的"标准时间",对耳朵的影响是缓慢和宽敞的。贝多芬的作品中有**缓慢曲**(*largos*),他的正式休息似乎产生了强烈的时间压缩。我听过里希特(Richter)在李斯特的作品中演奏了闪电般快速的颤音,这种颤音在某种程度上暗示着无穷无尽。在人类的其他表达方式中,时间和持续时间之间的共时性和不和谐的可能性像音乐一样丰富多彩、富有成效。

此外,任何音乐作品都具有双重的"时间性"(timeliness)。音乐有它自己特定的持续时间。它以自己独特的方式组织节拍器、声学现象、听觉和回忆心理学(一个复杂的组成部分)之间的关系。这种组合在每次演出中都有所不同。因此,巴赫赋格曲的时间不可能延长到肖邦**练习曲**(*étude*)的时间。布鲁克纳(Bruckner)的**徐缓调**(*andante*)不能切分成海顿的**谐谑曲**(*scherzo*)。同一位艺术家在同一间工作室里在很短的时间里演奏同一作品，也无法达到同样长度的时钟-时间或形式上的心理持续时间。在琴弦上的弹拨、在琴键上的触碰以及在管乐器接口管上的呼吸颤动都是独一无二的。对许多作曲家和表演艺术家来说，正是他们的机械同步以及他们对自己的同一性使得唱片失去了活力。

这与科学的区别是巨大的。我们已经看到，科学上的时间是柏拉图式的。它们需要一种无限可分但不变的永恒。量子物理学中假设的纳秒与宇宙学模型中的十亿光年一样是客观的，也是可精确计算的。科学和技术史的一个重要部分就是不断提高时间测量的准确性。考虑时间时，一个操作、一个实验必须在最大程度上与在任何其他地点或日期进行的同一实验相吻合。这种精确的重复性对整个科技企业至关重要。否则，理性的建构就会崩溃成混沌状态。

没有必要在文学语言（和所有语言一样）中详述时间的组成部分。像韵律、节奏、重音、重复或主题变化等分类在诗歌和文学散文中就像在音乐中一样有用。设备，速度和延迟的影响以及谐波分辨率——如十四行诗的形式性结束语或押韵的对句中——都是音乐和语言结构的共同之处。音调、结构和概念上的不和谐也是如此。无论在什么艺术形式中，还有比贝克特（Beckett）更善于运用分节符、休止符、调键，尤其是沉默的人吗？

文学叙事无论是口头的还是书面的，都没有必要在其与时间的无限变化的关系上费力。从荷马到普鲁斯特，从托马斯·曼（Mann）到乔伊斯，西方文学围绕着过去时态，围绕着记忆文法建立了自己的世界。与之相对应的是，乌托邦和科幻作品都是在描绘未来。更重要的是，西方小说史在解构和重新创造史诗的过程中都是一种叙事，它不仅在一个特定的时间框架内进行，而且其统一的主题是时间本身的叙事。从塞万提斯、笛福到现代人，我们的小说都在表现时间对个人、社会、意识和场所的影响。**哦，时间，哦，习俗**（*O tempora，o mores*）。就像在音乐中一样，外部的计时时间、日历、编钟和时钟的抽象性与作品中的心理真实性以及虚构的持续时间的真实性相抗衡。这在伪亚里士多德式的"时间的统一"中很明显，它把新古典主义戏剧压缩为 24 小时，就像在时间的容器里，为弗吉尼亚·伍尔夫的《到灯塔去》（*To The Lighthouse*）赋予了强烈的静止感一样。莎士比亚对时间的慷慨反思和对时间的隐喻性画面都在十四行诗中表现得最淋漓尽致，且构成了一部只有但丁和普鲁斯特才可以相媲美的感知选集。仅从莎士比亚文集的索引中列出的"时间"这个词就会带来一种关于时间性的诗学和形而上学的危险。

文学的意向与生存和不朽的主题有关，这是我想在本书的最后部分讨论的。在这里，我想更仔细地看看在艺术与科学中，创造力与历史时间之间的关系的区别。很明显，存在着科学史以及科学和技术方面的创造和发明的保留史，那么，存在类似意义的"艺术史"或诗歌史吗？或者，这是一个完全不同的历史性问题吗？

我们已经看到，任何艺术作品，无论多么深奥，无论多么封闭和内在，都不是独立自主的。最隐秘的抒情诗和最反具象的绘画都嵌入在他们的历史社会语境之中，无论象征着什么，无论焦点的隐私多么激进，都属于历史和公共环境。这一点最明显地适用于物质可能性，也适用于概念和表达形式之间的辩证关系。我们注意到，就所有的执行形式来说，文字和音乐符号、油画和钛、创作者和环境，都是技术，都决定了文本、奏鸣曲、塞尚静物画或毕尔巴鄂（Bilbao）的古根海姆博物馆的潜力和实际呈现效果。物质是社会史，**技术**（*techné*）也是。同样，接受和解释也是历史和社会现象。它们把艺术和文学固化在共同的时代。因此，书籍或变奏曲的幸存以及雕塑或风景画的幸存，似乎都取决于美丽而矛盾的运动。原始而间接的主要的参考文献——地方法典，要么丢失了，要么变成了不精确的推测。画像的模特、音乐作品的场合和表演乐器（声乐的、器乐的）以及诗歌、戏剧或小说中隐含的或明确的所指，都从记忆中消失了。埃斯库罗斯的悲剧、巴赫的清唱剧和委拉斯开兹的肖像都是在什么条件下首次创作，并且公之于众得以被接受的？我们无法完全可靠地重建这些物质的、社会的和心理上的条件。我们不像当代观众那样看一部 20 世纪 30 年代的电影。安吉利科和他的教会赞助人所说的"艺术"是什么意思？然而，这里有一个核心的悖论：在某种难以捉摸但令人信服的意义上，背景知识从作品中渗透出来，从而为一种最不确定但又是决定性的永恒留出了空间。马拉美在他的经典著作中曾说：**不变的是变化**（*Tel qu'en lui-même l'éternité le change*）。每次希腊或莎士比亚的戏剧重新上演，每次巴洛克和古典的音乐被重新演奏和重新聆听，每次 15 世纪的

《天使报喜》在礼拜堂、画廊或博物馆里被展出，错误不可避免地出现在我们的反应中，误解也会不可避免地出现在我们对考古的情感解释中，而这些错误和误解又赋予作品以新颖性和间断性（年轻的卢卡奇[Lukács]在他支离破碎的海德堡美学[Aesthetik]中深入探讨了这种悖论）。

损失创造了新生。原始的信息被屏蔽，或者成为了一个可追溯的惯例和有意义的神话。这确实需要对革新进行充分的蔑视。正是那些作品和规划"永恒"的作品和美学体系，才会完全消失，或者在索然无味的庄严中只保留档案的存在。可以说，就像被现在已无法挽回的当地居住环境和历史年代所包裹，并且完全符合现有的技术手段一样，但丁的诗章（canto），拉伯雷的著作，陀思妥耶夫斯基的政治寓言，总是对充满激情的无知和后来被接受的复兴——总是在更新——保持开放的心态。正如卢卡奇所说的那样，"奇异而神秘的品味"在很大程度上已经无法弥合，但仍在继续，以便争取获得新的经费。

在科学和技术史中可能会有一些偶然的类比。策展人和档案学者重构中世纪星盘，或者，用每一种文献的精华编辑盖伦或哥白尼的著作。但是，非常准确地说，他们的目的是阻止错误的解释，也为了证明机会主义再拨款的虚假。任何一个理智地研究行星轨道的教授都不会用托勒密的《天文学大成》（almagest）来代替现代教科书。确切地说，在维萨里或哈维之前的解剖学和生理学都是具有历史意义的，也许也具有美学趣味（维萨里的板块保留了其标志性力量）。它们不像品达的颂歌或伦勃朗的蚀刻作品那样具有持久的变革重生力。它们已经有了无可辩驳的进步，同时也消除了落后的思想。科学技术在不断进步，它们的存在条件是跨越可测量时间的进步。这一老生常谈把我们带到了一个最具挑战性的认识论美学问题上来：这个关于进步的基本概念是否适用于艺术、音乐或文学的创作以及实现和表现史呢？

即使是预演也很难厘清。我们知道，审美判断是一个被解开的迷宫。它们是由主观直觉编织而成的，这些直觉很可能建立在潜意识中，也可能在神经生理学的某些方面。这是社会历史共识和从众压力的结果。它们反映了时尚的不稳定的，并且往往是非理性的反复无常。对美学的推崇，对一部具有经典和持久价值的作品的归属，同时涉及了教育和意识形态以及政治和商业上的权力关系。没有一种美学价值是无价值的，或者说，完全不关注意识形态意义，即使是康德是如此。此外，品味在任何时候都需要修正和修订，甚至完全被颠覆。我们已经看到，最自信、最具有历史和集体力量的格言，严格来说都是无法证明的。任何异议，诸如约翰逊博士对弥尔顿的《利西达斯》的评价、托尔斯泰对莎士比亚的评价等，无论多么古怪，多么可耻，多么孤独，它们都是无可辩驳的。

与此同时，准备好去辨别、体验和陈述 A 优于 B 才是至关重要的。它使至关重要的经济成为可能，也使关注和反应卫生学成为可能。把短暂的一生用在虚假的或短暂的琐事上，确实是一种"精神的消耗"。在我们的日常生活中，没有那么多的时间来理所当然地去征服和改变意识。在相对意义上，比如在*庄严的弥撒曲*（*Missa solemnis*）和最新的流行音乐在赋予生命的高度上含糊其辞将使个人的生存和整个国家变得贫困。但是，我要重复述说的是：无论这种说服多么不证自明，无论人们多么热衷于这种观点，它所宣称的价值都是不需要证明的。我们可以以同样的决心来推动相反的观点。大众市场每天都在这样做。正是这种直观的状态将美学信条与神学信仰紧密地联系在一起。这两种说法都是出自精神上的高深莫测的断言，也是天生容易出错的断言。他们对绝望的欢呼，既不可辩驳也非无可辩驳。

当我们通过个人的反应和几乎用继承传统的决定性力量，按照"伟大"、"普遍性"、"影响力"、"持久性"、"变形潜力"或我们的意愿对美学作品和形式进行分类时，问题就出现了：这样做有进步吗？ C 和 D 在时间上是否构成了对 A 和 B 的进步？ 我们已经看到，答案在科学和技术中是多么明显。核物理超越了炼金术；分子生物学取代了精神生理学。一些应用程序也是如此：电子邮件改进了信号量，超音速喷气机超过了帆船；三氯甲烷戏剧化地把人类从难以想象的痛苦中解救了出来。任何时尚之风都不会把科学或技术吹得倒退。燃素理论不会取代麦克斯韦方程。平面地球论的专家们也许固执得难以对付，但他们嘴里嘟囔着的都是一派胡言。男人或女人真心认为莫扎特创作不出好曲子，这是不可能的。这种区别是根本性的，也是令人沮丧的。科学理论确实是可以被彻底修改、修正和驳回的。但是，下一个范式在它对相关数据的解释和它的实验可验证的预测能力方面被证明是更好的。科学技术知识是累积性的，增加起来的。事实上，正是这种通过添加和细化的扩充定义并验证了知识的特定范畴。再重复一遍：今天的六年级学生或高中生的操作工具和概念类似于伽利略和艾萨克·牛顿的，不久，他们也会驾驭类似于爱因斯坦的工具和概念。

然而，与之相对的是，在荷马和索福克勒斯以及柏拉图和但丁的基础上有所进步的是什么呢？哪个舞台剧超越了《哈姆雷特》，哪个小说超越了《包法利夫人》或《白鲸》？里尔克或蒙泰罗（Montale）的抒情诗有没有比萨福（Sappho）或卡图卢斯（Catullus）的更好？斯特拉文斯基（Stravinsky）比蒙特威尔第（Monteverdi）优越吗？毕加索和培根比乔托好吗？即使以这种方式提出问题也会让人产生一种荒谬感和误导性的提问感。说"不"的可能很大；把美学和哲学置于永恒不变的内部，并就此结束论述（这种论述再一次强调了与科学之间的鸿沟）。然而，这一议题的阻力比这更大。它确实需要我们近距离观察。

没有必要回到审美生产的材料和手段的历史性，也就是演化的问题上来（哲学始终保持着文字的匮乏）。这种演变在建筑和音乐中是显而易见的，艺术与科学和技术最为相似。有机玻璃、轻质金属、全息模拟和计算机的发展使现代建筑师能够将维特鲁威（Vitruvius）或帕拉第奥（Palladio）无法想象的项目概念化并且实现。现代钢琴和电子合成器的发展确实使德彪西（Debussy）或施托克豪森（Stockhausen）能够探索海顿甚至是李斯特都无法企及的可能的音调和声音世界，并使之具体化。在这一点上，无疑具有重大的进步和成果。但是，这是否意味着，弗兰克·劳埃德·赖特（Frank Lloyd Wright）的住宅或者由让·努维尔（Jean Nouvel）设计的位于卢塞恩（Lucerne）的艺术中心是对帕特农神庙或锡耶纳市民广场的一种进步和超越？德彪西的《意象》在巴赫的《平均律钢琴曲集》（*Welltempered Clavichord*）或肖邦的钢琴小曲（bagatelles）的基础上有改进吗？这种冲动再次需要加以限制。雕塑在原材料和形状方面得益于不断发展的技术（考尔德开放的"奇思妙想"对贝尼尼不适用）。有些人会说，西方几何学对透视的理解再加上油基颜料的引入使艺术变得更好、更丰富、更有说服力。此外，或许至关重要的是，新材料和新技术——混凝土的预应力和金属的焊接——引发了人们的想象。在电子音乐的辩证法中，可以说，合成器提供的可能的声学、音色和色调，都是布列兹（Boulez）在创作过程中探索、合并或抛弃的。但是，这种扩充是否会以任何可能的方式让柏辽兹（Berlioz）或西贝柳斯（Sibelius）变得可有可无？计算机屏幕生成并使其网状化的虚拟现实，在建筑师那里俯拾即是。雷恩（Wren）已经过时了吗？打字机修改了诗歌的某些元素，也是有争议的；文字处理器和个人电脑会改变小说的未来吗？这里的每一个问题都造成了实际的困难。

但是，由于文学的唯一媒介是语言，因此它比其他任何美学形式更具有永恒的概念性。语言有自己的历史。在一定时期内——如16世纪的法语、伊丽莎白-詹姆士一世时期的英语、今天的美国英语时期——由于一些我们不能完全理解的原因，不同的语言表现出不同程度的活力和贪婪的自信。但是，总的来说，他们的工具永远是一样的。《俄瑞斯忒亚》的开头，屋顶上的守望者所使用的词语、语法规则和修辞手段与2500年后等待戈多的仆人所使用的基本相同。如果有的话，贝克特的剧本在哪些方面可以被认为比埃斯库罗斯的剧本有所进步呢？事实上，这样的问题有任何意义吗？

所有的美学形式，所有的艺术作品、音乐和文学作品都是按照不同的先后顺序产生的，这些顺序与他们的先例有关系。这种关系可能具有一种广泛的普遍性，也可能是具有高度特殊的评论性。它可能包含模仿、拒绝、变异、歪曲、重复、直接和间接的引用。典故，以及公开和隐秘的引用是真的不可通约的。任何作品，无论它是打破传统的，还是"原创的"（这个词究竟是什么意思？），都不会毫无征兆地向自己或向我们呈现。有无畏的飞跃，但没有量子式跳跃。在装饰艺术中，在几何象征主义中，尤其是在伊斯兰教中，某些特征也许在逻辑上不可避免地跨越了千年，为现代西方非具象的立体主义实验作了准备。勋伯格革命在勃拉姆斯和德彪西身上有很多体现。《伊利亚特》继承了口述前人的悠久历史。在非常重要的意义上，美学和创作（*poiesis*）存在着一种持续的历史，存在着一种增加和累积的现象学。如果我们只有毕加索，那么，从阿尔塔米拉（Altamira）和洞穴画家到马奈和塞尚，我们就能重新整理出一系列具有变革意义的图形和造型艺术作品。

然而，与科学和技术进步的迫切需要相反的是，新作品与实质的形式上的过去的关系，与以前的绘画、雕塑、交响乐、建筑、诗歌或小说的传统之间的关系，都是完全模糊的。经典和典范的价值，同时具有生产性和约束性，以及开创性和限制性。它具有字母的普及、速记识别、即时性、回忆和比较等无处不在的功能，从而既保证了塑造行为，也给塑造行为施加了巨大的压力。在乔伊斯的《尤利西斯》，德里克·沃尔科特（Derek Walcott）的《奥麦罗斯》（Omeros），托马斯·曼的《浮士德博士》中，再保险和压力是明确的主题。正如我们所看到的，主题变异是审美组织和接受的基础。文学、艺术和音乐的很大一部分都是建立在或多或少充满活力而变形的引用和重复之上（像卡夫卡的《审判》这样一部全新的作品中有多少狄更斯作品的影子？）。"re-peat"的词源很深刻："re-peat"是"再次请求"，祈祷一秒钟、三次、一百次，就像但丁对维吉尔祈祷，维吉尔对荷马祈祷，荷马又……当过去的压舱石变得过于沉重，当它过滤成预先消化的传统，就像在许多古老的神话和重塑中，比如 18 世纪的诗歌和英雄主义的绘画中那样，特定的血统就会失去意义。当对大量来自过去的目录的检索和复制几乎压倒当前的文化和情感时，创造力可能会经历危机。我最终会回到这个问题上。

但是请注意，持续时间使用具有绝对的灵活性，并且对审美开放。一个托马斯·曼，一个乔伊斯，一个庞德，或者一个斯特拉文斯基（Stravinsky）都可能"倒退创作"。就像无数的祖先一样，他们可以在媒介和背景上有意识地仿古。事实上，对铜绿的培养，对无论在风格上还是本质上都已经过时的逝去者的培养，其本身就是一种古老的技巧，就像《伊利亚特》中那种带有青铜时代意味的护身盾牌一样古老。无论是摩尔作品中的玛雅人像，斯特拉文斯基的文艺复兴赞美诗，还是艾略特笔下的德莱顿（Dryden）的声音，艺术家、作家和作曲家将技术手段的现代性和期望与遥远原型的重生相对立。相应地，艺术，特别是文学，有各种各样的未来。科幻小说和伊卡洛斯神话一样古老。叙事乌托邦——田园牧歌，人类花园中的黄金时代——在《创世记》编校的时候可能都已经是老生常谈了。这种根深蒂固的机制始终存在：未来是对逝去的过去的回忆，是对现在的讽刺，是对不断发展的技术的一种幻想和理性的描绘。

这些时间游戏和灵活性，在科学史上没有类似的对应。一位正在工作的天体物理学家不能用拉普拉斯的语言来写论文。没有生物遗传学家去预测"前达尔文"。他背后的历史压力在推动他前进的同时也抵消和消耗了自己（喷气式发动机的原理）。现代物理学家甚至连牛顿的《原理》的转变都搞不清楚；但是他不需要这么做。

鉴于这种本质上的区别，我们再次发问：在美学创作中，B在A之后出现这一具有高度重要性且具有启示意义的事实，是否使A变得更好？A被取代了吗？

我相信，答案绝对是否定的。所有的文本、所有的艺术作品和音乐作品都因生存和传播而获得力量，并因接受而开启重生和更新的大门，它们都拥有后来的作品所不能取代或抵消的价值。无论是历史年表还是复杂的技术都不能使经典过时（这是

274

"经典"的定义）。它们通常会深刻地改变人们对早期作品的理解和解读方式。《李尔王》目前是在贝克特的《终局》（*Endgame*）和品特（Pinter）的《归家》（*Homecoming*）中出现在我们面前的。一部作品在生命的继承中其布局将会改变。有时会有消失期和遗忘期。主要的想象行为——司汤达的小说——将会退隐到地狱，进入法国人所说的炼狱（*purgatoire*）。但是，如果它们具有足够的生命力和不可溶性，如果它们对自己和我们提出的问题仍然坚持不可回答，这些作品就会重新出现，往往还会产生双倍的影响。形而上学意义上的诗人被重新发现，就像巴洛克音乐或者非洲和美国西北部所谓的"原始"艺术一样。象形文字沉睡，然后在雄辩术中苏醒。

进步的概念和历史的更替概念在决定性的层次上都是虚假的。严肃作品既不被超越，也不会黯然失色；主要的艺术作品不被归入古董之列；沙特尔（Chartres）不会过时。它们与科学技术的区别是本质上的。在艺术、文学和音乐中，持续时间不是时间。形式逻辑和元数学逻辑确实向前推进并修正了先前的发现，哲学却没有。柏拉图、笛卡尔或康德所争论的问题在今天和在它们的开始阶段一样中肯，只有确定的年代。

在历史之网的适时的永恒中，存在着创作和形而上学的质疑，它们可以被"标注日期"，但却没有，这种适时的永恒是显而易见的，也是很难分析的。在共同的、历史的（序时的）时间性矩阵中，如果创造者和思想者有足够的天赋，他们不仅可以与其前辈以及真正的同时代人获得同步性，最神秘的是，还可以与尚未出现的作品和洞察力实现同步性。尤维纳利斯沉浸在他自己历史时刻的细枝末节中，其中有许多对我们来说都是无法挽回的，因此他与斯威夫特已经是同时代的人了。通过卡尔·克劳斯（Karl Kraus），他们两个都更"自我"。这些具有变革性的接收、相关恢复性和感觉直接性的时钟，保留了自己的时间（"保留"具有保存的全部意义）。前卫派思想往往都是后记。另一方面，形式上的回顾和技术上的保守——那些波德莱尔的亚历山大体诗行——可以产生极端的激进主义。艺术家和哲学家可以自由地落后于时代或领先于时代。这种运动绝不仅仅是线性的。我直觉上认为，它可以被视为一个螺旋运动，一个上升和下降对等的螺旋运动。

正是在历史时间背景下，时间的矛盾性使得造物主永恒和不朽的主张合法化了，这也确认了**我建成了这座纪念碑**（exegi monumentum）①，而它一直以来也确实都是西方人文学科的密码。正是这种观念的永恒和可逆性在创世的语法和历法中才保证了西方的教育和品味，就像第四福音书中的"当亚伯拉罕在的时候，我就在"一样不可消解和至高无上。它们定义了我们自巴比伦和古代苏美尔的黎明时期以来参考和认识的网络。因此，《吉尔伽美什史诗》或跪着的书吏雕像的力量超越了当今意识的内在化。人文素养、论证和实现形式的每一个有效行为，都是过去的现在以及充满对未来回忆的现在。这样的命题和它们所包

---

① 出自贺拉斯《颂诗集》第三十首。——译注

含的赋值不能在任何形式逻辑上得以证明，更不用说在实验意义上了。这很可能是他们赋予生命的真理标志。

我们现在可以提出一个中心假设。只有两种经验能使人类参与到真实-虚构中，参与到从生物历史时间即死亡的消灭规则中解放出来的语用隐喻中。一是为那些向他们敞开大门的人提供真正的宗教信仰。另一个就是美学。在最广泛的意义上来说，正是艺术作品的生成和接受，使我们能够分享持续时间和无限时间的经验。没有艺术，人类的心灵就会赤裸裸地站在个人灭绝的面前。其中的逻辑是既疯狂的也是绝望的。它（另外，超然的宗教信仰，常常在某种程度上与它联系在一起）证实了希望的非理性。

从这个极其重要的方面来说，艺术对人们来说甚至比最好的科学和技术（无数社会在没有它们的情况下长期生存了下来）都更加不可或缺。就意识的生存而言，艺术和哲学建议中的创造力是另一种秩序，而不是科学发明。我们是一种动物，其生命来自说话、绘画、雕刻和歌唱的梦。世界上任何一个社区，无论它的物质多么简陋，都不会缺乏音乐，也不会缺乏某种形式的图形艺术以及那些我们称之为神话和诗歌的想象记忆的叙述。事实上，真理是有等式和公理的；但是，这是一个次要的真理。

但是，艺术的这一更伟大的真理，是否能以我们迄今所了解和实践的方式得到保障呢？"创作"有它的经典未来吗？我要讲的就是这些问题。

第五章

形下创造

创造赖以发生的语境

我们已经看到,"创造"和"发明"的概念总是处于语境中。它们的语义场是社会、心理和物质构成的历史语义场。声称要处理永恒的事物本身是受时间限制的。我们看到,即使是最唯我论的形式结构,即使是表达清晰而又最私密最新奇的行为,也有一个社会和集体的母体,当它开始颠覆并且违反那个母体时,它就是最突出的。毫无意义的押韵、达达主义的唱词和幸运的音乐作品,会使用遗传的,并且多少具有公共性和传统性的标记来扰乱期望,并且进行"创新"。它的共同遗产,它的最终可理解性是历史、公共和技术环境下的事实。

这种可获得的暂时性和根深蒂固的可用性——在某些焊接技术之前没有考尔德的动感雕塑——似乎对发明的概念和进取

没有构成障碍。发明在其感知和法定线性中是历史时间的产物和动力。与此相反,时间经验以及历史的持续时间经验与创造观念之间的关系是极其复杂的。在"创造"意义上的神学"背景噪音",以及依附于诗歌、艺术、音乐和形而上学的永恒而不可替代的修辞,似乎是在假设一个"时间之外的时间",这个时间与历史和科学的时间相去甚远。这一假设形成了西方经典和赞美诗的传统。《荷马史诗》、柏拉图式的对话、维米尔的都市风光、莫扎特的奏鸣曲都不会像发明创造的产品一样变老过时。19世纪的蒸汽机现在成了古董。陀思妥耶夫斯基的小说则不然。这种区别既明显又棘手。这表明了时间在个体意识和文化中的存在性上有很大问题,但却存在很明显的差异。如果但丁喜剧的过去、现在和未来都不是黎曼假设(Riemann hypothesis),那么,它们是什么?

我们在对形式和实质现象的体验中,没有任何元素是静止的。生命力包括衰减和闭合,它具有动态感知和解释的功能。因此,心灵的历史就是不断变化的历史。在这种变化中,有突变,有革命,或者如目前的数学模型所说,有"灾难"。潜在的变化就像大陆漂移一样是构造性的。但它们也能显示加速的能量和变形的能量,这种加速和变形是如此激烈和深远,以至于使我们的分析和解释理论没有着落,或者至多只能是推测。最典型的观点是,地图都已经被转换和重新绘制。稳定的东西似乎变成了不确定的回忆。

我相信,当前在交流、信息、知识、意义和形式的产生经验中所发生的变化,可能是自人类语言自身发展以来最全面而又最重要的。简而言之,在冯·诺伊曼或图灵(Turing)之后,人类有了新的语言环境。不管多么具有试探性,如果没有参考这些巨大的环境变化、表达意识的方式、概念化和表征的方式,那么,现在任何关于创造和发明的研究都是古董研究。如今,"伟大的故事"正在以一种全新的方式被梦想着,也被讲述着。

从整体意义上说,语言是一种受规则支配的系统,由任意的传统标记物——声音标记和图形标记——构成,其功能是传达和记录意义(significance)(在这一语境中"significance"是一个比"meaning"更中性和包容的术语)。这些标记的排列以及它们的"特征"(在文字游戏中具有启发性)在形式上都是无限的。它们可以是词汇语法的音素,是最多样化的象形文字、音乐符号、表意文字和数学逻辑符号。因此,说明性"语言"完全适用于音乐、数学、形式逻辑或舞蹈符号。它也适用于艺术品,尽管这里有一些用法上的转移。我们既读文本、乐谱和代数定理,也读画作、雕塑或建筑作品。正是这种易读性,才有可能传达和暗示意义,以及引出从最抽象到最感性的各种反应序列。我们以如此多样而又亲密的方式栖居在语言世界(海德格尔)或语言游戏(维特根斯坦)中,以至于我们对存在的感觉主要是符号性的。通过编码,话语在最强烈的含义上具有"明智性"。因此,我们已经看到,基因和生物分子序列之间的相似,以及字母表和句法破译之间的相似。

通过手势("身体语言")传达意义的行为在不同的时期和文

化中一直都非常稳定。阿尔塔米拉洞穴艺术中的某些姿态是人们十分熟悉的。自记忆的历史建构以来，发射、交流媒介和接收的三要素，其本身就表明了人类的存在。从根本上说，信息的生成及其可接受的解释——即使使用同一种语言，也一直都是在翻译——一直是不变的。这使我们能够——我们停顿的时间足以使我们感到震惊吗？——对数千年前由男女个体以及那些我们只有最模糊的印象的群体所创造出的铭文、图像、建筑遗迹和文本作出理智和情感上的反应（尽管不完美）。即使没有十足的语文学信心或感性的解读能力，我们也能够清晰地听到《吉尔伽美什史诗》和《出埃及记》的原初叙述者和创作者的声音。我们解读欧几里得和菲狄亚斯（Phidias）时，有些地方和他们同时代人解读的方式很像，有些地方却大相径庭。有兴趣的学者可以掌握千年未说的古语。就像能量本身一样，最相似的一点可能是，意义和传递意义的潜能是守恒的。

这种动态稳定性和守恒在今天看起来不太可信。这说明人类意识、心理过程和情感习惯的某些基本要素都容易发生深刻的变化。此外，考虑到人类进化过程中非常缓慢的、通常又难以察觉的变化，在"人类"的历史中，任何"灾难性"突破的假设似乎都是不负责任和夸张的。时间尺度似乎是错的。

我知道这些反对意见的力量。尽管如此，我还是临时提出了一种有限的直觉，即自古希腊以来，我们就一直被称为"语言动物"，现在，我们正在经历着突变。在我看来，最近的技术发展以及不可避免地牵涉到形而上学的技术几乎要强加某种这样的假设。可以说,我们被困在正以惊人的速度发生的变化和混乱中,我们的误解和无知是不可避免的。但是,如果尼采和福柯所宣称的"人类之死"不仅仅是一个戏剧格言的话,那么,我们对所了解到的"创造"和"发明"就必须进行重新思考了。在语言这一神经中枢中开始这种重新思考似乎是一种常识。

创造赖以实现的媒介

地质学家报告了地震和火山爆发的神秘征兆。某些动物物种似乎还可以感知到难以察觉的震颤以及光线的变化。我暂且称之为语言中的地震冲击和断裂,文字和世界之间原始契约的毁约,确实有它们断断续续而又偶尔出现的先例。古老的逻辑啮咬着克里特岛说谎者的看似无法解决的悖论,自我定义的说谎者肯定真实的谎言或虚假的真理。在怀疑论者的思考中,语言的可验证性描述能力和获得任何经验的判断能力都面临着挑战。蒙田对任何语言学命题可证明的真实性都进行了玩世不恭的尖锐质疑。但是,在古典主义和文艺复兴时期的怀疑主义中,表达质疑和颠覆所采用的探究和论辩手法却完好无损。的确,在《天堂篇》第三十三章中,凡人的言语对表达或概念化神圣的光芒无能为力——

Oh quanto è corto il dire e come fioco

al mio concetto!

> 唉！我的话句多么无能，表现我的思想多么软弱！
>
> 而我的思想和我的所见相比，真可说："微乎其微"了。①

——这种无能为力把言语放在超验和绝对的起点之上。由此，上帝赐予亚当和他堕落的后代以尊严（*dignitas*）和语言的慷慨之举被欢欣地重新肯定。

我们最接近语义的完全否定、最接近"逻各斯-虚无主义"（*logos*-nihilism）的否定以及最接近人与语言的契约废除之时就是《雅典的泰门》中泰门的最后时刻。在生命的绝望深渊中，在本体论的恶心深渊中——正是自然和人类存在的本身使泰门无法忍受——泰门努力尝试"语言终结"。他的墓志铭必定是语言所书写，也终将被那洁净的海水冲掉。泰门简洁的祈使语气通常被认为是对所有话语终结的谴责，在西方的思想和创作传统中，这几乎是独一无二的。它的矛盾来源于艺术和情感，是我们在莎士比亚的作品中记录的最有智慧的"演讲代理人"的艺术和情感。

但是，从世纪之交到 20 世纪 40 年代，中欧对语言根源和分

---

① 中译文参见［意大利］但丁，《神曲》，王维克译，人民文学出版社，1996，第 502 页。——译注

支的批判浪潮则是另一种秩序。它包括哲学和文学、社会学和政治学、心理学和艺术。它使我们的语言-人文学科的各个方面都没有受到影响。这种不稳定和对世界基本信任的下滑所带来的后果可能比我们这个时代的政治革命和经济危机的影响更深远。直到现在,我们才开始模糊地勾勒出新的风景。

1901 年,霍夫曼斯塔尔(Hofmannsthal)的《一封信》(*Ein Brief*),更广为人知的名字是《尚多斯勋爵的信》(Lord Chandos Letter),并没有失去它的终结性。主人公是伊丽莎白时代一位才华横溢的年轻贵族,他给弗朗西斯·培根(Francis Bacon)写信。19 岁时,他就已经创作神话诗歌了。人们对他的期望很大,因为世界和语言都已被挥霍。但现在,"我已经失去了思考或表达任何条理清晰的思想的能力"。起初,这种损失带有一种常人很容易说出的那种抽象概念。尚多斯勋爵发现自己不能说出诸如"精神"、"灵魂"或"身体"之类的词。清晰的宣告和判断变得难以言表。在尚多斯的嘴里,它们变成了腐烂的真菌。甚至听到别人滔滔不绝的主张,他也会觉得无法忍受。"话语在我周围转来转去;它们的眼睛盯着我看,而我也同样盯着它们看。文字旋转着,看着它们不停地旋转,我头晕目眩,越过它们,我们就进入了虚空。"

尚多斯不再与简单的物品和人工制品有关。一个洒水罐、一只懒洋洋地躺在阳光下的狗以及他庄园里一间朴素的乡村小屋,都能成为"打开启示的器皿"(*Gefäß einer Offen-barung*)。这个器皿如此充满活力,如此充满存在感,以至于不可能对它做出任何恰当的回应。即使是一堆琐事，也会让尚多斯感到那是一种可怕的存在和深不可测的深渊。一切沉默的东西淹没了他困惑的心灵，同时也给他带来了恐惧和祝福。当顿悟的时刻过去，尚多斯勋爵被推回到虚空之中。在痛苦的夜晚，会出现一个极其渴望的幻影：人类思维和感知的模式"存在于比文字更直接、更流畅、更光彩夺目的媒介中。这种媒介也是由旋风和旋转的螺旋构成的；但与语言不同的是，它们不会引导你进入无底深渊，但是，不管怎么说，它们会引导你进入内心深处的平静"。尚多斯梦想着一种语言，用这种语言，沉默的世界可以真诚地对他说话，在他死后，他也可以让自己对一个不知名的法官有回应。无论如何，这将是他写给他的那位著名朋友的最后一封信。

讽刺之处有很多。在英语语言的鼎盛期，弗朗西斯·培根收到了一封无言的告白。莎士比亚的每一点事实都隐藏在字里行间。霍夫曼斯塔尔的**语言批判**暗示了这样一种可能性（维特根斯坦对此进行了探讨）：莎士比亚的作品中有一种近乎亵渎神明，同时又永远无法超越的语言技巧，莎士比亚对用这种话语表达世界和它所包含的一切的能力充满着至高无上的信任。也许，在这种看似强大的力量中存在着一种最终的空洞幻觉和夸夸其谈，那是人类的话语和说法能够穿透并传递存在的本质。莎士比亚包罗万象的雄辩和滔滔不绝的言辞困扰着尚多斯的日常生活经验，他通过肯定这一经验无声的难解性，对深渊的"无法言说的"开放来诉诸这些困扰。帕斯卡可以说站在了莎士比亚的**对立面**（contra）。

对于卡尔·克劳斯(Karl Kraus)(他赞颂《雅典的泰门》)来说，虚空难以逾越。他对先兆的解读令人不安。在第一次世界大战前的"**美好时代**"(*belle époque*)的自信泡沫中，他预言，在欧洲，用人类皮肤制作手套的时代即将到来。他认为第一次世界大战远不止是人口、政治和社会的大屠杀。它标志着**人类的末日**(*die letztenTage der Menschheit*)，即西方文明中人道主义不可挽回的终结。克劳斯从炫目的没落中看出了文明的崩溃，这种没落在某种程度上是由语言的危机造成的。哲学、高于一切的法律以及在私下和公开的交流中追求真理和个人责任的艺术，都已经被致命性地削弱了。被大众消费和宣传贬低的言论和工具，被证券交易所、教育家、官僚和法律人士的行话歪曲的言论和工具，已经不能说真话了。

1914 到 1918 年间的这种无能、宣传、谎言泛滥和"新说法"（奥威尔是克劳斯的继承人），都混杂着令人作呕的仇恨和死亡的言辞。克劳斯的剧作中对奥匈帝国和德意志帝国公报、对奸商的油嘴滑舌和狂热于沙文主义的贵妇和妓女的恶毒而又悲痛的描写，都是无与伦比的。他对法庭上那些残暴而虚伪的语言调查，对议会辩论中空洞的废话调查，对那些被当作哲学辩论或文学和艺术批评的言过其实的八卦的调查也是无与伦比的。

克劳斯的世界里充斥着空洞而又具有传染性的喋喋不休。魏玛时期的通货膨胀中，如果没有万亿马克纸币，就象征着人类需求和希望的极度贬值，就像"马克"这个词的贬值一样。大量的流通已经抹杀了新词和句法曾经拥有的真正意义。可怕的通货膨胀和词汇的挪用已经使真理哑口无言。

这种大灾难很快在纳粹主义中产生了非人的方言。它在毫无约束的资本主义的大众媒体中滋生了可操控的幼稚主义。它的动力来源和排放矩阵是媒体（我们印刷货币就像印刷谎言一样）。克尔凯郭尔早在 1848 年就观察到,新的经文和西方现代人的圣书应该是报纸式的,应该是我们今天的图形和电子媒体构成的全球性网络。克劳斯耗尽了他愤怒的才能去分析、责难和戏仿媒体语言。媒体语言传播的冲击如此持久,如此幼稚而诱人,以至于饱和了人们的意识。在其可回答和所具有的真理意义上来说,它就是反物质,是一种很有腐蚀性的洗涤剂,它可以把所有的谎言和兽行——最新发生的对孩子的折磨,昨天的种族屠杀——都包装起来,从而使之常规化,也可以把所有的艺术和思想都推销出去。《第四福音书》说,"太初有道"。卡尔·克劳斯补充道,"太初有媒体"。

维也纳圈子里的逻辑经验主义者和逻辑实证主义者都是克劳斯的同时代人。主要的界限是用语言来划分的。真正的意义只属于那些可以被经验证实或证伪的命题,如在科学研究中的那样(波普尔);尽管仍然不可能有绝对的内部一致性(哥德尔[Gödel]),但是真理是最严格的形式逻辑和数学中(卡尔纳普[Carnap])富有成效的重言式函数。"语言、真理和逻辑"这一重要的三要素,只有通过实验或正式决议的惯例才能在函数上保持一致。当这种验证和决议不可能时,语言的话语和命题可能具有巨大的情感、意识形态或美学影响。但是,严格意义上讲,它们缺乏确定的意义。因此,神学或形而上学的命题属于虚构的叙述和诗歌。无论它们是高尚的、隐喻的,还是暗示的,它们都是"无意义的"。毫无疑问,它们属于想象的、主观的、非理性的、范畴广阔的、或多或少令人宽慰的领域。实际上,在技术层面上,这个领域还很幼稚。它表明了心智在生物遗传和文化的角度上的缓慢发展的青春期(这一观点在弗洛伊德的著作中颇受欢迎)。

为了确保精确科学和自然科学牢不可破的基础和分类,为使数学锚定在公理中,并且确定什么可以被证明是真理或不是真理,分析性的语言批判和逻辑经验主义的任务就是严格区分这两种语言使用的世界。真正的意义必须有证据。从柏拉图到叔本华,"上帝""超验"以及"物质的灵魂和精神"之类的话题充斥着我们的耳朵,这些多少都是自欺欺人的流言蜚语。任何哲学的主张和诗意的意象都是经不起推敲的。勾股定理就是。

这种划分对早期维特根斯坦的影响是显而易见的。《逻辑哲学论》(*Tractatus*)中著名而微妙的戏剧性结尾标志着界限的本质。对于系统的逻辑和科学预测来说,"我们必须保持沉默"这一观点虽然是外在的,实际上它却包含了所有最重要的东西。《逻辑哲学论》本身的*不平之处*(*gravamen*)就是它未写(未说)的一半。维特根斯坦坚持这个悖论。困扰人类意识的哲学问题、存在的痛苦(维特根斯坦和海德格尔第一次在索尔格[Sorge]问题上的分歧并不大)和"科学无法回答的"道德困境都是至关重要的。正如托尔斯泰的故事或勃拉姆斯的室内音乐想象一样。

但是,如果语言被视为一种法典,而且完全是透明的,并受到经验或逻辑形式的证明,它们就不能被说出来。因此,《逻辑哲学论》的结尾,以及维特根斯坦所追求的元代数语言(无论其在利希滕贝格的文学中渊源如何)都剥夺了人类话语的大部分可靠地位。逻辑和科学具有的冰山半透明性和纯粹性,仿佛上升到了基本但是又是不确定、不可决定而又"不可言说"的高度之上。理想的情况下,主观的质疑、内省和想象的溪流构成了自然语言的无限生命,它们应该属于沉默者。这正是语言批判需要沉默的神秘之处。

尽管在任何话语中都存有一点荒谬和内在的矛盾,更不用说关于沉默的雄辩了,但这种神秘性孕育了引人注目的作品。在霍夫曼斯塔尔的《困难人》(*Der Schwierige*)中,主人公在堑壕战的活埋中幸存下来,他不能忍受世俗而又未经检验的话语。在日常用语和客厅行话中,熟练地使用"爱""存在""意识""自我"等深究的词语让他觉得在道德和智力上都是"不体面的"。1914 年之前长期存在的精神感官和沟通能力的宣言已经消失了。因此,世俗的闲聊只会延长野蛮的时期。最重要的是,西方关于爱的词汇和句法,就像《第四福音书》和但丁一样古老,都被认为是虚假的。

在卡夫卡的寓言故事《塞壬》(*The Sirens*)中,意义的分层以及对解读的挑战与现代文学中的任何作品一样严苛。正如卡夫卡所写的,本体论的**语言批判**对语言的考验是终结的。可以想象,奥德修斯就是一个可疑的例子,塞壬的歌声可以通过某种发明来传播或者变得听不见，比如水手耳朵里的耳垢。"但是，塞壬拥有比歌声更可怕的武器，那就是沉默。可以说，一个人能够逃脱它们的歌声，但肯定逃脱不开它们的沉默。"

模棱两可的崇高和不可言说的恐惧将命中注定的流畅和修辞的琐碎——"新闻主义"的意思是日常——从本质的非传播领域中划分出来，就像在《逻辑哲学论》中定义的那样，这种崇高和恐惧是勋伯格的《摩西和亚伦》(Moses und Aron)的关键所在。摩西的上帝是他绝对无法用语言表达的，也是无法进行概念化地清晰表达或想象的。严格意义上说，他是从燃烧的灌木丛中出来的"不可思议的、不可想象的和不可言说的"存在。他的真理是重复的，就像在纯粹的逻辑和数学中一样："上帝就是上帝。"总之，任何试图代表、类推和隐喻"说上帝"的行为，不仅是徒劳的愚蠢，而且还是对上帝的亵渎。因此，亚伦的黄金舌头和演讲技巧，无论其政治和实用价值如何，都是对西奈山启示的可恶背叛。就像在《逻辑哲学论》中所有的超越一样，与摩西相关的神栖居在沉默的另一边。摩西开始意识到，他无法令人信服地阐明这个决定性的划分。勋伯格的歌剧，其不完善曾经证明了它的主题和它的诚实，它以摩西绝望的呼喊而结束："哦，语言，这语言，正是我所匮乏的"(Word, thou Word, that I lack)，或者，"语言让我有挫败感"(which fails me)。

弗洛伊德对摩西标志性的自我认同是众所周知的。语言批判与精神分析之间的关系虽然至关重要，但是却难以描述。精神分析的实践渗透在语言中。既不可能有哑巴病人，也不可能有聋哑分析师。对语言联想、指称和失误的解码,对隐藏的、被抑制的或被证伪的意义和意图的"考古"挖掘,都构成了精神分析及其解释学发现。在弗洛伊德的精神模型和疗法中,心灵的生命及其解释的清晰产出是词汇和语法的(拉康把这个假设推向了极端)。悬而未决的悖论就是弗洛伊德的"信任与不信任"。我们对言论和文本都要带着极大的怀疑去对待;仅仅是因为它们的表面如此虚假,它们有待深入地揭示。与此同时,弗洛伊德相信,除精神病患者外,这种解释都是可行的。分析可以梳理出话语的真实意义,但话语的真实意义从一开始就隐藏在隐蔽的深层。在很多方面,弗洛伊德对语言的终极自信几乎都是天真的。他是一位实证主义的碑铭研究家和语法学家,他认为人类灵魂是多层次的但又是难以解读的重写本。因此,弗洛伊德的精神分析具有非常重要的意义,它是对语言无所不在和交际能力的颂扬。

但是,在另一种意义上,也就是在尼采之后,弗洛伊德的学说和技巧构成了激进的**语言批判**。语言具有多义性、多层性和地下性,它可以引导我们进入混沌的、不可接近的无意识之中,然而,正如弗洛伊德所呈现和使用的语言一样,它已经失去了它的经典光芒,失去了它与意图和真理表达的一致性。同样,为了呼应奎因(Quine)的问题,我们必须在即时交流和日常交流行为中,既不能表达我们所说的意思,也不能表达我们想表达的意思。因此,弗洛伊德和维也纳学派一样,享有科学的、经经验验证的命题的有益特权。弗洛伊德也因此几乎不掩饰他对诗意的不安,也不掩饰他近乎疯狂地争取临床和生物科学的认可。这位叙事大师和神话大师渴望得到神经生理学的证实(这从未实现)。非科学的语言和言语行为正是他的天才之处;但是,弗洛伊德努力追求的乌托邦,即文明的"成年期"是建立在科学可验证的标准之上的。

精神分析已经打破了语言的外壳;被压抑的岩浆可以说是从下面沸腾起来的。人类心灵有能力决定和限制意义的界限,这一经典的理性主义的假设受到了质疑。(从分析的角度看,总是说得多,做得少)。尼采为语言是谎言的投机游戏打下了基础。弗洛伊德则更进一步,他认为,语言已经变得非常脆弱。

精神分析对西方语言和书面交流的影响如何? 现在就试图对此做出最概括的评估还为时过早。某些特定的语言工具,比如双关语、笑话、具有明显意图的伊索寓言式的转换和模棱两可的诉诸,都在我们当前的语义学范畴内,都是后弗洛伊德式的。无论弗洛伊德猜想和精神分析疗法的未来如何不确定,我们似乎不太可能完全抛弃弗洛伊德关于语言垂直性的假设,即语言在深度和表面之间跳动的假设。的确,垂直原则是一个古老的原则。它被卡巴拉学派和学院派的地层学解读技术(卡巴拉所熟知的 49 层次)进一步强化。但是,弗洛伊德赋予了它世俗的力量。他暗示我们在与梦的相遇中,与口头和书面的文字和句子的相遇都具有一种不确定的动态性。这也是**语言批判**,它恳请话语和世界之间已经破裂的合约重新谈判。

会有非常多的文献——哲学的、社会学的、心理学的和文学的——可以引用。其中，在道德和政治上都有洞见的布洛赫（Hermann Broch）是个伟大的病人，他在《维吉尔之死》（*Death of Virgil*）中探索语言的局限性，探讨最具灵感的语言在治愈人类痛苦方面的无能为力。布洛赫笔下的维吉尔，以一种近乎维特根斯坦式的方式逐渐意识到，死亡的本质即死亡的启示从存在的角度去理解恰恰在话语的另一边。只有行动而非语言才能赋予死亡以人道主义的意义。

弗里茨·茅特纳（Fritz Mauthner）的《语言批判论稿》（*Beiträge zu einer Kritik der Sprache*）首次出版于1901—1902年。尽管篇幅冗长（有三卷之多），同时又缺乏严谨的思想，但是它的影响却是深远的。维特根斯坦对茅特纳的描写太多，但是他不愿透露，也不屑一顾。博格斯也研究了这本纲要。在这本书中，茅特纳促使**语言批评**达到了极致。语言根本无法表达任何根本而深刻的真理。自然语言永远不能毫无疑问地提及或详尽地描述（尚多斯勋爵的痛苦）。茅特纳断言，如果相信逻辑命题要么是无价值的，要么就是没有扭曲的，那么这是一种错觉。抽象逻辑本身是建立在通用语言的语法、惯例和算法之上的。它无法摆脱隐含的预设和意识形态偏见。除了作为语言的事实，我们也不能有任何先天观念和意识经验。实物名词（substantives）系统性地误导我们；形容词没有确定的意义。只有当语言有意地操纵外部世界时，只有当它满足我们世俗的需要时，也就是说，只有当它是一种真正的修辞时，它对它自己和它的使用者才会（不）诚实。只要涉及非重述或非语用，它就会变得虚假和晦涩。

茅特纳的批判以一种沉默的不可知论达到了高潮。这种沉默使人恢复到了自然的状态，而自然本身是沉默的。就像在《雅典的泰门》中荒凉的海岸上那样，"语言随时准备自由消亡"。只有这样，语言才能从自欺和虚伪的沉重负担中解脱出来。在这一点上，茅特纳不仅和我引用的霍夫曼斯塔尔的作品一样，而且还和《逻辑哲学论》的结尾以及勋伯格的摩西一样。

因此，将人定义为"语言动物"的经典定义以及认为人的独特性和卓越性在于语言，都是西方理性和文化的核心信念和信仰，然而，它们都被欧洲语言批评家和沉默的倡导者推翻了。我想说的是，这种既具有深刻悲剧性又具有启示性的"全盘化"争论构成了一种重大的错位。我相信，这种错位，这种反对话语的浪潮，在现代社会中比任何其他的浪潮都更重大、更具有影响力。的确，它可以在本质上将现代性定义为"紧随其后"的体系。如果像我们的希伯来-希腊信条所说的那样，如果"话语"在开始，那么"语言的死亡"和沉默将在结束。**哦，话语，我错过的话语**（*O Wort，du Wort das mir fehlt*）。

是什么导致了这场灾难？

我们太接近语言批判的起源和发展了，太沉浸在它那混乱而开放的觉醒之中，从而无法给出任何全面的答案。也许，在情感上，我们会无法理解社会意识中某些深层的裂缝和建构上的碰撞。我们只能猜测。

我们很难完全衡量古典的夸夸其谈、规范的修辞和文本性为西方文明所带来的巨大压力。我们也很难衡量逻各斯中心主义体系对集体和个人心理上带来的千年影响力。显然,在法律、教育、文学、政治论述、犹太-基督教正典和礼拜仪式中,"口头语言"(这个词在19世纪40年代拥有着积极的光环)和文本先例的重要性是巨大的。印刷、书籍、百科全书如雪崩般涌来,它们编纂了自中世纪和文艺复兴以来知识分子和国家政体的活动。西方的生活是围绕着口头和书面权力关系来组织的。这些(我们再一次注意到"作者"这一具有开创性、可生成性的概念)都是通过对世界永恒和真理潜力的无可置疑的信心得到认可的。强有力的语法使历史、知识、祈祷和清晰的内省流(Stream of introspection)合法化。未来也有明确的语法。

19世纪,顽固的幽灵和外围的捕食者以及诸如摄影和无限再生能力等革新技术开始蚕食语言的堡垒。尤其是摄影,它提出了人们很少理解但在直觉上又令人不安的问题,诸如语言的描述能力,又如文字和图像之间的准确性划分(文字会成为标题吗?)。叔本华曾经宣称音乐具有特殊的超然性,音乐的持续时间可能超越人类——这似乎体现在了瓦格纳身上。早在弗洛伊德之前,精神病理学和大脑皮层的早期临床研究就已经表明了语言功能的"局部"特征和语言理性的极度脆弱。迄今为止,未被探索的心灵"灌木丛"以及理性论述与逻辑保障(通常是一种语法)的潜在破坏性病变正逐渐显露出来。基础神话在某种程度上先于我们所知的语言,在语言和书写代码方面所取得的必不可少的进步已经留下了许多具有开创性的重要东西,这些暗示所表达的观点早于荣格。

但是,这些往往是零碎的,甚至是深奥的颠覆——看看诺瓦利斯和布莱克的洞察力迸发出的火花——只有经过密切相关的双重重估之后才能积聚力量。我们已经看到,无论是语言或"逻辑上的"提高,还是彻底的怀疑危机,都离不开神学基础和纲领。一神论和文本化,无论它们是西奈人的、圣保罗的还是伊斯兰教的,都是文字和脚本的工具。上帝存在这一假设,无论它的影响范围有多广,无论它具有多大的权威性,都是一种最深刻而又绝对的言语行为。言语行为是对生命世界的亚当式任命,是柏拉图的辩证法,是圣奥古斯丁的自我盘点。随着神学上权威的世界秩序在不断扩大的西方生活领域中的衰落,信息的来源、语言首要地位的规范性主张以及语言在创造中至高无上的地位都被削弱了。在西方思想和情感的决定性领域里,"上帝的面孔",其语义标记已具有合法性,它黯淡和枯槁成装饰性的寓言,或者被完全抹杀。约翰・亨利・纽曼(Newman)的《赞成语法》(*Grammar of Assent*)是一种负隅顽抗的创作行为,它对每一个隐含的语言学-现象学问题都有敏锐的警觉,但最终都是失败的。

正如我试图展示的那样,与这种衰落密切相关的是工业革命后科学技术的指数级发展。无论是纯粹科学还是应用科学,无论数学是映射、激励还是拓展人类的经验和可能性,逃离语词显然都是不可避免的。如果不借助数学和元数学的代码,用自然语言已经无法再界定不断扩大的存在主义、知识和应用领域。大自然不仅像伽利略的名言那样"讲数学";一切都是科学、技术和经济分析,以及衍生出来的逻辑。因此,正如我们所注意到的,语言批判与精确科学和数学(在维也纳学派中,特别是在波普尔、维特根斯坦和卡尔纳普那里)之间具有相互作用。几乎致命性的是,越来越多的哲学-形而上学的论述似乎退回到了隐喻和文学的领域,它常常不安地回到它的起源,即教义诗歌和前苏格拉底学派的诗化思想的叙述中。因此,与笛卡尔或莱布尼茨相比,《逻辑哲学论》、海德格尔的《存在与时间》或萨特的《存在与虚无》都以不同的方式更接近恩培多克勒、巴门尼德和赫拉克利特(维特根斯坦的警句尤为突出)。有种感觉是,语言,无论它是直观的还是分散的,从论证中心的衰落将有益于我们理解达尔文的观察报告,即达尔文认为莎士比亚无聊且幼稚。

从霍夫曼斯塔尔和卡尔·克劳斯到诺姆·乔姆斯基(Noam Chomsky),从茅特纳、维特根斯坦和罗曼·雅各布森(Roman Jakobson)到德里达,在哲学和形式语言学中,语言批判的大师都是犹太人或有犹太血统的人(索绪尔除外),这并非偶然。

没有任何道德和知识传统,也没有任何民族历史,比犹太教更强烈地依附于话语的权威,诸如被揭示的文本、法律和持续不断的评论。犹太人常常无法扎根于某一空间中,并且为此饱受折磨,于是,他们把口头和书面文字变成了自己的家园。语文学上的细枝末节,对词汇-语法的继承和纯粹保留一直都是犹太人存在的核心,并且远远超出了礼仪和拉比教义的界限。"逻各斯中心主义"和以字母为标志的精神认同有力地定义了犹太意识和它的存在所带来的令人担忧的奇迹。只要有一个字母或重音被错误地抄写，卷轴就会被销毁。因此，和其他人不同的是，犹太人认为自己和别人都是"圣经的子民"。

一个令人信服的逻辑导致犹太教内部产生了语言危机。犹太人的生活和价值观（那些对评论的评论）的建构充斥着语言和规定性，同时又痴迷于口头表达，这是最激进、最绝对的颠覆性挑战。反抗启示和起源词的圣洁（德里达的"没有开端"），质疑名称与物质之间的亚当等式，拒绝法律和先知的规定中对遗赠意义上的明文规定，质疑叙事的连贯性和意向性，都是在最不妥协的层面上寻求解放。弗洛伊德关于"俄狄浦斯情结的反抗"的概念，即反对父权统治和限制的概念，无论其科学合理性如何，都精彩地阐明了*语言危机*（*Sprachrise*）。文本之父死亡了。从尚多思勋爵的怀疑、克劳斯凄凉的嘲讽、卡夫卡关于沉默的寓言，一直到德里达的解构，现代犹太教已经开始反抗它的父权-家长式的文本优势遗产。正是在数学、物理、纯粹逻辑的非言语习语中，20世纪犹太教才与意义和真理达成了和解。

世纪末（*fin-de-siècle*）的语言透露出它将不再适合人类的经验，不再与人类的经验协调一致，它被政治上的谎言和大众消费的粗俗所腐化，这种腐化使它成为一种兽性的工具，这种预示得到了实现。一种透视的恐惧和对初始的恐怖感存在于语言批判的核心之中，存在于对话语的痛苦反抗之中。这个关键的转折可以被大量地记录下来。我提到了克劳斯关于使用人类皮肤的令人震惊的远见。卡夫卡的《在流放地》（*In the Penal Colony*），其预见令人难以忍受。但是，这些预测的准确性，其心理诊断源

泉仍然是个谜。在关键的突触上,对人类话语的争论以及对理性的千年统治地位的拒绝,似乎源自于解放了的中欧犹太教与德语的亲密关系。曾经,犹太人的情感在德语里既是自在的,又是不自在的,犹太人太善于利用德语的抒情性和哲学的挥霍,其情感似乎是为了释放那种语言中被压抑的非人性的能量(我们已经在路德身上赤裸裸地发现了这种能量)。弗洛伊德语文学,即精神分析学跌入深渊,可能就在这种释放中扮演了一个重要但却是鲜为人知的角色。很快,犹太解剖学家和话语讽刺家就被纳粹主义的行话所吞噬了。

因此,我猜想,犹太理想中的古典的人作为"语言动物",是由语言的尊严所唯一定义的——它本身就是创造的原初和起源之谜的摹本——他们在死亡集中营的反语言中走向了终结。也许,人们可以辨认出不归路并且逐渐地接近那一刻。一名囚犯快渴死了,他看着折磨他的人慢慢地将一杯淡水洒在地板上。"你为什么要这样做?"屠夫回答说:"这里没有为什么。"这种地狱般的简洁和清晰指明了人性与语言、理性与句法、对话与希望的分离。严格说来,没有什么可说的了。

西方语言前所未有的质疑和非人性性化所引发的嬗变以及形而上学的、美学的、社会的和心理学的问题都是最新的,而且是多重的,以至于我们无法进行任何自信的调查。具有动态可能性的"后语言"(after-word)才刚刚开始。后记也是前言。

然而,已经可以觉察到的事实是,创造和发明的概念,即我论点的对象,正在从根本上受到影响。这些变化,无论是内在的还是社会的，无论是想象的还是经验的，在文本、阅读、记忆和我们生活的表征方面都是戏剧性的，并且对过去都至关重要。《生命之书》(Book of Life)和《启示录》(Revelation)，以及用来检索马拉美、乔伊斯或博尔赫斯的作品中宇宙的书(le Livre)，如今都成了易受攻击的寓言。自文学和权威叙述伊始，这些意象和创造力的内涵就依附于它们。站在犹太教和日耳曼人的十字路口，海涅预见到焚烧书籍将导致焚烧男人和女人。我们现在可能正在目睹一场更大的(也是创造性的)冲突。

神圣的创造媒介：非书面文字

文学只是一种表现形式和呈现方式。音乐和具象艺术在很大程度上都具有普遍性。此外，就文学本身而言，无论是在时间上还是在数量上，口头写作和基于口头的传播都大大超过了书面文字的使用。塑造了集体身份的叙事都是口头的，并且，这一叙事可追溯到潜意识中具有重大影响的虚无缥缈的边界上。从《吉尔伽美什》的碑刻版到线上和互联网上的书籍，就人类全部的表达能力而言，时间跨度是短暂的，最多也就是五千年左右，并且还有一段难以再现但仍然充满活力的口头前奏曲。事实上，我们往往会把创造和发明的概念与清楚易读的文字相混淆，这一反应主要源于西方文化。我们看到，像"生命之书"或"启示录"这样的形象性概念，都起源和继承于希伯来-希腊文化。他们从来没有习惯于大部分人性，更不用说直接了。博尔赫斯的

《巴别图书馆》正是如此。

尽管如此,任何文本和被认为是心灵语言或"精神的命脉"之类的书,其地位上的根本变化都从根本上触动着我们探究的神经。"书的民族"(The people of the book)是一个远远超出犹太教的称号。它把西方哲学、法律、政治学说、历史和文学的财富吸纳进来,从欧几里得到牛顿的《原理》和达尔文的散文均被囊括在内。我们对过去的体验和对回忆的操演都具有最浓厚的书卷气息。我们的预言也是如此。我已经指出了挑战和反诉:苏格拉底和耶稣清晰的口头演说,柏拉图(部分讽刺地)谴责写作,某些浪漫主义者控诉书籍文化——控诉本身就具有显著的文化素养和脚本。俄罗斯某些虚无主义的派别有焚书的冲动。无论是法西斯主义还是古兰经,对无政府的世俗文化的仇恨都栖居于原教旨主义信条中。当一部神圣的大部头获得并规定人类生存状况的意义之时,图书馆就可以被抛弃了。

但是,这些都是一些边缘化的异议和破坏行为。当我们提到创造和发明、思想和想象与时间的关系、知识和错误的存储时,我们几乎不假思索地就会想到书籍。因此,质疑它的首要性,并且询问它是否已经接近尾声,就是在问我们将要去哪里。正是在检验语言危机的假设,即从话语中退却的假设时,压力才表现得最形象("graphic"一词已经成为一个极度不稳定和复杂的术语)。也许,这是试图打破世界末日的七道封印。在这里,新技艺和技术,如果有的话,则构成了一种新的形而上学。此外,如果正确地提出这些问题,它们会在艺术和音乐中接受平行突变,也会在所有与创造和发明语法有关的形式化符号过程中接受平行突变。

从一开始,这些问题就与书籍即卷轴的实用主义存在和使用方式密不可分。据说在公元前6世纪,赫拉克利特把他的作品存放在阿耳忒弥斯(Artemis)神庙中,赋予神秘的光环——"这些作品是为少数有资格进入神庙的人准备的"——和生存的修辞,即超越作家死亡的遗产以象征的表达。柏拉图认为,普罗泰戈拉(Protagoras)为他的一篇论文《无蔽》(aletheia)赋予了"真理""揭示的真理"之意,这是一个对海德格尔来说仍然生动而具有象征意义的宣言。由于它起源于公元前6世纪的爱奥尼亚(Ionia),因此,卷轴已经宣告了它(巨大)的前景:它的内容和信息将会在死亡之后到达那些未被它的作者所知的人,即使他们还未出生。

我们知道,这一前景是有争议的。口头的逻各斯和书面文法之间的冲突和共存的逻辑论证非常激烈。在《巴门尼德篇》中,苏格拉底这位没有写下任何著作的大师聆听一本哲学文本的引文时,要求进行重述,这是一个极其重要的举动。在口头表达和文字书写之间做出选择也许会走向另一种方向(就像他们在许多其他文明中所做的那样,把书写归入封闭的礼仪领域)。选择在柏拉图的著作中发挥了重要作用。对话的概念本身就包含了话语,它一般直接排除写作。因此,经过精心设计的间接汇报和记忆的诙谐而详尽的场景总是出现在柏拉图的对话开始之时,这种体裁非常古老,具有流动性、戏剧性、自我修正性和像现代的"事件"一样具有偶然性。但是,柏拉图的最后一部作品,大部头的《法律篇》已经成为一本真正意义上的书。就其文本性而言,对话是一种形式上的技巧,就像希罗多德和修昔底德的叙述性对话和演讲一样。在此书中,我们注意对话的第三方——听众——是如何变成了读者的。沉默的本质和功用已经发生了深刻的变化。

潮水般的运动,带着漩涡和逆流,把我们从直白的口语带到经文上来。恩培多克勒和巴门尼德的哲学诗歌以及赫西俄德的神话叙述仍然带有口传印记和狂想曲式的叙述和记忆的印记。但是,这是一种前进的态势如果是这样的话,这就是一种向书面前进的态势。同样的演变标志着形而上学的争论。我相信,在柏拉图主义和新柏拉图主义中,它将继续深化对先验的,即对超越经验主义的思想进行强调。理想化愿景的偏见和对永恒下的赌注,在功能上确实依附于可复制的书面文本中至关重要的抽象性和永恒性。重读是永恒的小钥匙。无论普罗提诺(Plotinus)的口头教学多么有魅力,他都是一个"书本思想家",就像他之后的康德或黑格尔一样,他精心设计的风格和对熠熠生辉的沉默的戏剧化,借用音乐术语来说就是"通篇创作"。他们的冥想音乐伴随我们至今。

这种针对文本性的进展必然包含对作者身份的认知和悖论。口头性植根于集体性和匿名性之中。叙述传说的歌手因来源和传播都寂寂无名的母题和叙述的不同而不同。通过主题的变化,表演者可以表现出或大或小的创造力。创造和发明之间的区别是显而易见的。作者身份是一种完全不同的现象，熟悉已经侵蚀了它固有的陌生化。作家在什么意义上才能成为"唯一的创作者"和所有者？感性和接受是在什么时候才产生这个悬而未决的概念的？

在抒情诗诗人和剧作家之间、抒情诗诗人和哲学家之间，某些粗略而现成的区别似乎是有道理的（我们已看到，首次同音合唱的不齐谐为时已晚）。小说创作者是虚构的工匠，即使在他挥霍现存的神话或历史素材的时候，他也会将习语、韵律节奏和执行动作的编排进行个人化，我们将其称为"他的风格"。哲学家、辩证法家、历史和政治思想家也可能会稍稍这样做（在修昔底德看来，这种意识不会有错）。但是，一个抽象理念的创造者，他的意图和他所验证的主张都具有普遍性，但是，使真理和逻辑引理个性化对他来说意味着什么呢？这个类比可能是偶然而又毫不相关地依附于某个数学定理的专有名称。它不会是品达的颂歌或埃斯库罗斯的悲剧所附加的签名。

在公元前6世纪早期和公元前7世纪，学者们对个人傲慢的自我意识和话语的魅力有了重大的转变。早期的希腊语中似乎有一个词表示"剽窃"：logoklopia，其意思是"单词的盗窃"。到了希罗多德时代，作者和他的作品之间的联系正在产生特有的策略。我们从以前的资料中找到了引文，诸如希罗多德学派的"他们说"。模仿（Mimesis）、解释和换位，甚至是拼贴（如阿里斯托芬就这样做）都成为了人们熟悉的方式。通过诡辩家，这些发展与新词语的发展以及其所有权机制、标志识别机制、交换机制和伪造机制是否存在重大开创性的联系？无论动机如何，技术、地理、天文、军事和宪法方面的发明和发现都越来越多地归因于杰出的个人思想。关键的术语是阐释（heuremata）："思维发现事物。"但是，柏拉图的创作、想象和寓言又是怎样的呢？亚里士多德是一个如此专注于内在和定义的智者，但是，他似乎也并没有对创造/发明二分法进行特别的考察。我们所知道的是，某些基本的哲学术语和它们所引发的思想链条被分配给了特定的思想家和圣贤。本源、"开始"和"起源"都归功于阿那克西曼德。宇宙起源于毕达哥拉斯、赫西俄德或巴门尼德。

这一整套的惯例和相互关系伴随并开启了书卷的权威性（"作者身份"）。从亚里士多德的学园到亚历山大里亚，人们对精神产品的认识和分类，无论是历史还是哲学，无论是纯文学还是科学，都与图书馆直接相关。它的目录就像一个有序的记忆库。卷轴反映和构建了意识和事实的地图。内在和外在的生活都被"解读"了，正如它们进入了我们的时代中一样。

但是，我估计"我们的时代"不会很长久了。

我在其他地方曾试图表明，解读以书籍和艺术作品的形象和形式来表征的世界，既不是不可改变的选择，也不是永恒的选择。对希伯来-希腊文化的承保，及对神圣的和俗世的创造行为之间的规范类比的承保完全都是神学的。符号与感觉、话语与意义、形式与现象之间最终达成一致的可能性赌注（明显迷失在解构主义与后现代主义中）也是如此。燃烧的荆棘中的重言同义，"我是"赋予了语言表达上帝身份的特权，同时，和谐、对等和可译性的假定，虽然不完善，但却赋予了我们的词典、句法和修辞以力量，这两者之间有着直接的关联。可以说，"我是"已经远远超出了一切预言的边界。它跨越了名词与动词之间的弧线。这是一次飞跃，主要是关于隐喻中的创作和创造意识的锤炼的飞跃。树枝上的火焰熄灭的地方，或火焰被阐述为一种视觉错识的地方，世界的文本性和逻辑中的逻各斯——无论是摩西的，还是赫拉克利特的，抑或是使徒约翰的——都变成了"一纸空文"。

更具体地说，知识和想象的编码，例如小说中的真理、圣经、卷轴、羊皮纸和书本，以及创造性和发明性的推断，都有其特定的心理和社会矩阵。我经常提到的"经典的阅读和接受行为"是通过一个至关重要的三位一体来实现的。这个"三位一体"是空间、隐私和寂静的象征，就像圣杰罗姆在他的书房或蒙田在他的高塔中所标示的那样。这种特权的一致性不可避免地与西方社会的神职人员、官吏、受过教育的人以及经济上被赋予权利的人有关。为了私下里能够安静地阅读，为了能够拥有这样的阅读方法，书籍和私人图书馆从广义上来说受益于旧秩序的权力关系。我们已经看到，那个秩序的衰败早在当前的转变之前就已经存在了，并且与**语言批判**交织在一起。

我想研究的是其中的一些转变。它们将以何种方式影响这些"范畴"，如康德所称，关于个人创造，诸如作者身份，原创性和对持久性的渴望等，都是本研究的主题。在民主的网络空间里"创造"意味着什么？这样的创造一定会成为"发明"吗？

创造的百宝箱:图书馆和计算机网络

黑格尔认为,智慧女神密涅瓦的猫头鹰确实在黄昏时起飞。

在过去的十年里,比以往任何时期都有更多的国家公共图书馆建成并投入使用。新的大英图书馆能容纳大约 1700 万册图书,每年向大约 40 万读者开放,并在 12 个月内增加超过 10 万册新书。新的德国国家图书馆正在法兰克福建设。在巴黎,密特朗图书馆有 1200 多万册藏书,堆放在长达 420 公里的存储室里,需要时可以沿着 8 公里长的传送带移动。密特朗图书馆*每年*为 250 万读者随时提供服务,并且每年为大约 20 万件馆藏提供目录。它的四座塔几乎直接从卢浮宫的那座塔楼中冒出来,1368 年,查理五世在卢浮宫的那座塔上存放了 1000 份手稿。

华盛顿的国会图书馆甚至让这些数据相形见绌。在长达 850 公里的书架上,它的藏书超过 3000 万册,约有 8000 万篇文章、抽印本和小册子。图书馆雇佣了 4500 个男人和女人,通过一系列的中间票据交换所,设法应付*每天*收到的 7000 项新项目。每年的预算超过 4 亿美元。

支持这些庞大建筑和投资的社会和智识动机是多方面的,而且也是矛盾的。书面文字,也包括印刷文字,都已经被证明是脆弱的。到目前为止,古代生产的大部分文本已经消亡。一艘快到威尼斯却沉没的轮船永远抹去了从君士坦丁堡的劫掠中拯救出来的文学和哲学经典。位于亚历山大里亚的图书馆被烧毁于公元 642 年，位于萨拉热窝的图书馆于 1992 年被烧毁（这是野蛮行径，它毁灭了中世纪尚未编辑或复制的手稿和尚未重印的古本）。坚韧与脆弱之间的平衡始终是不稳定的。这种不稳定又为大规模杀伤性武器的发展所加剧，即便图书管理员心里想的是中子弹——仅对人类致命而不会对建筑物造成破坏。

矛盾的是，人们对保护和管理的痴迷在现代性中起到了促进作用。考古学充满激情地发掘、保存和恢复最模糊的标记和过去的碎片。正如瓦雷里所言，所有文化都会消亡，两次世界大战揭示了这一事实，这引发了一种深层次的焦虑。必须制定一个清单，记忆必须记录在案，并趁早及时储存起来（黑格尔的黄昏）。一种隐隐约约的末世论和终结感在发挥作用。

但是，未来的直觉和技术创新也是如此。在知识和权力之间，在信息的获取与其社会经济效用之间，通常没有经过仔细的审查就假定了一种等价性。就其建筑而言，这些新图书馆就像巨大的发电机和发电站，旨在将所谓的知识转化为智力和社会成果。这个过程，这个"快中子增殖反应堆"，发展了自己的惯性推力。集合一定是完整的，获取一定是开放的。总是有更多的潜在燃料需要储存。谁知道下一本小册子或看似短暂的期刊是否包含打开宇宙的钥匙？在过去，正是这样的钥匙因破坏或疏忽而丢失了，从而使传说和学术猜想都为某一可能而痛苦。

正是这些档案与前沿思想、博物馆与实验室之间合作的矛盾,赋予那些新近落成或正在建设中的巨大图书馆的目标与计划具有不确定性。这种游移不定似乎确实使这些大理石、砖头和玻璃组成的金字塔失去了平衡,甚至是转瞬即逝的。就像注定要被弄坏的巨大玩具一样。很明显,密特朗图书馆、大英帝国图书馆和国会图书馆的增编甚至在它们开放之时就已经过时了,其困境在于书籍的格式和未来。

在他们的设计中,这些图书馆阐明了不可避免的不确定性和不确定的逻辑。他们是人马族,部分是神龛,部分是未来之城。在他们那里,来自过去的珍宝,确切地说是被庄严地供奉在由安全玻璃和珍贵的木头组成的安静而昏暗的庇护所里。它们几乎不被碰触,更不要说有人咨询了。据统计,无论是在规模宏大的全国范围内,还是在整个文学学术领域里,我们的图书馆都是仓库,它收集回忆,分类启示手稿的档案、论证、想象以及致力于写作的那部分人的历史表格。从苏美尔时期的泥板到印刷术等等,成千上万连续不断的文本形式,要么被埋在地下,要么被埋在巴别的高塔里(实际上,这些相反的向量带有符号和图像索引)。这些材料,大部分或者只有极少一部分被挖掘出来供当前使用。没有一个学者,也没有一个柯勒律治式的"图书馆里的贪婪者",更没有一个普通读者希望在一个或多或少受限的专业领域里用尽一切办法去了解更多的可用资源。然而,在尘封的寂静书堆和贮藏室里,人们对那些未读过的和未动过的书确实会产生一种初见和准备阅读的压力,就像在中国的帝王陵墓中挖掘出的幽灵军队一样随时待命(现在是"在线")。大部头、小册

309

子和期刊总有一天会出版的。那些破裂的书脊也许会对变色的页面敞开大门。同样，晦涩的专著也有复活的潜力。拉撒路（Lazarus）是图书馆书架的守护神。

与此同时，新的图书馆必须迎合那些革命性的出版和阅读方式，现在，这些方式几乎是无法控制地在发展。国会图书馆目录中大约三分之二的条目将很快以我们所知的图书以外的形式出现。当进入密特朗图书馆时，"读者"——已经需要资格认证——被邀请使用图标库（*iconothèque*）、声波库（*sonothèque*）或媒体库（*médiathèque*），他们具有电子列表和传输的图片、听觉材料、期刊和视听材料。这个视听中心从达盖尔（Daguerre）开始，就有经常更新的 3500 部电影、1 万份录音和超过 10 万张照片供选择。110 个在线终端通过 CD-rom 提供 2000 小时电视和800 小时广播的选择，这些选择也是可更新的。大约 1000 万种图书的主要图书目录将完全自动化并在屏幕上查询。希望在千禧年之初，密特朗图书馆会和其他图书馆一样，将通过电子方式与地球上其他的存储图书馆和专门的馆藏建立联系。这样一来，莱布尼茨的环球图书馆梦想就实现了，无论它在哪里，它都能把人类记忆的记录和知识的总和放在一台桌面终端上。图书馆将成为全球网络中完全实用的突触和电子神经交换点。

在科技飞速发展的时刻，最古老的和最新的，泥板或纸莎草纸和电磁磁带之间的共存关系，是很难建立和规划的。可以说，大英帝国图书馆和密特朗图书馆在开放的那天就已经过时了，它们在很大程度上都是奢华的陵墓，即使它们在建筑上具有现代主义风格并且是自信的，里面也有阴森森的气氛和庄严的停滞感，这与博物馆和档案馆的概念密不可分。它们就像巨大的宝藏一样屹立在一种完全不同的意识边缘，它们必须努力去预测和回应这种意识。

正是意识的这种典型特征及其他在其中的地位使那些被书籍、音乐厅或画廊奉为神圣的创造理想开始显现出来。时间与正典的关系，无论是在回忆上还是在未来的生存上，都面临着前所未有的社会和心理压力。正如一位最冷静的哲学分析师所言："我们有理由认为，网络空间的未来将带来形而上的新奇事物——通过虚拟社区诠释的虚拟现实在某种程度上是一个新世界，是一个我们正处于边缘的世界。"①这些问题对外行人来说虽然是雷区，但是我们必须设法弄清楚利害关系在哪里。②

无论技术多么壮观，它们在本质上都是对以往方法的扩展、加速和放大——就像印刷机一样——我们如何将它和那些构成"量子跃进"、开启前所未有的新秩序的东西区分开呢？这种区

---

① 戈登·格雷厄姆（Gordon Graham）的《互联网》（*The Internet*，1999），第163页。

② 相关文献已经汗牛充栋，我找到了如下特别的导读性文献：谢尔兹（R. Sheilds）的《互联网文化》（*Cultures of the Internet*，1996）；戴森（F. Dyson）的《想象世界》（*Imagined Worlds*，1997）；德图佐斯（M. L. Dertouzos）的《未来会如何：信息的新世界将如何改变我们的生活》（*What Will Be：How the New World of Information Will Change Our Lives*，1997）；约翰逊（S. Johnson）的《界面文化：新技术如何改变我们创造和交流的方式》（*Interface Culture：How New Technology Transforms the Way We Created and Communicate*，1997）；海姆（M. Heim）的《虚拟现实主义》（*Virtual Realism*，1998）；霍恩（S. Horn）的《塞伯维尔》（*Cyberville*，1998）。

分不仅是不固定的,而且给出的理由在某种程度上也具有意识形态。他们所表达的或多或少都是关于在意识和社会中以及在理论和实践中,什么才是真正重要的,什么才是最终要实现的信念。马克思认为,量变在一个决定性的点上达到了质变,他的这一观点是有益的。如果像专家预测的那样,到 2005 年,大约有 20 亿用户将在互联网上使用计算机驱动反馈回路来沟通和处理人类企业的几乎每一种运营模式,那么,社区、参与性政治、知识和欲望的交流和编纂的基本范畴将发生改变。这个类推不是预期的和渐进的适应变化,而是突变。

阻碍人们作出可靠预见的第二个拦路虎与新电子媒体的潜在模型和工程有关。现在被编程的"思维机器"(软件设计和生成软件),在方法上与帕斯卡或巴贝奇的机械计算器有质的区别,同时也有别于最快速、最庞大的第一代模拟数字计算机,如今它可以务实地进行预见,而不再是被动的工具。它们远不止是巨大的计算尺和数字计算器。他们的目的是模拟和模仿使他们存在的大脑运行过程。尽管它们处在简化的层面上,但是,它们实际上是我们所相信的人类皮层及其神经网络的电化学的复制品。当然,这里可能存在一个认识论的陷阱。我们认为,这些机器的模仿能力可以反映出我们对大脑和意识概念的不足和无知。然而,尽管如此,相似的直觉围绕着目前正在开发的超级计算机,产生了寓言,具有魅力的神话和恐怖的神话。我们几乎是强制性地将其归因于嗡嗡作响的怪物镜像,即人类思想的对等物。当这些相似之处表现出超出我们自身的分析和表现能力时，那么，它们所产生的心理和社会影响可能会令人不安。

IBM 的"深蓝"（Deep Blue）计算机击败卡斯帕罗夫（Kasparov），这一事件引发的问题远远超出了当时所带来的震惊。在形式上最深刻而又最令人神往的无穷无尽的人类追求中，没有一个活着的人能被认为是至高无上的。在《最后的分析》中，一个叛逆的说法是，机器将被证明更强大（越来越强大）。我觉得这既让人着迷，也让人深感悲伤。

但是，最具挑战性的不确定性存在于心理学和哲学的边界上。许多接触过计算机并参与编程的玩家都想知道什么时候计算的速度和分枝会变成"别的东西"。怀疑者的答案会是，我们需要修正计算和思考之间的传统区别。在规则约束的语境中，例如在国际象棋中，计算是一种思维。但是，这种说法有完全的说服力吗？计算机产生的空间概念和预见是否更接近于"思考"而不是计算，无论这个计算是一个多么费力的自动过程。就第五局中一连串现象级的走法，卡斯帕罗夫在报告中称，"深蓝计算机"在"思考"，这除了拟人化的愤怒还有别的吗？

然而，随着网络空间的新世界、行星网络和虚拟现实的新世界以令人吃惊的速度和规模发展（马克思主义的关键），即使是这些议题和它们的经验矩阵看起来也会很低级。在这里，相对时间开始发挥作用。据我们所知，人脑和神经系统的进化是一个极其缓慢的生物发展过程。到目前为止，意识和语言的起源都是我们无法理解的，更不用说去理解它们沿着自然选择的路线所进行的进化了。相比之下，计算机和软件体系的不断改进正在飞速进行。我们已经看到了计算机的诞生；新一代的微芯片和线路比以前的操作更加迅速、准确和兼容，并且没有倒退。因此，就像图灵预测到的那样，存在一种明显的可能性，即计算机设计和编程将大大超越人类的某些能力，甚至是认知能力（四色问题，一个经典难题，最终不就是由计算机和其不断提问的程序员解决的吗？）。另外，乐观地说，我们或许可以假定，大脑和机器之间在界面上不断增强的交互作用，以及眼睛和计算机生成的全息图像之间不断增强的交互作用，将丰富和强化我们的精神资源。反馈的辩证法具有很强的教育意义。孩子们已经开始了伟大的航行。

然而，那些被认为是人类最典型的创造和发明行为的理念现在正在不断变化。这些重要议题都是通过这本书的写作和接受而被具体化的。

全球化网络时代的超级新创造

外行人只能引用和思考专家告诉他的东西。然而，今天，人们常常援引的"新宇宙"这一说法，不仅表明了信息、知识和传播方式的根本改变，而且它也表明了会不可避免地导致人类思想和情感模式的转变。以报纸为例，报纸曾经的影响力如此强大，无处不在。可是现在，读者已经可以自行选择在电脑上撰写自己的报纸，他可以毫无数量限制地交错使用任何来源的文章。他也可以随时"浏览"到与文本相关的任何思想表达、作品以及说明性材料。在网页上，任何记者或专栏作家都可以绕过版权所有者和编辑，集合自己的读者，在全球范围内与其他作家互动，并且回应在线读者的问题。

即使这只是一个初步的开始。也很快就会有大量电缆调制解调器出现。它们不仅会在你的电脑屏幕上产生高清电视；而且将以比网络更快的指数级速度完成这项工作。比如说，我们可以扫描一篇有关印度尼西亚的报道或社论，调出极其清晰的插图，并且从其电视频道中下载任何我们希望存储或利用的此类材料。正如一位观察家所言："就像报纸和编辑将大量消失一样，唱片公司和BBC也将消失。"在允许言论表达方面、允许直接对话和形成共同关注、利益、意识形态和激情的互动社区方面，我们几乎无法估量摆在我们面前的变化，因为网络提供了**有史以来**第一个完全不受限制、完全不受审查的通信系统。它是思想开放市场的活生生的体现。① 它可以被列为"人类所创造的最非凡的东西"。超链接能使任何数量的计算机数据库交换资料，只要用手指一触，人类就可以进入图书馆，进入包罗万象的画廊或科学博物馆（马尔罗的拿破仑式的普世主义梦想），进入对每个人开放的行星公告板，从而让我们清醒地认识到一个新世界的存在。

这些都不是科幻小说。1998年，网络上可查阅到的分类文

---

① 参见约翰·诺顿（John Naughton）的《未来简史》（*A Brief History of the Future*，1999），第22页。

献大约有4亿份；这个数字将在千禧年之初翻一番。即使是现在，学校教育、经济分析、编程、商业、医学和战争艺术的各个方面都在发生着变革：

> 一股难以想象的力量——用《圣经》（和霍布斯主义）的说法就是利维坦——被释放在我们的世界里，而我们几乎还没有意识到它时，它已经在改变我们交流、工作、交易、娱乐和学习的方式；不久，它将改变我们的生活和谋生方式。也许有一天，它甚至会改变我们的思维方式。它将削弱已有的产业，并创造新的产业。它将挑战传统的主权观念，嘲弄国家边界和大陆壁垒，无视文化敏感性。它将加速技术变革的速度，甚至那些本应处于变革浪潮顶峰的人也开始抱怨"变革疲劳"。[1]

这些预测是互联网处于开疆拓土之际提出来的，如果我们把它们铭记于心，那么，我们可能的确会期待网络空间将提供戈登·格雷厄姆（Gordon Graham）所说的"形而上学的新奇性"。在培根看来，意识的地图，或者更准确地说，我们对这些地图的解读将诠释出一个新亚特兰蒂斯（New Atlantis），但是，这又远远超出了他理性的想象。此外，我们必须记住的是，这些转变具有不可逆性，其要素无法被抹去，它们只会不断繁殖，并渗透到我们

---

① 《未来简史》，第44—45页。

个人和社会生活的每一个角落。

我们能不能看出这个*新事物*（*novum organum*）对艺术的影响——在艺术领域里，创造力的概念可能需要重新思考？矛盾的是，这个问题最初是由于电子音乐而产生，但是这个原因却令人怀疑。施托克豪森（Stockhausen）和某些美国极简抽象派艺术家都利用合成器、正弦波发生器和环形调制器创造了具有一定趣味的音乐。布列兹（Boulez）借助电子辅助手段和计算算法已经产生了——这是个恰当的术语——难忘的影响。电子乐器与实际演奏的乐器以及人声的结合也是如此。从心理上、社会上和教学上来说，由于作曲家有机会进行测试、倾听他或她的音乐，而不用承担现场演奏的费用和危险，因此，实验分数通常被拒绝显然是有价值的。更微妙的是，音乐中无限的拼贴技术和混合发声丰富了作曲家的调色板，为整体美学做出了贡献，这种美学已经在瓦雷兹（Varèse）的身上产生了重大影响，并且对20世纪后期的声学敏感性起了至关重要的作用。所有的声音都可以融入其中，成为音乐。然而，如果说，人们所期待的杰作、表达感情的新境界到目前为止还没有出现，这种观点是不是目光短浅之见呢？例如，施托克豪森的《青年之歌》（*Song of the Young Men*）已经有半个世纪的历史了，它是同类歌曲中最早的一首，我们是否已经超越了这首歌？而且，乐曲中毋庸置疑的辛酸并非来自其技术创新，而是来自其经典的文本表达方式、人类的发声和悲惨的历史背景。

然而，对于流行音乐、摇滚乐以及他们周围的新音乐世界来说,显然不是这样。电子放大和增强与这些流派具有密不可分的关系。绝对的音量是一种复杂而无法完全理解的力量,它改变了音乐体验中的每一根有执行力的审美纤维。分贝量是典型的马克思主义意义上的质的整体。正如我曾试图争辩的那样,喧嚣,尤其是在摇滚乐中,是一种意识形态上的社会策略,充满了代际冲突以及不同生活方式之间的冲突,充满了无政府主义的报复和狂喜的交流。流行音乐、摇滚音乐、迷幻屋音乐、嘻哈音乐、科技舞曲与毒品文化、种族压力文化、城市竞争文化之间的辩证关系虽然是不证自明的,但是,也抵制任何单一而简单化的分析。爵士乐本身在许多方面都是一种古典音乐形式,紧随其后的流行音乐和摇滚音乐,可以说改变了城市生活和青少年的情爱节奏,也改变了种族的节奏。相关的联系既是地方性的——亚文化、地下组织和昏昏欲睡的隐私蓬勃发展——也是全球范围的浪潮。瑞奇·马丁(Ricky Martin)最近的一张唱片全球销量超过 1200 万张。数字电视可以直接访问唱片公司的音乐资产和演唱,这将为那些从未涉足唱片店的人打开一个几乎具有无界限的新音乐领域。观众-听众将能够融合和重新组合不同录音的曲目。"部落"的区别将失去其优势:笔记本电脑可以让一个人在时尚、朋克、新浪漫主义和拉丁美洲等风格中自主选择自己的品味。什么样的政治短视可以阻止古巴的声音入侵美国并且吸引美国呢? 据最新统计,57 个国家可以绕过广播和电视,而直接登录网络直播节目。在每一个突触中,就像在人类皮层的网状结构中一样，科技是关键：

> 有一个叫作 Kyma 的系统，可以将声音变形到一起，就像它们可以把两个图像变形到一起一样……我有一台笔记本电脑，我可以用它发出很多声音。我希望最终能够坐在沙滩上的一棵棕榈树下，通过数字电话将一首歌发回伦敦。

作曲、演奏、传播和反应性接收之间的共生关系会进一步拉大一般意义上的古典音乐与流行音乐、摇滚音乐及其衍生出来的音乐之间的差距吗？在音乐和实际的表演中，爵士乐和古典音乐之间灵感的相互碰撞从未断过，艺术大师能够演奏这两种音乐。尽管现场直播在流行音乐和摇滚音乐中也是不可或缺的要素，但是，它终究是由机器去增强和推动的。此外，通过放大器和频闪灯，这样的演奏要求语言被屈从；同时，这种屈从的语言往往被故意扭曲和听不清，而这种屈从完全不同于浪漫曲（*Lied*）或剧本中的语言屈从，浪漫曲或剧本中的语言屈从是清晰可听的，正如古希腊神话中被活剥的玛耳绪阿斯发出的尖叫淹没了阿波罗的雄辩。如果以后有室内音乐独奏会和狂欢会一起举办，并且相互刺激，那么，这一现象也将产生于电磁技术，然而，迄今还几乎看不出这个迹象。

建筑把我们带到了思想的边界之上。从柏拉图到瓦雷里，再到海德格尔，建筑一直困扰着哲学的想象。建筑改变了人类环境，在既与自然和谐又与自然对立的关系中，它塑造了替代世界和反世界，这是建筑比任何形式的现实都更迫切的地方。即使是支离破碎的，建筑遗留下来的断壁残垣仍然是一份一目了然的时间目录。只有盲文是可触摸的脚本。连接建筑和物质的肌腱是有机统一的，这些肌腱甚至超越了雕塑自身可以被视为建筑的那些肌腱。一座建筑与它所矗立的土地是同根的；它的地基穿透（并掩埋）了那方土地。建筑可以通过抬高自身、拱状分离或垂直推力来对抗或讽刺建筑和土地之间的这种关系，因为它是由木材、石头和金属的天然成分及其衍生物制成的。大厦赋予这些元素第二特质，这一特质与它们原始状态之间的关系是一种动态连续体和反命题。岩石制造成大门和柱子；旁逸的树枝被制作成扇形拱顶。但是建筑大师们常常会否认或戏仿有机建筑的说法。他可以把大理石做成半透明的，让它看起来像一层几乎没有重量的光膜和涟漪。他能赋予木材以青铜般的重量和光泽；他能把钢材制造得像天线一样细长，像蕾丝花边一样纤细（例如，桑坦德［Santander］悬索桥）。

建筑师的理论和实践借鉴了其他艺术的美学范畴，带有强有力的部分隐喻性的颠覆。建筑可以利用雕塑、绘画、马赛克和装饰艺术。它能够更间接地在其中的空间内表演音乐。当建筑在引用"和谐""比例""流动""戏剧""具象"和邻近规则时，它借鉴了音乐、绘画和文学。但是，交易是相互的：规模的恢弘壮丽和亲切感、入射角度和惊奇度对于诗人、作曲家或平面艺术家来说就像它们对于建造者一样，至关重要。建筑上人为的不规则和不对称的设计，既会运用诗学和感知心理学，同时也会运用绘图员和泥瓦匠的经验技巧，诸如阁楼柱廊或巴洛克式的建筑外观。

　　建筑学一直栖居在数学的殿堂里。早期的几何学可能起源于建筑问题。建筑与技术、工程和地球科学密切相关。它既是创作（*poiesis*）又是技术（*technē*），或者，正如瓦雷里所说的，它是几何学和度量法。这种二元性，无论是对于理想形态的柏拉图假设，还是对于抒情诗的数学化，都是至关重要的，如果可以，我们也可以说它激发了希腊人的空间感。文艺复兴时期的美学理论家寻求建筑（来自维特鲁威）与数学的融合，使两者都表现出理性的音乐，正如毕达哥拉斯所认为的那样。随着新型混合建筑材料的发展，尤其是在工业革命之后，建筑师和工程师之间以及"幻想者"和冶金学家之间的学科越来越接近。哈特·克莱恩（Hart Crane）在《桥》（*The Bridge*）中预言性地颂扬了这种亲密关系以及其改变生活的潜力：

> 中午，从大梁到街道的墙在渗水，
> 天空中乙炔的锯齿状；
> 整个下午，乌云密布的井架转向了……
> 电缆仍在北大西洋呼吸。

　　现在，人们意识到，概念化的直觉和可行性之间的权力关系正在发生变化。悉尼歌剧院的建造对材料的结构、曲率和使用上都有着前所未有的新奇性，而复杂的试错法使这些新奇性成为（不完美的）可能，不过，这些方法很可能已经过时了。在过去的几年里，计算机的作用，计算机图形和全息图的作用及其纯粹的力量或计算的作用，已经急剧地被扩大了。毕尔巴鄂市的古根海姆博物馆是由建筑大师弗兰克·盖里（Frank Gehry）设计的，其使用的技术很大程度上源自航空航天数字技术工程。机械臂会追踪手工制作的模型形状，然后将信息传递给计算机。反过来，这些模型又分析了多种变量和组合，尽一切可能使用较低的经济成本绘制游览线，从而帮助通过画廊的那些潜在游客实现线性规划。在建筑材料方面，计算机可以决定什么是可能的，什么是不可能的，比如，在盖里绘制的模型中从未使用过的钛，计算机在模拟中却使用了。无论是丹尼尔·李布斯金（Daniel Liebskind）的柏林犹太博物馆的设计，还是他提议的伦敦维多利亚和阿尔伯特博物馆的扩建计划，仅仅通过计算机模拟就可以实现对他的愿景的测试。[①]

可以肯定的是，相互的建议和提问才是最重要的。正是盖里对海葵的部署和展开所进行的多幅素描，证明了想象力的开创性行为，从而生成了计算程序。李布斯金（Liebskind）告诫人们不要对计算机的功能盲目吹捧，他一直坚信，建筑师的图纸和模型才处于建设过程的核心。但是，两者的重叠正在显著增加。安东尼·葛姆雷（Antony Gormley）的作品《量子云》对于纯粹的

---

① 有关李布斯金的意图，可参见安德鲁·本杰明（Andrew Benjamin）的《哲学、建筑、犹太教》（*Philosophy*，*Architecture*，*Judaism*，1997）中的详细讨论。

"人类"工程来说太复杂了。雕刻家使用最先进的扫描仪，在20秒内就能创造出一幅由3万个三维数字坐标组成的图像。他的主体"图像"随后被转移到专门设计的软件中，使其视觉和材料的可行性匹配起来。该项目包含75000行命令，以帮助实现"一个不断变化的能量场。这是旧物理与新物理之间，艺术与科学之间的共生关系"。

在今天和未来的建筑(和雕塑)中，人类的创造力、技术发明和受控的实验(如它们在科学中的操作)之间的区别正在被模糊化。这种模糊的光辉带来了令人感兴趣的哲学难题。[①] 金牌应该属于建造者还是软件？同时，作者的身份是什么？

不同时空创造主体的创造

作者身份的概念因历史和文化的不同而不同。它从古代人的集体匿名中消失，转变成了具有文艺复兴和浪漫主义思想的崇高的个人主义。但是，这种演变从来都不是统一的或绝对的。在《圣经》尤其是在《约伯记》中，在《荷马史诗》中，甚至在莎士比亚的作品中，文本的巅峰之作都抵制对作者身份进行任何的分类。声音的个性与开创者的不可接近性，无论是在物质上还是心理上，都形成了对比。就经典文学作品和话语而言，如果素材

---

① 参见尼尔·史拜勒(Neil Spiller)的《数字梦想：架构和新炼金术技术》(*Digital Dreams：Architecture and New Alchemic Technologies*，1999)。

来源于传记作家那里，那么它就可以被还原。讲故事的人可能比故事本身要微小得多，也没有那么吸引人。难道我们对拜伦、海涅或普鲁斯特了解得不太多吗？这样的知识既是一种认知，又是一种消遣。叶芝自我意识的分裂仍然是一个保留："生命或作品的完美。"这些议题进一步被直觉所困扰，而这个直觉又像柏拉图一样老，像弗洛伊德一样新，创造力和病态紧密相连，因此，在某种程度上，最活跃的想象和投射行为是建立在感性的失调、越轨的欲望甚至是行为之上的。瓦格纳、陀思妥耶夫斯基或普鲁斯特戏剧中的人物形象，可能会妨碍我们对自我与艺术、虐待与优雅、虚弱与生命的光辉之间和谐对应的期望。

但是，无论它是源自无名的宁静，还是戏剧中的公共自我，如我们所见，作者身份都是创造本身的主要类比。这适用于所有的形式模型，但是，最密切的是使用语言工艺。我们还看到，"书籍"作为物体和象征，作为寓言和隐喻，在整个希伯来-希腊传统和基督教传统中，一直都是重要生活和启示的媒介。无论是《圣经》和《神曲》，还是《第一对开本》和达尔文的《物种起源》，书籍都在叙述、传达和诠释"背景噪音"，这一噪音是电脉冲或远处隆隆的雷声，而这些就是我们所认为的创世**法则**（*fiat*）（达尔文的文本恰恰颠覆了这一假设，这是一种讽刺）。持久的艺术作品、音乐作品和文学作品，在它的执行手段中，都包含微型化的带电粒子，可以说这个带电粒子产生了存在。在海德格尔的语言中，**存在**（*Seiende*）指的是**存有**（*Seyn*），即存在的偶然性与"存在"这一事实的首要性和神秘性有关。唯利是图而又喜欢出风头的人做出来的工艺品——每个流派的绝大多数——都是转瞬即逝的,因为它们栖居在世俗化和驯养的生成机制中。它们都是在琐碎或炫耀之中制造出来的(有人回忆起斯大林的"灵魂工程师")。与此相反,严肃而重要的作品创作,就其开端而言,绝不会轻松,因为其开端必然有不完整和不完美的起源和表现。它之所以能持久,是因为它携带着"条纹",即由内心的炽热和经常自我毁灭而留下的熔岩疤痕。显然,对于积极的读者、听众或观众来说,短暂的机会主义的思想和艺术都是静止的,但是,他们很难将其归类。因为这种思想在当时散发着瞬间的耀眼的光辉(它"一鸣惊人","风靡一时")。经典在永远地展开和蜕变中。最初的创造之风就隐藏在它的背后。

如今,书籍的技术、用途和素材格式都在转变。用于抄写、传播和存储的电磁设备已经彻底改变了文本和"圣经手稿"的大部分元素。我已经写过关于新图书馆性质的变化,关于作者和读者之间开放式的组合交流的可能性。在文字和图像以及信息和视听伴奏的传递、剪辑和数字化方面,眼睛和耳朵所能触及到的东西在向我们几乎无法想象的方向扩展。当然,自谷登堡(Gutenberg)以来,我们所知道的书籍仍将继续被书写、出版、销售和阅读。很有可能在未来一段时间里,传统格式上的书刊在数量上也还会增加(事实上,以目前的速度,未读之物可能会向内坍塌)。在可预见的未来,*纯文学*(*Belles lettres*)、娱乐文学和慰藉文学,都将以传统的形式出现。我们已经习惯了书籍本身的便携性、触感的存在和植根于其中的陪伴奥秘,这些都是不可替代的。但是,这能否让几代人在网络空间和互联网上实现扫盲,就完全不确定了。同时,这也不是问题所在。这些转变和莽撞的文化转变会从根本上总体改变作者身份的概念,改变权力(auctoritas)和造物文法之间的类比吗?

我们知道,即使是最孤立、最唯我主义的创造者,也受困于由社会、历史和实用主义先决条件编织的蜘蛛网之中。不可能有彻底的开始。无论作家如何努力使语言个性化、如何对其重塑和修改,他还是继承了一种不属于他自己的语言,画家和作曲家也是如此。继承所得之物和或多或少的当代性等方面的遗产涌入了最戒备森严的僻静之处。我相信这种挤压之力,也就是说,外在决定性因素的侵入已极大地增强了;同时,社会和历史政治氛围之外的干预比此前任何时候都更强势和喧嚣地进入到意识之殿堂。他们不仅忙于感知的表面;他们还强烈要求进入感性的最深处,进入灵魂的门槛之中。这种假设很难形式化,更不用说量化地加以证明了。因为古典诗人极其迫切地寻求田园式的疏离,所以,"这个世界总与我们同在"这一思想给古典诗人带来的压力不亚于蒙田在他的塔楼里和马维尔(Marvell)在他的花园里所承受的压力,也正因为如此,这一思想遭到质疑。毫无疑问,我们正在处理一个程度、加速进程和执行的问题。但是,在西方,这种历史转折感,即新的自我渗透感,在西方当然是可以被记录下来的。"噪音大小",即干扰的力度,随着工业革命、城镇化以及18世纪中期以后历史政治需求对日常生活的要求而急剧增强。时间作为心理存在经验也急剧加快。无论是在交通方面还是在信息方面，曾经属于个人的私密空间都被新的通信技术压缩了。

卢梭的田园主义思想、教育学以及对自我意识的映射都试图阻止新思想的浪潮。卢梭经常歇斯底里地竭力为耳聋和被围攻的自我构筑避难所。他的教育蓝图、他的田园诗般的小说，以及他的《一个孤独漫步者的遐想》的幻想都是在努力表达内心价值观被破坏了，并且将被破坏的内在价值塑造成风景和典范。因此，卢梭是关于自我的生态学家。华兹华斯仔细地观察了新的世界秩序的兴起，这种新秩序呈现出社会性、集体性、都市性和侵略性的意识形态。他忧郁而精确地记录了这种秩序的症状——廉价的媒体力量，触手可及的大都市和日常生活的喧嚣。在华兹华斯的抒情诗和自省诗中，有一种几乎是强有力的反压力去对抗外界的拥挤。文本旨在阻止闯入者。歌德认为，瓦尔密战役和民粹主义征召军队的胜利是一个新时代的开始，是历史作为大众体验史的开始。歌德在他的回忆录和《浮士德》中，在《赫尔曼和多罗泰》（*Hermann und Dorothea*）中的反田园诗中，敏锐地描述了日报转变为新闻报道的过程。他还看到了赫西俄德的"工作与时日"或《豪华时祷书》（*très riches heures*）是如何转变成新闻报道的（*journalistic*），它们通常只以自然的、季节性的追求为节奏。日子（days）变成了 *journées*①，即人为的二十四小时日志（*journal*）（德语从法语那里援引了这个词）。面对世俗的

---

① journées 是法文，意思与英文的 days 相同。——译注

缠绕——家庭的，专业的，政治的——尼采表达孤独的高超手法立刻就呈现出计划性、治疗性、散漫性和痴迷性。

这几个策略，不管结果如何，都是后防的小冲突。它们就像克尔凯郭尔的《活葬》(*Live Burial*)一样，无法阻止现实的浪潮。从浪漫主义时代大众媒体的出现到互联网和全球网络的大爆发，新闻、信息、语言化和图像化联想吞噬了个人的接受、情感和记忆，没有人能计算出它们的数量和速度。伪科学术语"命中"很能说明问题。意识的直觉影响是持续不断的，噪音不可避免地集中于意识上。目前，它四处寻找并且试图让潜意识被淹没。即时的闪光灯，无论它们是感官刺激，还是信息和想象，都蒙蔽了我们内心深处的视觉。全球事务中骇人听闻的事情，通过即时的图形传播变得更加骇人听闻。当我们试图确保这些材料和"娱乐"能够与恐怖相匹配并超越它的恐怖时，我们就变得麻木了。正是这种"麻木"让创造力的神经中枢感到恶心。在喧嚣的色情作品中，宁静的隐私已成为幸运者或死刑犯的特权。精神病学认为，目前大多数精神崩溃的发生，都是试图逃离和避开无法控制的输入性压力，这种压力由日常接收的噪声和电压产生。这些精神病患者不再是"来自波洛克的人"，即所谓的扰乱柯勒律治在作品《忽必烈汗》中的捣乱者，他是干扰的原型。是现实本身创造了利维坦和军团。

沉默与创造或发明之间的关系是多重的。它们因情况不同而不同。巴赫的一些最复杂的作品似乎是在家庭纠纷的混乱中创作的。勋伯格在巴塞罗那为他的《摩西与亚伦》编排复杂而可怕的狂欢舞蹈时，也是如此。噪音使普鲁斯特发疯，使他无法写作。卡夫卡的最后一个寓言《洞穴》(*The Burrow*)详细描述了当最微弱的声音进入艺术家的庇护所时让人感到的恐惧。客观地说，我们周围的噪音大小，声波和扩音已经成倍增长了。城市的夜晚，寂静正在消失。无论是私人场所还是公共场所，手机就像疯狂的蝗虫一样吞噬了剩下的沉默（在一个神奇的寓言中，有人听到从棺材里传来手机的铃声）。因此，在最简单的层面上，对于可能有助于智力和审美产生的安宁条件，我们今天要么很难保证，要么完全无法获得。

但是，我认为，沉默的遗产和模式更加难以定义，更不用说去统计测量了。它们主要是内在的。它们保护并强化了人们专注和集中注意力的习惯以及远离"impertinent"（既表示微不足道的突兀，又表示"不相关的"）的习惯，冥想大师或象棋大师的集聚就是一个例子。这种对外界封闭的秩序，对世俗"反驳"(contradiction)的秩序（确切地说，此处的"contradiction"是一种清晰而无声的"反对"）在特定的历史社会环境中蓬勃发展，它们部分是学校教育的结果，正如西方和东方的禁欲主义思想一样。它们持续进行定向注意力和有序记忆的训练，这是一种在特定环境中表达理想的训练，并通过一个未受干扰的场所（圣杰罗姆作象征性研究的隐居地，笛卡尔沉思冬季孤独之地，克尔凯郭尔创造夜曲之所，或海德格尔远离世界的森林小屋）而使其成为可能。在西方历史上，曾有过享有沉默的特权时期。17 世纪的哲学技巧和诗学，帕斯卡或斯宾诺莎的自我封闭，马勒伯朗士

(Male-branche)著名的平衡理论指的是注意力、思想集中的顾忌和"灵魂的自然虔诚"之间的相互制衡。这种态度与现代性的所有区别极其讽刺而又简洁明了地蕴含在马维尔的两句话中：

Two paradises t'were in one
To live in paradise alone.

倘若两个天堂合而为一
孤独地生活在天堂。

在大多数情况下，这种自我的收获与外部世界的隔绝以及"突然出现在沉默的海面"也许才是一流的思想和想象所必需的。对我而言，另一种存在的假设、改变和扩大我们视野的创新思想以及定义了与原始要有（*fiat*）相同和不同的表达反事实的行为，似乎都出自内心的一种屏息凝神的倾听。思维清晰的思想家、艺术家、数学家的接受能力对新生的灵感的考验是开放的，并且被带入其中，这些新生的灵感只是部分有意识的触发式冲动。就潜在关系、形式、执行潜力而言，他或她有超越常人的听觉感知以及对完美音高的感知。他或她听得更深刻。思想家、诗人或隐喻大师的内耳被挤压在存在的领域之内，他们似乎领会了这种在初始的第一道闪电之前充满压力的沉默。现在盛行的社交的喧闹、群体的喧哗以及日日夜夜的喧嚣使得这样的倾听更加岌岌可危。我们越来越少地去训练倾听自己，而这样的倾听可能是创造的关键性先决条件。

毫无疑问，我所试图描述的沉默的天赋的确与各种各样的宗教体验和实践模式有关联。在某种意义上，所有的极端专注都被认为与神学有关。它寻找尚不可知的东西，它在经验证据的边界上施压。诗人内心倾听到的声音以及作曲家和数学家逐渐趋向于意识的尚未解决的关系冲突都来自承载着心灵和精神的静寂。在整个研究过程中，我们已经看到，如果不引入神学维度，或者至少是这些维度产生的习语，对这些"倾向"的探索几乎是最不可能的。今天，习语以及由此而来的识别反应基本上都已经僵化了。它们在传统上已经变得苍白无力，在正式的交流中逐渐衰落。柯勒律治的《思维之助》(*Aids to Reflection*)一书中有一段话有助于衡量这一差距：

> 变色龙在那弯腰看它颜色的人的阴影里变黑了。我们是否应该以同样的方式，但更加谨慎地把尊重内心生活的平静当作灵性的感知、当作身体内侧的器官，借此器官，我们与神灵保持安宁的和谐关系，神的恩典也在我们的灵魂上慈悲地做工。

请注意与我们内在的生机勃勃（"有生气的"）的力量相关的"灵性的感知"的关键暗示。再讲几句，柯勒律治援引了"被遗弃的黑暗"。危在旦夕的是我们内在创造力的脆弱以及轻松地放弃富有创造力的自我。这又依赖于那得之不易的宁静。但是，任何词汇和它所论证的人类心灵的构造本身已经过时了。

孤独与隐私和沉默是同根同源的。它们在造物主的工作场所扮演的信息传递角色直观上是令人信服的；但是，它们同样很难被论证。此处隐含着两个层面：经验层面和内在层面。在我们的社会里，孤独已经变得越来越罕见，甚至令人怀疑了。对公共的、参与性的和集体性的偏爱是一以贯之的。用一句著名的话来说，人群可能是孤独的，但是，它毕竟是一群人。年轻人被孤独的恐惧以及无法有效地体验孤独的能力所困扰着。在美国的建筑物里，当电梯门关上时，背景音乐就会响起以免孤独的时刻给人带来威胁。民主和大众消费都谴责孤独，它们具有统一的理想以及"同侪群体"的接受和认可的理想。思想和想象中的感性"孤独者"，是民主主义、民粹集体主义和少数服从多数原则统治中最明显的反对者。孤独之中有一种天生的贵族气质，那就是对归属的拒绝。这种对**亵渎和庸俗**的憎恶赋予了从赫拉克利特到斯宾诺莎、尼采和维特根斯坦的哲学谱系"山顶"般的辉煌壮丽。诗歌是有分量的，荷尔德林的诗歌就是其中的代表之一，否则就不合情理。然而，如果说有一种感觉和用法的改变几乎可以定义现代性的话，那么，它就是对孤独和与之相伴的隐私的加速侵蚀。

埃兹拉·庞德预见到了它的到来："一种前所未有的裸露"，即通过暴露最亲密的人类行为和关系而获得"俗不可耐的廉价之物"。现在还有什么地方可以躲避偷窥癖，可以逃避激起媒体和公众渴望的表露和自我表露？无论是色情领域、金融领域还是医疗领域，甚至是家庭领域都受到了侵犯（这是对代议制民主的最大威胁，因为它禁止社区中更有天赋、更复杂的人参与公众生活并暴露在公众面前）。但是，这种侵犯几乎不需要窃听和窥视的镜片。自我忏悔、脱衣舞表演、白天和夜间活动的图文出版物，都是迫不及待地自愿提供的。狗仔队的镜头、社会学调查者的问卷以及窃听器和精神分析学家的耳朵，尽管它们在技巧和语境上各不相同，却构成了一场怪异的智力问答秀。到处都是大肆的文学宣扬和裸露主义的轻率行为，我们因此栖居在一个充满没完没了的闲话的回音室里，这是一个连接着扩音器的忏悔室。民粹主义民主在倡导"信息自由"和透明度——通常是合法的要求——的主张时，必须贬低隐私的价值。真正的隐私精神，沉默的庄严的守护者都是令人畏惧的，这些守护者是守护克尔凯郭尔在安提戈涅身上发现的至高无上的隐私精神的。总而言之：很难确定在网络空间中，孤独和隐私在何种许可下可以找到一方喘息的空间。

这种孤独和缄默的旧制度的崩溃——*羞怯*（*pudeur*）公然挑衅现代翻译——正如沉默的消失一样，影响着内在的创造力。犹太神秘主义幻想认为，上帝的创造是从绝对的孤独中产生的，以至于上帝自己都感到烦恼。出于一种压抑的孤独和隐秘的蛰伏以及觉醒的力量，造物者富有（peoples）感知和认知能力，其中，"peoples"一词既包括作曲家的音调结构，也包括被艺术家"具体化"了的形状。从孤独和自我的避难所中萌发的涌动是本质性的。它允许潜意识进入它的受体，就像先有瞭望塔，才有可

见和可听到的现象。正如我们看到的,莎士比亚的历史剧《理查二世》中有令人印象深刻的一段话:

> 因为这世上充满了人类,
>
> 这儿除了我一身之外,没有其他的生物
>
> 所以它们是比较不起来;虽然这样说,我还要仔细思考一下。
>
> 我要证明我的头脑是我的心灵的妻子,
>
> 我的心灵是我思想的父亲,
>
> 它们两个产下了一代生生不息的思想:
>
> 这些思想充斥在这小小的世界之上……[①]

显然,这一秩序的孤独和隐秘,既是形而上学的,又是存在的,具有它自己的宗教前提和结构。隐私的领域最终既是对话性的和想象性的,又是概念性的和仪式性的,但是又与首个或其他创造者的功能一样。我自始至终都在强调的是,相遇,是顺从的还是斗争的(或者两者兼而有之),是快乐地模仿(imitatio),还是嫉妒地争论。我们越来越远离这种孤独的,也可以说是自闭的、与超验者或恶魔相遇的感觉现实,这与现代生活方式的鱼缸式的

[①]　译文选自《朱译莎士比亚戏剧 31 种》,陈才宇校订,杭州:浙江工商大学出版社,第 501 页。

裸露主义表现成正比。从内心生活中"倾泻"出来的东西远比任何世俗的秘密都要多。这是存在的秘密（confidentiality），"confidential"一词的词源包含了三个方面：信任（confiding），希望（confidence）和信心（fide）。话语确实会令人不安地想起我们的失去。

创作过程中精神和社会物质矩阵的这种收缩与从个性到集体的整体置换是紧密一致的。艺术家的形象现在很尴尬，诸如普罗米修斯或浮士德的创造者，他们都是在英雄主义和苦难的氛围中实践其神秘的作曲家或作家。在乔伊斯和托马斯·曼的生活和作品中，乔伊斯和托马斯·曼一度是这一形象的最后代言人，而托马斯·曼的《浮士德博士》也一度是表现自我意识的后记之作。毕加索笔下的"泰坦尼克号"很明显最终变成了金钱的化身。我们这个时代的精神之一就是社区的"界面"和社区的参与性沉浸。约翰·厄普代克（John Updike）把一部小说发布在互联网上，并且邀请他的"网迷"完成后续的章节。遗赠者和接受者之间、作者和读者之间的距离正在被模糊，也在被"政治修正"。就其本质而言，交际网络的全球化带来了偶然性的、可循环的和开放式的美学和散漫的体裁。在许多方面，这些都是权力的对立面。

不完整和碎片，而不是不朽，才是现代主义的代名词。如果像阿多诺所说的那样，"整体就是谎言"，那么，巨著的概念就是一种痴心妄想。包罗万象而又连贯的整体性是曼德尔施塔姆在一篇散文中对但丁的赞美，这种整体性和普鲁斯特所努力追求的建筑学的汇总都已成为过去。可以肯定的是，就像这本书一样，会有现代大师或多或少地尝试公开颂扬"伟大的美国小说"。但是，这些现象将显示出一种古老而怀旧的共鸣，它们会在一个多少有点被遗弃的长方形教堂里成为壁画。我以前也举过这样的例子：核物理学领域最新发表的一篇重要论文中大约有 50 个鲜明特征。就像在希腊悲剧和希伯来叙事中神秘一跃变成了注定要失败的英雄自我主义之前一样，我们的代表性形式和场景都是合唱性质的。民主和互联网让我们"加入"这个合唱之中。

除了这些社会学和心理学上的重估，还有一些近乎科幻小说的推测。器官移植、克隆和有机生命的体外萌发必然会不可避免地改变自我的地位和第一人称单数的地位。将电极和光纤终端植入大脑皮层也是如此。在什么情况下，一个人就不再是可识别的了？在什么时候，他或她的重要器官被替换，他或她的意识被电化学重新激活，又会在什么时候，一个男人或女人将进入所谓的"身体网"之中，成为他或她以前化身的序列？这个序列在理论上可能是一个完整的分子链。（项目的诱惑和恐惧存在于许多童话故事中，诸如马克罗普洛斯［Makropoulos］寓言和雅纳西克［Janaček］的启发性歌剧中。）我们又能以何种方式将虚拟现实探索者的"智能空间"的思想和身体与迄今为止已知的关于作者身份和创作（*poiesis*）的任一概念联系起来呢？科学可以随着这些预测而轻松前进。艺术和人文学科可以吗？

然而，即使是这些未来的事，其本身也是某种症状，它们讲述了基本的突变。一些更激进的东西正处于危险之中。

再次审视"创造"和"发明"

这本书试图阐明"创造"和"发明"的各个方面以及它们之间的区别，这一尝试将我引向一个核心假设。当然在西方，我相信死亡的状况正发生根本的转变。如果是这样的话，我们所说的"创造"和"发明"都需要重新进行思考。

死亡有它的历史。这段历史具有生物性、社会性和精神性。从生物学的角度来看，在人类相对短暂的进化历程中，人类个体死亡的普遍性和生理学并没有发生显著的变化。医学和治疗资源以及老年医学的发展也许可以延长比较富裕的社会的平均预期寿命，但是，这种发展无论多么显著，其影响都是微不足道的。我们生来注定要经历的死亡迟早会降临到我们每一个人身上。永生的丹药是地狱般的思想，它还没有被酿造出来，它是正在发生革命性变化的另一极。人工授精、人类卵子的冷冻和植入、精子的保存以及在不远的将来胚胎在子宫外发育的前景确实正在改变某些生育的现实和象征意象。辩证地说，这种变化应该反映在我们对死亡的认识上。这些修正是可以觉察到的；然而，直到现在，死亡仍然保持着它一向无言的结局。"永生"的概念或者通过对死者的冷冻来复活的概念都是与胚胎物质处理相对应的概念，只是很令人尴尬。

每一个历史时期，每一个社会和文化都有自己对肖像学和死亡仪式的理解。也许，所有的神话、宗教或形而上学体系和叙事通常都是巧妙和精心设计的停尸房，都是努力为死者建造的房子。活着的人从中应该带着可以忍受的悲伤、安慰和补偿的希望出现。临终礼仪、摆放、埋葬或焚化的方式，由于人类社区、种族身份和当地环境的不同而各不相同。据统计，自上个冰河时代以来，死亡的人数超过了活着的人数。我们的星球仍然是一个死亡星球。但是，我们的祈祷、我们的本体论以及我们的很多艺术，音乐和文学都归功于这个事实。正是这些有着清晰表达的小说创作努力去遏制甚至战胜死亡，它们会随着我们对死亡体验的改变而发生改变。连结哲学思想的相互关联的纤维——塞内卡［Seneca］和蒙田将其定义为"活到老，学到老"——以及对死亡的审美表现行为都是有机的。我们在与死亡的亲密相伴和对立中去思考去成长。甚至当宗教信仰、哲学的禁欲主义或抒情诗恳求和欢迎死亡的地方，这种欢迎就是在试图安抚和驯服死亡的恐怖。"死亡，你的毒钩在哪里？"布兰登·贝汉（Brendan Behan）在 1914—1918 年演唱的小调听起来虽然轻松活泼，但是却很空洞。

当我们问是什么重新定义了我们的死亡意识时，猜想和直觉就在眼前。

历史学家一致认为，20 世纪是有记录以来最血腥的一个世纪。有人认为，自 1914 年 8 月到 20 世纪 50 年代为止，战争、饥荒、驱逐、集中营和种族灭绝的受害者有 1 亿人。从马德里到莫斯科，从纳尔维克到墨西拿，欧洲和俄罗斯西部一直都是一个埋葬场和暴行的场所。没有人知道卢旺达、印度尼西亚以及后来的巴尔干半岛部落杀戮的确切伤亡数字。大众媒体前所未有地用有序的恐怖画面充斥了我们的意识和记忆。纳粹死亡集中营的骸骨和灰烬,柬埔寨的头骨金字塔,抑或波斯尼亚和科索沃发现的肮脏的埋葬沟渠,都是近代历史的象征。在这些可怕的死亡事件中,仍有数百万人匿名。名字和人一起都被抹去了。在法国东北部和佛兰德斯(Flanders)的战争墓地里,几英亩没有标记的十字架无声地矗立着。古拉格集中营、科利马矿区和冰原森林中那些饥肠辘辘、饱受折磨的囚犯在哪里?"只有上帝知道":对现代理性主义来说,这样的假设越来越不可信,越来越不令人欣慰。

这趟漫漫黑暗之旅,不能不使死亡贬值。大脑无法接受相关的统计数据:在索姆河最初几天被屠杀的 3 万人,在克里姆林宫的大清洗期间,每日签署的两千项死刑判决,在东非被哈哈大笑的入侵部落砍死的人,在德累斯顿被无辜焚毁的尸体数。在我们的政治意识形态和民族国家中,酷刑的盛行使我们的感情和理解变得麻木不仁。神学、哲学或艺术对这些现象没有作出回应,甚至是微弱的回应也没有。怎么会这样呢?我们最多能看到毕加索的《格尔尼卡》令人吃惊但又风格化的狡猾、普里莫·莱维(Primo Levi)的见证,或者保罗·策兰的谜一样的诗歌。但是,"来自地下的大风"中又有什么呢?

因此,死亡的规模、死亡的淫秽技术(有人会说:"工业化")和无名已经成为最重要的了。在某种意义上,它们一起使死亡这个概念变得微不足道。面对难以理解和无法忍受的事情

339

时，这种琐细本身可能是一种防御机制。但是，我相信，它改变了我们文化中死亡具有的光环和尊严。

取消我所提到的沉默、孤独和隐私都与任何此类的改变密切相关。两种截然不同却又一致的倾向在起作用。在大屠杀和经济社会的苦难肆虐之地，死亡将破灭成赤裸裸的例行公事。受害者没有什么特别的意义值得纪念，因为他或她总是骨瘦如柴地过着废物般的生活。在剩余价值过剩的地方，死亡得到净化和美化。医疗保健和技术——那些管子，那些灯光柔和的房间——给奄奄一息的派对赋予了特权。然而，与此同时，死亡也被纳入一个几乎商业化的过程中，而且酸甜统一。加州给年幼孩子的父母提供的手册建议通过把金鱼冲进马桶里来消除孩子对死亡的恐惧。这种乐观的离去和化妆策略出现在一个极端崇尚暴力并且渴望将谋杀展现于银幕和漫画的社会中。在逝去的亲人身上涂上足够的胭脂，同时让电子风琴低吟，很快，死亡就会变成一个虚拟的现实。

在这些情况下，以自己的方式死去以及在自由中履行最神秘的义务变得越来越困难。克尔凯郭尔预见到了这种困难，海德格尔对此进行了分析。现代临床应用不可调和的侵袭，通过贬低那些将死亡视为解脱的人来维持生命，从而使自杀成为隐私和自主性的唯一担保。自杀是最卓越的批判行为，是对媚俗精神的讽刺异议。它本身就否定了所谓的"美国死亡方式"的镇静剂的花言巧语（如今，在炫耀性消费的经济体中，不公平的标签和这些做法一样，变得越来越传统）。

死亡的概念引出了永生的概念。"死亡"的突变改变了两极。贬低死亡,永生就失去意义。如果把死亡当作一种社会禁忌,那么永生就会沦为一种陈腐不堪的"自负"——使话语在修辞和道德心理上都有意义。只有死亡处于存在的核心时,才能证实其对不朽的追求。正如赫拉克利特所言,光明与黑暗,灭绝与生存的存在,都是形影不离的双胞胎。

男人和女人都致力于构建叶芝所说的"不朽的智慧丰碑"。他们创作的文本、谱写的音乐和绘制的画作都超越了他们自己的生命。无论是在内心的隐秘中,还是在骄傲的话语中,思想者、创造者和艺术大师们都力争做到"坚忍不拔"("坚忍不拔"一词是古老的,但可能比其他任何词都强大)。他们极少对自己的名字和签名(莎士比亚之谜)的永垂不朽无动于衷。然而,在绝大多数具有重要影响的行为中,他们都希望将自己的身份传递给未来。在悲哀的常识赋予这一承诺的范围内,他们渴望永生。

在本研究的每一阶段,哲学建构的建筑师、诗人、建造者都见证了他们对永恒的赌注,见证了他们希望与明天签订的契约。有些人这样做是清醒地意识到他们与上帝的对抗(如米开朗基罗、托尔斯泰),这种意识既享有至高无上的权力又充满着恐惧。许多人,比如济慈和舒伯特都曾担心他们的作品会消亡,也担心他们的名字在历史上会"昙花一现"。有些人对自己的创作和小说会超越自己死亡的残酷事实而自相矛盾地存留下来而感到愤怒,诸如福楼拜就是最生动的例子。通常,最有灵感的人都把自己的力量理解为模仿性的,这是神圣的类似于神的力量。在但丁和巴赫身上，或者在更复杂的心理层面上，比如在贝多芬和马勒（与之形成对比的是虔诚的奴隶布鲁克纳［Bruckner］）身上，这种超然的先例和范例的征集是显而易见的。就像我们看到的那样，无论从本质上还是隐喻上来说，这种关系并非经常充满挑战和激烈的竞争。艺术家和自以为是天才的人（巴尔扎克、瓦格纳）构建了浩瀚至极的拥挤世界，他们的洞察力具有独创性，可以与神的工艺相媲美甚至超越神。在某种程度上，无论是清醒的还是潜意识的，普通造物者都意识到他或她的死亡是上帝的自卫和保险，这太不公平了，因为，与普罗米修斯的"天谴"（一个可追溯至埃斯库罗斯的主题）相比，这种意识还不成熟。因此，杰出的诗人、作曲家或艺术家英年早逝，以免创作本身受到竞争或遮蔽。

在我自始至终提到的这一系列的"永生"和我建成了这座纪念碑（*exegi monumentum*）中，死亡是一个至关重要的角色。人类的某些智慧和情感赋予他们的概念以生命，并且使他们"构想"出过分拥挤的话语的全部意义。孕育——我们回想起莎士比亚的《理查二世》——向死亡靠近。它给死亡带来毁灭和浪费。可以说，死亡嗅出了它创造性的猎物。济慈和卡夫卡的临终宣言都证明了这种致命的气味。原始的侵犯会遭报复。与禁止创造形象不同的是，我们认为这种创造可以包括思辨思维和全部美学，带着这种认知我们一直认为，"所有时代"努力超越死亡。与黑暗天使的较量，由于具有命定的结果，一直都是人类创造力的原型，就像邓巴（Dunbar）对他的同道诗人的哀悼，也像伦勃朗的艺术或里尔克的二重唱挽歌。失败的人虽然被消灭，却能获胜。这一原型，这一极其复杂的动机和价值观的概括，都非常精准地依赖于对死亡的实质性理解，也依赖于在面对死亡时作为自由和私人代理人的男人和女人。反过来，它又取决于有生命的死亡与神学或形而上学的维度之间的联系。我认为，这种连续性在逐渐减弱，在理性的地平线上逐渐消失。随着经济的衰退，随着我们的文化和信息词汇向集体的、可替代的和短暂的新代码转变，对我们所知的第一层次的思想和艺术至关重要的不朽的比喻却正变得越来越可疑。我敢说，即使是现如今最有魅力的哲学家，即使是最善于自我戏剧化的作家、画家或作曲家，也会发现，自品达、贺拉斯和奥维德以来一直被作为战斗宣言的"坚忍不拔"，即使不是完全可笑的，也是令人尴尬的。只有法兰西学术院将继续认可它的**不朽**（*immortels*）。与躺在人类创造物的饥饿心脏上的死亡进行大决斗，将会逐渐变成打太极。内在会获胜。

在语言批判中，也有一些开创性的时刻。达达主义于1916年爆发，面对西线上疯狂的大屠杀，达达预示着理性的灭亡，两者的同步性是惊人的。达达主义清空了可确定意义的语言和语法。雨果·鲍尔（Hugo Ball）吟唱道：

> hollaka hollala
> blago bung
> blago bung

bosso fataka

ü üü ü

他嘲笑任何理性的话语或修辞。达达主义嘲笑人性化的艺术和文学的伪装。面对政治和社会的兽性，它对艺术和文学的彻底破产很痛苦。不朽、经典和正典都遭到了激烈的嘲弄。在伏尔泰咖啡馆的启示性闹剧中，仅仅是对正式杰作和对不朽的渴望的见解都受到了严厉的批评（在凡尔登，有三分之一的尸体未被埋葬）。就像恩索尔（Ensor）的画作一样，死亡本身被赋予了怪诞和奇怪的易逝性。只有胡言乱语，只有那些转瞬即逝的姿态才被允许具有即时的真实性，甚至它们也被认为是无谓的自我放纵。

不管承认与否，达达主义的遗产都是巨大的。从那以后，在西方艺术、文学和美学辩论中，没有一场重大的运动不是出自达达主义。解构主义和后现代主义被翻译成达达主义的学术理论术语，这是一种难以理解的术语，就像达达主义自身的含糊不清一样。存在主义中对荒谬的崇拜源于达达主义，资本主义街头的花童和蒙面抗议者的无政府仪式也是如此。"意外之事"是纯粹的达达主义。当俄国未来主义者告诫我们烧毁所有的图书馆，以便把腐朽的精神从过去的重压中解放出来，从对权威生存的僵化盲目崇拜中解放出来时，他们加入了达达主义的合唱：

echige zunbada

wulubus subudu uluw ssubudu...

达达主义的影响尚未被充分认识到。但是，无论他们的艺术天赋如何，像毕加索和马蒂斯这样的人物都属于奥林匹亚式的过去。在博物馆或万神殿被神圣化之后，画家毫不掩饰地追求未来，他们都是乔托的门徒。亨利·摩尔直接与皮萨诺和米开朗基罗联系在了一起。在斯特拉文斯基和勋伯格的作品中，对经典的继承和包容的自豪是显而易见的，就像乔伊斯对《荷马史诗》的继承，或托马斯·曼对歌德的认同一样。先知和预知未来的"永生"的掘墓人在经典著作中都找不到。马塞尔·杜尚、库尔特·施维特斯（Kurt Schwitters）和让·丁格利，是我们现在所处时代的先驱者。

在达·芬奇之后，还有比杜尚更加聪明的画家吗？在当代艺术博物馆或画廊里，每当我们看到地板上的砖块、被掏空内脏的牛犊、脏兮兮的床单、挂在弯钩子上的粗麻袋，或者帆布上溅出的大象粪便（达达主义熟知的主题），我们就进入了马塞尔·杜尚的王国。当结构主义和解构主义玩着同类的游戏时，基本的规则都是杜尚的。诸如杜尚在1912年创作的布画油画《下楼梯的裸女》（*Nu descendant un escalier*），这幅画努力去弥合绘画或雕塑与电影之间的差距，努力将看似被压制的形式赋予千变万化的动作和机动性。1913年夏天，杜尚买了一个用来装诺曼苹果酒的漏斗，并在上面签了名，此时他一举解构了把西方艺术作为原创和作者身份的定义。把小便池倒过来变成了喷泉，在椅子上旋转的自行车轮子，这些被发现的物品，依情况而定，赋予其标题，并且署名要么是笔名，要么是真名。如果智慧可以产生地震,那么,其影响就是地震波。无论物品多么实用和熟悉、多么不吸引人,如果一旦被指定并且被视为"艺术",它就是艺术。工艺品被称为"艺术"。现在,达达主义的杜尚头衔有权作为艺术而存在和被体验。无论是人为的还是非人为的,签名都不能被质疑,也不能怀疑它的正确性和创造自我的荣耀,因为自菲狄亚斯和阿佩莱斯以来,这些都被视为理所当然。杜尚深刻的漫画把一切形式都变成了一种审美潜力和偶然,完全是他随心所欲创作出来的,从而使观看者震惊的目光中流露出或美好、或悲怆、或恐怖的眼神。任何所谓的艺术作品都不应该得到尊重和长久的安宁。对达·芬奇报以兄弟般的嘲弄般的致敬——杜尚的嘲弄是一丝不苟的——杜尚在《蒙娜丽莎》脸上加了一小撮胡子。

资本差别正在被消除。1912年秋,杜尚参观了位于巴黎大皇宫的航空沙龙。他由费尔南·莱热(Fernand Léger)和布朗库西(Brancusi)陪同。杜尚对布朗库西提出质疑:"绘画已经完成。谁能比这个螺旋桨做得更好呢? 告诉我,你能做到吗?"在那一瞬间,出现了基本的置换。机械装置的工艺和形式上的优雅被提升到了艺术层面,并且高于艺术。技术被证明是一种创作行为(就像莱热绘画中的技术一样)。艺术已经无法与之匹敌,更不用说精通工程之技术了。发明被认为是现代世界的主要创造方式。由此可见,艺术正变成业余爱好,马塞尔·杜尚更擅长下象棋。在这里,如果允许双关,这个举动是经过精心策划的,而且意义重大。就像艺术、诗歌和音乐一样,象棋是极其微不足道。它对人类事务没有形成力量，现在反而越来越受到技术和科学的支配。这位国际象棋大师（1930 年，杜尚在法国参加象棋比赛，获得第二名，仅次于阿廖欣［Alekhine］）是一位无足轻重的大祭司。令超现实主义者愤慨的是，像杜尚这样重要的艺术家竟然为了玩棋盘游戏而放弃艺术，其实这一愤慨完全没有抓住要领。

文学由语言构成；绘画和雕塑用自然的或重组的元素构成；音乐由声音的原始材料构成。我们生活的世界，其组成部分本质上就是杜尚所谓的著名的"现成品"。只有上帝才被认为有能力创造非存在，也只有他才能从虚无中创新。人类的经验是对事实以及先验存在的反应。我们已经看到，所有的表现以及所有的理解和解释手段，无论多么抽象，都是如此。纯数学是否是个例外仍然是一个未解的问题（也许是个问题）。如果艺术是由现成的和被发现的物件构成的——我们还能感知到什么，我们还能操作和重组什么？——那么，它所有的虚构作品都是现实的拼贴画。所有的想象，无论是内在的还是外在的，都是一个选择和组合的过程。

库尔特·施维特斯从达达主义思想中走了出来。但是，他的梦想是总体艺术（Gesamtkunstwerk），这是一种具象的总体，它既延伸又模仿了经典（canonic）和瓦格纳式的丰碑。他的拼贴画是巨大的隐喻，然而，物体和图像的共融申明了它们的差异，证实了它们对任何调和所进行的无政府主义抵抗，这种抵抗也意味着差异的消除。《梅兹堡》（Merzbau）于 1919 年着手计划，创作于 20 世纪 20 年代早期。虽然标题太规整，然而这就是一幅由日常生活的碎片镶嵌而成的马赛克：这些碎片包括用过的电车车票、寄存用代币、啤酒垫、报纸碎片、糖果包装纸、玻璃和金属碎片、木屑、网眼铁丝网、废弃的细绳。施维特斯独自完成了瓦尔特·本雅明的救世主拯救计划，从遗忘中拯救最卑微的东西。他甚至还用现代生活垃圾中最肮脏的道具去宣称"哪怕是垃圾也能呐喊"，以此反对战争和经济压迫。

《梅兹堡》的第一个版本毁于 1943 年汉诺威的一次空袭。第二个在施威特斯逃亡地挪威失传了。1940 年以后，他在英国尝试重新创作"我一生的作品"，但是却因极度孤独和沮丧而告终。这一定数完全贴切。《梅兹堡》是一个连续体，不受任何时间和地点的限制，更不用说博物馆的墓地了。总是有新材料被粘上，被并置。因此，虽然从一般意义而言，《梅兹堡》是不存在的，但是实际上，就是**因为**它是不存在的，它不仅比《格尔尼卡》或《战争安魂曲》(*War Requiem*)更具有我们这个时代的象征意义，而且还产生了巨大的影响。它是在古典和浪漫美学鬼魅般的狂欢中缺席的客人。

还有一个阶段要说。1960 年，在纽约现代艺术博物馆的前院，让·丁格利点燃了他错综复杂而又气势昂扬的雕塑《向纽约致敬》(*Hommage à New York*)。那座金属雕塑在光亮中坍塌了("一道亮光划过天际")。其他的"自我毁灭"接踵而至。这些复合材料是用废金属和丁格利的钢铁厂和锻造厂废弃的机械零件焊接而成，具有巴洛克的精致风格，但是，其元素和制造工艺却是工业性和技术性的，它们在旋转和摇晃中变成了废墟。他们的呈现是一种"发生"和纯粹的奇点体验，并且不可再现，因此，没有遭受任何后续的妥协或剥削。丁格利具有一种真正的哲学敏感性。在他的系列作品《哲学家们》中，我们可以看到书中的棘轮、管子、轮子和锻铁钳子令人惊异地想起了卢梭、维特根斯坦和海德格尔的立场。"自我毁灭"是一种形而上的恶作剧，旨在执行一种终极逻辑。只有自我毁灭才能驱散千年来的审美伪装的迷雾。只有"自我毁灭"才能够证明摆脱了永久的幻想，摆脱了与死亡的虚荣竞争的复兴行为有价值。艺术是雅俗不一的娱乐，是时时的狂欢。"自我毁灭"比任何不朽的颂歌更能解除死亡的武装。笑到最后才是最好的。

　　达达派和杜尚、施维特斯以及丁格利这三位严肃的小丑标志着自古代以来盛行的创作概念的终结。黑格尔已经预见并概念化了这种结局。这样的发现并不是神秘的日耳曼人的喋喋不休。它有一个严格的隐喻意义。它告诉我们，诗学和艺术在神谕中不再有保险。它表明，对永生的幻想是我们审美和智力抱负的核心。死亡不再是高贵而又自相矛盾的永恒的对手。达达主义和它富有灵感的仆人们重新发明了创造。他们认为这只不过是一种修辞策略。它现在是臭名昭著的"机器里的幽灵"，这台机器常常表现出概念上的复杂性、制作质量甚至形式上的美感，即使没有超越艺术，也等同于艺术（建筑和音乐再一次处在边界上）。"创造"，在其经典意义和内涵上，原来是一项卓有成效的发明。阿尔塔米拉或拉斯科的一些洞穴艺术家希望人们不仅仅把他们看作是对现成世界和被发现的北美野牛的熟练的模仿者和再生产者。

被称为"艺术"的东西将继续被生产、展出和珍藏。这里有足够脏的床单和一分为二的小牛。但是,艺术不会被要求或希望"全盘自我思考",不会重新评估存在论的虚构,这种虚构在神学的衰落和超验性的瓦解之后仍然对它开放。杜尚的小便池,施维特斯的拼贴画,丁格利的"自我毁灭",都可以与这些衰退共存并参与其中。现在,激发我们对美术馆产生好奇心的东西,将有意识或无意识地说明它们。老实说,我们所知道和梦想的"杰作"是无法实现的。"绘画已经结束了。"

结　　语

很难相信《创世记》的故事已经结束了。"创造"与"发明"之间的博弈和对决，在一定程度上一直是主观的和灵动的。对亚历山大·蒲柏来说，"发明"是人的最高能力，具有近乎神圣的特质："在所有作家中，荷马被公认为具有最伟大的发明。"保罗·策兰认为"发明"等同于谎言。在达达主义中，这两个词的倒装是通过戏仿和否定来实现的。然而，这两种模式本身具有强烈的创造性。它们引发了进一步的思考，无论这种思考是多么具有推测性。

我们正在步入以科学及其技术应用为主导的行星文化和价值等级之中。这些都是永恒的进步，因为知识孕育知识。这种前进运动的无限性——只有人类意识的消亡才能使它停止——取代了阿奎那和笛卡尔的上帝的范畴和无限的隐喻。我们看到，科学专业化发展的指数级速度以及这种分支产生的新信息的数量，可能导致一场危机。它可能会导致一种内爆或内崩。

然而,就目前看来,这种负熵似乎不太可能。就脑力和社会声望而言,就经济资源和实际产量而言,科学技术的前途一片光明。

我们看到,科学的认识论和"创造"(creation)的概念之间的关系一直是模棱两可的。对历史上的大多数科学家来说,他们认为这个术语指的是"发现"(discovery);技术旨在"发明"(invention)。新的宇宙论认为"创造"是模糊的、神话的,甚至是禁忌的。如果要问大爆炸之前发生了什么,我们的宇宙压缩和膨胀的原始纳秒是什么,那么我们就被认为是在胡言乱语。时间在奇点之前没有意义。基本逻辑和常识都应该告诉我们,这样的裁决是傲慢的虚张声势。简单的事实是,我们可以推敲问题,我们可以用正常的思维来处理它,赋予它意义和合法性。现在,被天体物理学家视为毫无疑问的("不容置疑的")虚无假设和无间性的假设是武断的,比《创世记》和其他著作的创世故事更具有神秘性。我们无法理解的初生的理性直觉,虽然我们无法理解,但是,却通过与人类创造力的类比显示了其功效,并且没有失去任何挑战。这本书试图展示的是,当信仰和先验的形而上学的假设被抛弃的时候,诉诸这些类比会以何种方式变成空洞的甚至是腐蚀性的惯例。嘲弄上帝的假设是要付出代价的。

但是,正如伟大的数学家和天文学家拉普拉斯(Laplace)所挖苦的那样,正是因为这个假设,科学(和技术)才没有迫切的需要。科学发现和技术发明将越来越多地引导我们认识社会历史的和与历史相适应的习语。在建筑和工业设计中,人们发现了如此多的优雅和美学冒险。这些是传统意义上的艺术、工程师的代数和工匠的精湛技艺之间的纽带(切利尼会喜欢法拉利)。在这种共生关系中,创造和发明之间的划分已经失去了定义。听了杜尚的话后,布朗库西在他的雕塑中融入了螺旋桨的弯曲舞蹈。人们可以感觉到,这将是艺术界的下一个篇章。

然而,人类的欢欣与悲伤、痛苦与欢乐、爱与恨,都将继续需要有形的表达。它们将继续对语言施加压力,在这种压力之下,语言就变成了文学。人类的智慧将继续提出那些被科学已经裁定为非法或无法回答的问题。虽然这样的坚持也许注定是终极的循环,但是,它却具有思想的紧迫性,即形而上学性。在科学的帝国中居住着一个无足轻重的邪恶的小恶魔。也许音乐知道得更多,尽管没有什么比这种知识的本质更难以界定。

我们看到,创作(*poiesis*)在更大的意义上是神学的;它位于物理学(元物理学)的另一端。埃斯库罗斯、但丁和巴赫,或者陀斯妥耶夫斯基都与超验有明确的联系。在伦勃朗的一幅肖像画中,或者在普鲁斯特的《追忆似水年华》中贝戈特死后的那个晚上,它都在以不确定的力量发挥作用。未知之翼的拍打一直是创作的核心。会存在起源于无神论的重要哲学、文学、音乐和艺术吗?

直到现在,真正的无神论还非常少见。它也没有嘲笑上帝的假设。它会见证黑暗的剥夺。"这个混蛋根本不存在"(塞缪尔·贝克特)。无神论会实行最严格的道德纪律和利他主义。它给作家或思想家带来一种孤独,这种孤独比我们目前的生活方式所排解的孤独更强烈。真正的无神论作品关于死亡前后的黑色零点(black zero)假设,会使得他的行为本身立刻负有责任,但是在某种意义上又是绝望的。我们假设一种真正的无神论将取代阿斯匹林-不可知论,这种"既不热也不冷"的观点如今充斥在我们的后现代性之中。我们假设无神论将拥有并激励那些能言善辩的大师和思想的建设者。他们的作品能与我们所知道的说服的维度和改变生活的能力相匹配吗?与米开朗基罗的壁画或《李尔王》相对应的无神论作品会是什么?排除这种可能性是不恰当的,否则就是否认前景的魅力。目前,人们对与外太空智能生物接触的探索近乎痴迷。这是一种减轻孤独的先兆性尝试吗?通过无线电天文望远镜扩大的窃窃私语之声,能忘记现在距离我们很遥远的造物主的霹雳吗?

我相信,我们一直是并且始终是创造的客人。我们有礼貌地向主人提问。

"轻与重"文丛（已出）

图书在版编目(CIP)数据

造物的文法/(美)乔治·斯坦纳著;段小莉,于凤保译.
--上海:华东师范大学出版社,2022
("轻与重"文丛)
ISBN 978-7-5760-3198-0

Ⅰ.①造… Ⅱ.①乔… ②段… ③于… Ⅲ.①创造发明—
研究 Ⅳ.①G305

中国版本图书馆 CIP 数据核字(2022)第 158089 号

华东师范大学出版社六点分社

企划人 倪为国

轻与重文丛
造物的文法

主　　编	姜丹丹
著　　者	(美)乔治·斯坦纳
译　　者	段小莉　于凤保
特约审读	许宏艺　卢获
责任编辑	高建红
责任校对	古冈
封面设计	姚荣

出版发行　华东师范大学出版社
社　　址　上海市中山北路 3663 号　邮编　200062
网　　址　www.ecnupress.com.cn
电　　话　021-60821666　行政传真　021-62572105
客服电话　021-62865537
门市(邮购)电话　021-62869887
地　　址　上海市中山北路 3663 号华东师范大学校内先锋路口
网　　店　http://hdsdcbs.tmall.com

印　刷　者　上海盛隆印务有限公司
开　　本　787×1092　1/32
印　　张　11.75
字　　数　210 千字
版　　次　2024 年 8 月第 1 版
印　　次　2024 年 8 月第 1 次
书　　号　ISBN 978-7-5760-3198-0
定　　价　78.00 元

出 版 人　王焰